生物化学

吴润田 主编

化学工业出版社

·北京·

本教材理论内容共13章，第1章为绪论，简要介绍了生物化学研究的主要内容、发展历史及与医学的关系。第2~10章介绍了生物体内物质的结构、功能及代谢。第11~13章为临床生物化学部分，包括肝脏生物化学、水与无机盐代谢、酸碱平衡。为了便于学生更好地理解理论知识，教材专门设计了7个验证性的实验项目。本教材根据具体内容设计了"知识链接"和"临床联系"栏目，将学生熟悉的日常生活知识、社会热点、有关人物、事件、新技术和新方法等穿插到相关正文中，激发学生学习生物化学的热情，从而提高教学的有效性。每章后根据护士执业资格考试的内容和题型设计了"复习思考题"，既帮助学生巩固本章知识体系，又为学生参加护士执业资格考试提供必要的训练。

本教材适合职业院校护理专业学生使用，其他专业学生和临床护理人员也可参考。

图书在版编目（CIP）数据

生物化学/吴润田主编. —北京：化学工业出版社，2015.3（2022.2重印）
ISBN 978-7-122-23008-9

Ⅰ.①生…　Ⅱ.①吴…　Ⅲ.①生物化学-职业教育-教材　Ⅳ.①Q5

中国版本图书馆CIP数据核字（2015）第027224号

责任编辑：李植峰　章梦婕　　　　　　　　　　　　装帧设计：关　飞
责任校对：宋　玮

出版发行：化学工业出版社（北京市东城区青年湖南街13号　邮政编码100011）
印　　装：三河市延风印装有限公司
787mm×1092mm　1/16　印张14　字数363千字　2022年2月北京第1版第12次印刷

购书咨询：010-64518888　　　　　　　　　售后服务：010-64518899
网　　址：http://www.cip.com.cn
凡购买本书，如有缺损质量问题，本社销售中心负责调换。

定　价：28.00元　　　　　　　　　　　　　　　　　　　　　　版权所有　违者必究

《生物化学》 编写人员

主　编　吴润田
副主编　刘庆苗　严　菱　庞小梅　简清梅
编写人员　（按姓名汉语拼音排列）
黄小萍（百色市民族卫生学校）
简清梅（荆楚理工学院）
刘庆苗（百色市民族卫生学校）
刘永伟（百色市民族卫生学校）
庞小梅（北海市卫生学校）
欧阳愿忠（百色市民族卫生学校）
韦安明（百色市民族卫生学校）
韦锦绣（柳州医学高等专科学校附属中等卫生学校）
吴润田（百色市民族卫生学校）
严　菱（柳州医学高等专科学校附属中等卫生学校）

前言 FOREWORD

本教材立足职业教育护理专业学生岗位需求和培养目标，根据职业院校学生的知识基础和学习习惯，依据生物化学教学大纲的基本要求和课程特点编写而成。在编写过程中，注重教材编写的先进性和适用性的特点，尽可能地做到既顾及本学科长期形成的知识体系和逻辑顺序，同时又能突出护理专业的特点，在生物化学基础知识中渗透与之相关的临床护理应用性知识。教材内容通俗易懂，简明实用。

教材理论内容共13章，第1章为绪论，简要介绍了生物化学研究的主要内容、发展历史及与医学的关系。第2~10章介绍了生物体内物质的结构、功能及代谢。第11~13章为临床生物化学部分，包括肝脏生物化学、水与无机盐代谢、酸碱平衡。为了便于学生更好地理解理论知识，教材专门设计了7个验证性的实验项目。教材内容紧扣护理专业培养目标，为后续基础课程、专业课程提供必要的生物化学基础知识。本教材根据具体内容设计了"知识链接"和"临床联系"栏目，将学生熟悉的日常生活知识、社会热点、有关人物、事件、新技术和新方法等穿插到相关正文中，激发学生学习生物化学的热情，从而提高教学的有效性。每章后根据护士执业资格考试的内容和题型设计了"复习思考题"，既帮助学生巩固本章知识体系，又为学生参加护士执业资格考试提供必要的训练。

在本教材编写过程中得到各编委所在学校的大力支持，在此表示衷心的感谢！尽管本教材经过多次修改和完善，由于编者水平和时间所限，不当之处在所难免，恳求广大师生在使用过程中提出宝贵意见，以便再版时修订提高。

编者
2014 年 10 月

目录 CONTENTS

第一章 绪论
第一节 生物化学研究的主要内容 ········· 1
一、生物体的化学组成、结构与功能 ········· 1
二、物质代谢及其调节 ········· 1
三、基因信息传递与表达 ········· 2
第二节 生物化学发展史 ········· 2
第三节 生物化学与医学 ········· 3
复习思考题 ········· 4

第二章 蛋白质的结构与功能
第一节 蛋白质的分子组成 ········· 5
一、蛋白质的化学组成 ········· 5
二、蛋白质的基本单位——氨基酸 ········· 6
第二节 蛋白质的分子结构 ········· 9
一、蛋白质分子的一级结构 ········· 10
二、蛋白质分子的空间结构 ········· 10
第三节 蛋白质结构与功能的关系 ········· 12
一、蛋白质一级结构与功能的关系 ········· 13
二、蛋白质空间结构与功能的关系 ········· 13
第四节 蛋白质的理化性质 ········· 14
一、蛋白质的两性性质和等电点 ········· 14
二、蛋白质的胶体性质 ········· 14
三、蛋白质的变性作用 ········· 15
四、蛋白质的沉淀 ········· 15
五、蛋白质的其他理化性质 ········· 16
第五节 蛋白质的分类 ········· 16
一、按蛋白质组成分类 ········· 16
二、按蛋白质形状分类 ········· 17
复习思考题 ········· 17

第三章 维生素

第一节 概述 ... 19
一、维生素的命名和分类 ... 19
二、维生素的缺乏与中毒 ... 20

第二节 脂溶性维生素 ... 20
一、维生素 A ... 20
二、维生素 D ... 21
三、维生素 E ... 22
四、维生素 K ... 22

第三节 水溶性维生素 ... 23
一、维生素 C ... 23
二、维生素 B_1 ... 24
三、维生素 B_2 ... 25
四、烟酸 ... 26
五、维生素 B_6 ... 27
六、叶酸 ... 28
七、维生素 B_{12} ... 28
八、泛酸 ... 29
九、生物素 ... 29

复习思考题 ... 30

第四章 酶

第一节 概述 ... 32
一、酶的概念 ... 32
二、酶的命名 ... 32
三、酶的分类 ... 33

第二节 酶作用的分子基础 ... 33
一、酶的分子组成 ... 33
二、酶的活性中心 ... 35
三、酶原与酶原的激活 ... 35
四、同工酶 ... 36
五、多酶复合体与多酶体系 ... 36
六、多功能酶 ... 37

第三节 酶促反应的特点与机制 ... 37
一、酶促反应的特点 ... 37
二、酶促反应机制 ... 38

第四节 影响酶促反应速率的因素 ... 40
一、酶浓度的影响 ... 40
二、底物浓度的影响 ... 40
三、pH 的影响 ... 41
四、温度的影响 ... 41

五、激活剂的影响 42
六、抑制剂的影响 42
第五节　酶与医学的关系 45
一、酶活力测定及酶单位 45
二、酶在医学上的作用 45
复习思考题 47

第五章　生物氧化

第一节　概述 49
一、生物氧化的概念 49
二、生物氧化的本质和主要方式 49
三、生物氧化的特点 50
四、生物氧化过程中二氧化碳的生成 50
第二节　生成 ATP 的氧化体系 50
一、呼吸链 50
二、生物氧化过程中 ATP 的生成 55
三、能量的转移、贮存和利用 56
第三节　其他氧化体系 57
一、微粒体氧化体系 57
二、过氧化物酶体氧化体系 58
三、自由基与超氧化物歧化酶 58
复习思考题 59

第六章　糖代谢

第一节　常见糖的结构与性质 61
一、常见单糖的结构与性质 61
二、常见寡糖 62
三、常见多糖及性质 62
四、常见结合糖 63
第二节　糖的消化吸收及生理功能 63
一、糖的消化吸收 63
二、糖的生理功能 64
第三节　糖的分解代谢 64
一、糖酵解 64
二、糖的有氧氧化 66
三、磷酸戊糖途径 69
第四节　糖的合成与分解 71
一、糖原合成 72
二、糖原分解 73
第五节　糖异生 74
一、糖异生的途径 74
二、糖异生的意义 75

第六节　血糖 ··· 76
一、血糖的来源和去路 ··· 76
二、血糖的调节 ·· 77
三、血糖水平异常 ··· 78
复习思考题 ··· 79

第七章　脂类代谢

第一节　常见脂类结构与功能 ··· 81
一、甘油三酯的结构与功能 ·· 81
二、类脂结构与功能 ··· 82
三、脂类的生理功能 ··· 84
第二节　脂类的消化、吸收与分布 ·· 84
一、脂类的消化、吸收 ·· 84
二、脂类在体内的分布 ·· 84
第三节　甘油三酯代谢 ··· 85
一、甘油三酯的分解代谢 ··· 85
二、甘油三酯的合成代谢 ··· 89
第四节　磷脂代谢和胆固醇代谢 ·· 92
一、甘油磷脂的代谢 ··· 92
二、胆固醇的代谢 ·· 93
第五节　血脂与血浆脂蛋白 ··· 95
一、血脂 ·· 95
二、血浆脂蛋白 ·· 96
第六节　常见的脂类代谢障碍 ··· 98
一、高脂血症 ·· 98
二、脂肪肝 ··· 98
三、动脉粥样硬化 ·· 98
复习思考题 ··· 99

第八章　蛋白质分解代谢

第一节　蛋白质的营养作用及消化吸收 ·· 101
一、蛋白质的需要量 ··· 101
二、蛋白质的营养作用 ·· 102
三、蛋白质的消化吸收和腐败 ··· 102
四、氨基酸静脉营养与临床应用 ·· 102
第二节　氨基酸的一般代谢 ·· 103
一、氨基酸的脱氨基作用 ··· 103
二、α-酮酸的代谢 ·· 106
第三节　氨的代谢 ·· 107
一、体内氨的来源 ·· 107
二、氨在体内的转运 ··· 107
三、氨在体内的去路 ··· 108

四、高氨血症与氨中毒 · 110
　第四节　个别氨基酸的代谢 · 110
　　一、氨基酸的脱羧基作用 · 110
　　二、一碳单位代谢 · 112
　　三、含硫氨基酸的代谢 · 114
　　四、芳香族氨基酸的代谢 · 115
　　五、支链氨基酸代谢 · 117
　第五节　氨基酸代谢与临床 · 117
　　一、苯丙酮酸尿症 · 118
　　二、白化病 · 118
　　三、帕金森病 · 118
　　四、尿黑酸尿症 · 119
　第六节　氨基酸、糖与脂肪代谢的联系 · 119
　　一、在能量代谢上的相互联系 · 119
　　二、糖、脂类和蛋白质代谢之间的相互联系 · 119
　复习思考题 · 120

第九章　核酸化学与核苷酸代谢

　第一节　核酸的分子组成 · 122
　　一、元素组成 · 122
　　二、基本组成单位——核苷酸 · 122
　第二节　核酸的分子结构 · 126
　　一、核酸的一级结构 · 126
　　二、核酸的空间结构 · 127
　第三节　核酸的理化性质 · 131
　　一、核酸的溶解度 · 131
　　二、核酸分子大小及黏度 · 132
　　三、核酸的紫外吸收性质 · 132
　　四、核酸的变性与复性 · 132
　　五、分子杂交 · 133
　第四节　核苷酸的合成代谢 · 133
　　一、嘌呤核苷酸的合成代谢 · 134
　　二、嘧啶核苷酸的合成代谢 · 135
　　三、脱氧核糖核苷酸的合成代谢 · 136
　第五节　核苷酸的分解代谢 · 137
　　一、嘌呤核苷酸的分解代谢 · 137
　　二、嘧啶核苷酸的分解代谢 · 138
　第六节　核苷酸抗代谢物 · 138
　　一、嘌呤核苷酸合成的抗代谢物 · 139
　　二、嘧啶核苷酸合成的抗代谢物 · 139
　复习思考题 · 139

第十章　基因信息的传递

第一节　DNA 的生物合成 ··· 141
一、DNA 复制 ·· 141
二、逆转录 ·· 146
三、DNA 修复 ·· 146
第二节　RNA 的生物合成 ·· 148
一、转录 ·· 148
二、RNA 自我复制 ·· 151
第三节　蛋白质的生物合成 ·· 152
一、参与蛋白质合成的物质 ·· 152
二、蛋白质生物合成的过程 ·· 155
三、多肽链合成后的加工 ·· 158
第四节　常用基因技术 ·· 158
一、琼脂糖凝胶电泳 ·· 158
二、核酸分子杂交 ·· 159
三、PCR 技术 ·· 160
四、DNA 重组技术 ·· 161
复习思考题 ·· 162

第十一章　肝生物化学

第一节　肝脏在物质代谢中的作用 ··· 165
一、肝脏在糖代谢中的作用 ·· 165
二、肝脏在脂类代谢中的作用 ·· 165
三、肝脏在蛋白质代谢中的作用 ·· 166
四、肝脏在维生素代谢中的作用 ·· 166
五、肝脏与激素的灭活作用 ·· 167
第二节　肝的生物转化作用 ·· 167
一、生物转化作用的概念和意义 ·· 167
二、生物转化作用的反应类型 ·· 168
三、生物转化作用的特点和影响因素 ·· 169
第三节　胆色素代谢 ·· 170
一、胆红素的生成和特点 ·· 170
二、胆红素在血液中的运输 ·· 170
三、胆红素在肝脏的代谢 ·· 171
四、胆红素在肠道中的代谢及胆素原的肠肝循环 ···································· 172
五、胆色素在肾脏的代谢和排泄 ·· 172
六、血清胆红素与黄疸 ·· 173
第四节　常用肝功能检查及临床意义 ··· 173
一、肝功能试验的分类 ·· 173
二、临床上常用的肝功能检查项目及其诊断意义 ···································· 174
复习思考题 ·· 176

第十二章　水和无机盐代谢

第一节　体液 ·· 177
一、体液的分布与含量 ·· 177
二、体液的电解质组成 ·· 178
三、体液的交换 ·· 179
第二节　水平衡 ·· 179
一、水的生理功能 ·· 179
二、水的来源与去路 ·· 180
第三节　无机盐代谢 ·· 181
一、无机盐的生理功能 ·· 181
二、钠、钾、氯的代谢 ·· 182
三、水与无机盐代谢的调节 ··· 183
四、钙磷代谢 ··· 183
五、微量元素 ··· 185
复习思考题 ··· 188

第十三章　酸碱平衡

第一节　体内酸、碱物质的来源 ·· 190
一、酸性物质的来源 ·· 190
二、碱性物质的来源 ·· 190
第二节　正常酸碱平衡的调节 ··· 191
一、血液的缓冲作用 ·· 191
二、肺在酸碱平衡中的作用 ··· 192
三、肾在酸碱平衡中的作用 ··· 192
第三节　酸碱平衡失调 ·· 194
一、酸碱平衡失调的基本类型 ·· 195
二、酸碱平衡失调常用的判断指标 ··· 197
复习思考题 ··· 198

生物化学实验

实验一　蛋白质及氨基酸的显色反应 ··· 200
实验二　血清蛋白的醋酸纤维薄膜电泳 ·· 201
实验三　酶的特性实验 ·· 202
实验四　邻甲苯胺法测定血糖 ·· 205
实验五　运动对尿乳酸含量的影响 ·· 206
实验六　酮体的生成和利用 ·· 208
实验七　丙氨酸氨基转移酶活性测定 ··· 209

参考文献

第一章 绪 论

生物化学（biochemistry）是研究生物体的化学组成和生命活动过程中化学变化及其规律的学科。它的主要任务是从分子水平来探讨生命现象的本质，故又称生命的化学。它的研究内容包括生物体分子结构与功能、物质代谢与调节、遗传信息传递及调控等。生物化学介于化学、生物学、物理学之间，与多学科有广泛的联系和交叉，它是重要的生物学学科之一，也是一门重要的基础医学学科。近些年来生物化学的飞速发展，大大促进了相关学科的发展，尤其是医学的发展。生物化学已成为当今生命科学领域的重要前沿学科之一。

第一节 生物化学研究的主要内容

生物化学研究的内容包括以下几个方面。

一、生物体的化学组成、结构与功能

生物体由各种组织、器官和系统构成。细胞是组成各种组织和器官的基本单位。细胞又由各种化学物质组成，其中包括无机物、小分子有机物和生物大分子。水和一些微量元素钾、钠、氯、钙等为人类正常结构和功能所必需。氨基酸、单糖及维生素等有机小分子，与体内物质代谢、能量代谢等密切相关。

生物大分子是指蛋白质、核酸、多糖及蛋白聚糖等，其分子量大（$>10^4$）、种类繁多、结构复杂、功能各异。生物大分子结构与功能的关系是当今生物化学研究的热门领域之一，结构是功能的基础，功能是结构的体现。生物大分子的功能还可通过分子之间的相互识别和相互作用实现。例如蛋白质自身之间、核酸自身之间，蛋白质与核酸之间的相互作用在基因表达调控中起着决定性的作用。生物大分子需要进一步组装成更大的复合体，然后再装配成亚细胞结构、细胞、组织、器官和系统，最后成为能进行生命活动的生物体。从生物整体上研究生命现象和复杂疾病已成为当前生命科学的主流和发展趋势。

二、物质代谢及其调节

生物体的基本特征是新陈代谢。生物体通过不断与外界进行物质交换，摄入养料，排除废物，以维持体内内环境的相对稳定，从而延续生命。这些物质进入机体后，一方面可为机体生长、发育、修补、繁殖等提供原料，进行合成代谢；另一方面又可作为机体生命活动所需的能源，进行分解代谢。

生物体内不同物质有各自的代谢途径，它们之间既相对独立，又相互协调，同时还受到内外环境的影响，需要神经、激素等整体性精确地调节以达到动态平衡。物质代谢中的大部分化学反应由酶催化完成，酶结构和酶含量的变化对物质代谢的调节起着重要作用。物质代

谢一旦发生异常、调控失衡，就会影响正常的生命活动，进而发生疾病。目前生物体内主要物质的代谢途径已基本阐明，但细胞信息传递的机制和网络等问题仍是近代生物化学研究的重要课题。

三、基因信息传递与表达

具有繁殖能力和遗传特性，是生物体的又一重要特性。生物体在繁衍后代的同时，也将其性状从亲代传给子代，且代代相传，保持性状的稳定，这是生物体遗传信息传递和表达的过程。DNA 是遗传信息的载体，通过 DNA 分子半保留复制，将遗传信息传递给子代细胞，再通过蛋白质生物合成，将生物的遗传性状表达出来。

基因信息传递涉及遗传、变异、生长、分化等诸多生命过程，也与遗传性疾病、代谢异常性疾病、恶性肿瘤、心血管病等多种疾病的发病机制有关，故对基因信息传递的研究在生命科学尤其是医学中具有重要作用。随着基因工程技术的发展，许多基因工程产品已逐步应用于人类疾病的诊断和治疗，取得了显著的效果。当今，生物化学的重点就是研究 DNA 复制、RNA 转录及蛋白质生物合成等遗传信息传递过程的机制及基因表达时空调控的规律。DNA 重组、转基因及人类基因组计划等的发展，将极大推动这一领域的研究。

知识链接

1985 年，美国科学家率先提出"人类基因组测序和作图"计划（简称 HGP）。国际合作始于 1990 年。我国于 1993 年启动人类基因组计划，2003 年完成。HGP 的核心就是测定人类基因组的全部 DNA 序列，从整体上破译人类遗传信息，在分子水平上全面地认识自我。HGP 的精神是：全球共有，国际合作；即时公布，免费共享。2004 年 10 月 21 日出版的《自然》杂志公布了人类基因组最精确的序列（包含有 28.5 亿个碱基对），同时澄清人类基因组只有 2 万～2.5 万个基因（而不是原来的 10 万个基因），这标志着人类基因组计划又迈出了里程碑意义的一步。随着人类基因组全序列测定的完成，生命科学进入了后基因组时代，产生了功能基因组学、蛋白质组学、结构基因组学等。

第二节 生物化学发展史

生物化学的发展，在我国可追溯到公元前 21 世纪，在欧洲约为 200 多年前，但直到 20 世纪初才成为一门独立学科蓬勃发展起来，近五十年来有许多重大的进展和突破。生物化学是一门既古老又年轻的学科。

18 世纪至 20 世纪初是生物化学发展的初级阶段，也称为静态描述性阶段，主要研究生物体的化学组成，发现了生物体主要由糖、脂、蛋白质和核酸等有机物质组成，并对生物体各种组成成分进行分离、纯化、结构测定、合成及理化性质的研究。18 世纪 70 年代，瑞典化学家 Scheele 从动、植物材料中分离出甘油及柠檬酸、苹果酸、乳酸、尿酸等有机物，人们开始认识生命的化学本质；18 世纪 80 年代，法国化学家拉瓦锡（Lavoisier）发现呼吸作用吸入 O_2，呼出 CO_2，证明了呼吸就是氧化作用，1926 年，美国化学家 J. B. Sumner 首次得到脲酶结晶。虽然对生物体组成的鉴定是生物化学发展初期的特点，但直到今天，新物质仍不断被发现，如陆续发现的干扰素、环核苷磷酸、钙调蛋白、黏连蛋白、外源凝集素等，已成为重要的研究课题。

20 世纪 30～50 年代，随着分析鉴定技术的进步，尤其是放射性同位素技术的应用，生物化学进入蓬勃发展阶段。这一时期主要研究生物体内物质的变化，即代谢途径，也称动态生化阶段。在物质代谢方面，确定了糖酵解、三羧酸循环以及脂肪分解等重要的分解代谢途径，对呼吸、光合作用以及腺苷三磷酸（ATP）在能量转换中的关键位置有了较深入的认识。在营养学方面，发现了人类必需氨基酸、必需脂肪酸及多种维生素。在内分泌方面，发现、分离并合成了多种激素。在酶学中，酶结晶获得成功。

20 世纪后半叶以来，生物化学迈入分子生物学阶段，且取得了丰硕的成果。分子生物学是指对核酸、蛋白质等生物大分子结构、功能及其代谢调控等的研究。广义上讲它是生物化学的重要组成部分，也是生物化学的发展和延续。1953 年 Watson 和 Crick 提出了 DNA 双螺旋结构模型，为揭示遗传信息传递规律奠定了基础，也是生物化学发展进入分子生物学时期的重要标志。此后，遗传学中心法则的确定、遗传密码的发现、操纵子学说的诞生、70 年代 DNA 重组技术的建立、80 年代发明聚合酶链反应（PCR）技术、90 年代 DNA 测序及人类基因组计划（human genome project）的完成等都具有里程碑的意义。

我国科学家对生物化学的发展具有重要贡献，公元前 22 世纪，祖先们就用谷物酿酒［以"曲"作"媒"（即酶）催化谷物淀粉发酵］；公元前 12 世纪，制酱、制饴（饴是淀粉酶催化淀粉水解的产物）；公元 7 世纪，孙思邈就用车前子、杏仁等中草药治疗脚气病，用猪肝治疗夜盲症等（补充维生素）；生物化学家吴宪创立了血糖测定法和血滤液制备；提出了蛋白质变性学说；在抗原抗体反应机理研究中也有重要发现；1965 年结晶牛胰岛素人工合成，是世界上公认的第一个人工合成的具有全部生物活性的蛋白质；1981 年又首先人工合成了具有生物活性的酵母丙氨酸转移核糖核酸；2000 年完成了人类基因组计划中 1‰ 的测序工作，为世界人类基因组计划的完成贡献了力量；2002 年，率先完成了水稻的基因组精细图谱，为水稻的育种和防病奠定基因基础。近年来的发展更为迅猛，先后在基因工程、蛋白质工程、人类基因组计划与功能基因组计划、基因克隆与 RNAi 基因沉默机制研究等方面取得为世人所瞩目的重要成果，正在朝向国际先进水平迈进。

第三节　生物化学与医学

生命科学是 21 世纪科学技术的主角，生命科学之所以成为本世纪领头学科，其核心是生物化学引人瞩目的发展，涉及医药学、农学、生物能源的开发、环境治理、酶工程、单细胞蛋白的生产、微生物采矿、医用生物材料和可降解塑料的制备、法医学等许多领域。随着生命科学的迅速发展，生物化学已渗透到医药学科的各个领域，成为诊断、治疗、预防疾病的重要手段，以及新药研发等的重要方法，起到联系基础与临床的桥梁作用。

生物化学是重要的医学基础学科，与医学的发展密切相关，近年来，生物化学已渗透到医学的各个领域。临床医学对疾病的诊断、预防和治疗以及对致病原因和机制的探讨，莫不是在运用生物化学的理论与技术。如通过从分子水平对恶性肿瘤、心血管疾病、神经系统疾病和代谢性疾病等进行研究，加深了人们对疾病本质的认识，从而提高了人们的防病能力和诊疗水平。随着生物化学和现代医学的发展，生物化学与临床各科的联系越来越密切，已经成为医学各学科共同的理论基础和研究手段。医学学科要想取得进一步的进展，在很大程度上有赖于生物化学进一步的进展和突破。因而只有充分理解人体中正常的生物化学过程，才能为临床上疾病诊断、疾病预防、疾病治疗、病情监测、药物疗效和预后判断等各个方面提供理论支持和研究手段。

总之，在生物化学与分子生物学，尤其基因克隆、基因诊断、基因治疗等研究成果的基础上，将会使 21 世纪的医学进展发生新的突破。临床上，作为一名医务工作者，学好生物化学知识具有重要而深远的意义。

复习思考题

1. 名词解释：生物化学
2. 简述生物化学研究的主要内容有哪些。
3. 简述生物化学与医学的关系。
4. 结合自己的情况，简述你对学习本课程的打算。

第二章 蛋白质的结构与功能

蛋白质（protein）是一切生物体内普遍存在的，由天然氨基酸组成的具有特定空间结构的一类生物大分子。它是与生命及与各种形式的生命活动紧密联系在一起的物质，是生命的物质基础，没有蛋白质就没有生命。机体中的每一个细胞和所有重要组成部分都有蛋白质参与，人体内蛋白质的种类很多，生物学功能各异。

1. 构造人的身体

蛋白质是一切生命的物质基础，机体中的每一个细胞和所有重要组成部分都有蛋白质参与，如肌肉主要是蛋白质；软骨、肌腱是胶原蛋白，毛发主要成分是角蛋白，通常将这些蛋白质称为结构蛋白质，所以蛋白质是构成生物体组织细胞的最基本物质。人体蛋白质种类多达10万多种，是含量最丰富的高分子物质，蛋白质占人体重量的16%～20%，即一个60kg重的成年人其体内约有蛋白质9.6～12kg。

知识链接

蛋白质对人的生长发育非常重要。如大脑发育的特点是一次性完成细胞增殖，特别是0～6个月的婴儿是大脑细胞猛烈增长的时期，到一岁大脑细胞增殖基本完成，其数量已达成人的9/10。所以0到1岁儿童对蛋白质的摄入量对儿童的智力发育非常重要。

2. 修补人体组织

人体细胞处于永不停息的衰老、死亡、新生的新陈代谢过程中，蛋白质是人体组织更新和修补的主要原料。如果一个人蛋白质的摄入、吸收、利用都很好，那么皮肤就是光泽而又有弹性的。反之，人则经常处于亚健康状态，组织受损后，包括外伤，不能得到及时和高质量的修补，便会加速机体衰退。因此，每日必需食入一定量的蛋白质以维持生长和各种组织蛋白质的补充更新。

3. 参与完成生物体的各种活动

生物体的各种生理活动必须依靠蛋白质参与完成，常将这些蛋白质称为活性蛋白质。各种活性蛋白质的结构和功能截然不同，如酶参与新陈代谢的催化作用；血红蛋白参与氧的运输；免疫球蛋白参与机体免疫防御；细胞色素蛋白参与传递电子等。

第一节 蛋白质的分子组成

一、蛋白质的化学组成

蛋白质中含有的主要化学元素：碳（50%～55%）、氢（6%～8%）、氧（20%～23%）、氮（15%～17%）、硫（0%～4%）。有些蛋白质分子中还含有少量 Fe、P、Zn、Mn、Cu、I

等元素。蛋白质的含氮量十分接近，平均为16%。由于组织内的含氮物质以蛋白质为主，因此，只要测出样品中的含氮质量（g），即可计算出样品中的蛋白质大致含量，即每克样品中蛋白质含量＝每克样品含氮量×6.25。

知识链接

2008年，我国发生婴幼儿奶粉非法添加三聚氰胺事件，导致食用了受污染奶粉的婴幼儿发生肾结石病症。牛奶和奶粉添加三聚氰胺之所以能冒充蛋白质，是因为普遍都用"凯氏定氮法"来检测牛奶中氮的含量，通过公式推算出牛奶中蛋白质的含量。三聚氰胺中含氮量很高，添加过三聚氰胺的奶粉就很难检测出其蛋白质含量不合格了。

二、蛋白质的基本单位——氨基酸

（一）氨基酸的结构特点

蛋白质在酸、碱或蛋白酶作用下彻底水解，最后可得到各种氨基酸，因此氨基酸（amino acid）是组成蛋白质的基本结构单位。存在于自然界的氨基酸约有300种，但构成天然蛋白质的氨基酸仅有20种。除脯氨酸为亚氨基酸，蛋白质水解所得到的氨基酸都是α-氨基酸，即羧酸分子中α-碳原子上的氢原子被氨基取代而成的有机化合物。其结构通式如下：

未解离型　　　　　解离的两性离子型

R代表氨基酸的侧链基团，R基不同时，组成不同的氨基酸。20种氨基酸结构各不相同，除了甘氨酸的R基为H外，其他氨基酸的α-碳原子都是手性碳原子，具有旋光特异性，均属L-氨基酸。

（二）氨基酸的分类

1. 根据人体能否自身合成分类

构成生物体的蛋白质的氨基酸主要有20种，其中有12种氨基酸人体能够自身合成，称为非必需氨基酸。另一类是人体不能自行合成，必须通过食物来摄取，这些氨基酸称为必需氨基酸，是合成体内蛋白质不可缺少的，必需氨基酸有8种，即：赖氨酸、色氨酸、缬氨酸、亮氨酸、异亮氨酸、苏氨酸、甲硫氨酸和苯丙氨酸。对于婴幼儿，精氨酸和组氨酸在人体内合成速度较慢，常常不能满足机体组织构建的需要，需要从食物中摄取一部分，又被称为半必需氨基酸。

2. 根据氨基酸分子中所含氨基和羧基数目分类

将氨基酸分为中性氨基酸、酸性氨基酸和碱性氨基酸3大类。中性氨基酸分子中只含有一个氨基和一个羧基，大多数氨基酸属于此类。氨基酸分子中羧基数目多于氨基数目为酸性氨基酸，反之，为碱性氨基酸。见表2-1。

表2-1 20种氨基酸的结构及分类

氨基酸名称	结构式	简写符号	等电点(pI)
甘氨酸(glycine)		Gly	5.97

续表

氨基酸名称	结 构 式	简写符号	等电点(p*I*)
丙氨酸(alanine)		Ala	6.00
缬氨酸(valine)		Val	5.96
亮氨酸(leucine)		Leu	5.98
异亮氨酸(isoleucine)		Ile	6.02
苯丙氨酸(phenlalanine)		Phe	5.48
脯氨酸(proline)		Pro	6.30
色氨酸(tryptophan)		Trp	5.89
丝氨酸(serine)		Ser	5.68
酪氨酸(tyrosine)		Tyr	5.66
半胱氨酸(cysteine)		Cys	5.07
甲硫氨酸(methionine)		Met	5.74
天冬酰胺(asparagine)		Asn	5.41
谷氨酰胺(glutamine)		Gln	5.65

续表

氨基酸名称	结构式	简写符号	等电点(pI)
苏氨酸(threonine)		Thr	5.60
天冬氨酸(aspartic acid)		Asp	2.97
谷氨酸(glutamic acid)		Glu	3.22
赖氨酸(lysine)		Lys	9.74
精氨酸(arginine)		Arg	10.76
组氨酸(histidine)		His	7.59

表 2-1 中 20 种氨基酸均为编码氨基酸，蛋白质分子中尚含有一些非编码氨基酸，如羟赖氨酸与羟脯氨酸，它们往往是在蛋白质生物合成后，分别由赖氨酸和脯氨酸羟化后形成，主要存在于胶原蛋白分子中，与胶原蛋白分子结构的稳定与功能有关。

(三) 氨基酸的主要理化性质

1. 两性电离与等电点

氨基酸既含有碱性的氨基（或亚氨基），又含有酸性的羧基，具有两性解离的特性。在晶体状态或水溶液中主要以两性离子存在。从下式可以看出：在不同的 pH 溶液中，氨基酸以阳离子、阴离子和两性离子三种不同的形式出现，其解离方式取决于氨基酸溶液的 pH 值。

在某一 pH 值的溶液中，氨基酸分子所带正负电荷相等，呈电中性，此时溶液的 pH 值称为该氨基酸的等电点，用 pI 表示。

$$H_3\overset{+}{N}-\underset{\underset{R}{|}}{CH}-COOH \underset{H^+}{\overset{OH^-}{\rightleftharpoons}} H_3\overset{+}{N}-\underset{\underset{R}{|}}{CH}-COO^- \underset{H^+}{\overset{OH^-}{\rightleftharpoons}} H_2N-\underset{\underset{R}{|}}{CH}-COO^- + H_2O$$

$$pH<pI \qquad\qquad pH=pI \qquad\qquad pH>pI$$

氨基酸在等电点时主要以两性离子状态存在；如果溶液的 pH 值大于氨基酸的 pI 时，则氨基酸成为阴离子；pH 值小于氨基酸的 pI 时，则氨基酸成为阳离子。

2. 茚三酮反应

氨基酸与水合茚三酮共热可缩合成蓝紫色的化合物，同时释放 CO_2。该反应可作为氨基酸定性和定量分析的依据。脯氨酸、羟脯氨酸与茚三酮反应生成黄色化合物。

（四）氨基酸的连接方式

在蛋白质分子中，氨基酸之间是通过肽键（peptide bond）相连的。肽键为一个氨基酸分子的 α-羧基与另一个氨基酸分子的 α-氨基脱水缩合形成的酰胺键，是多肽及蛋白质的主要化学键。

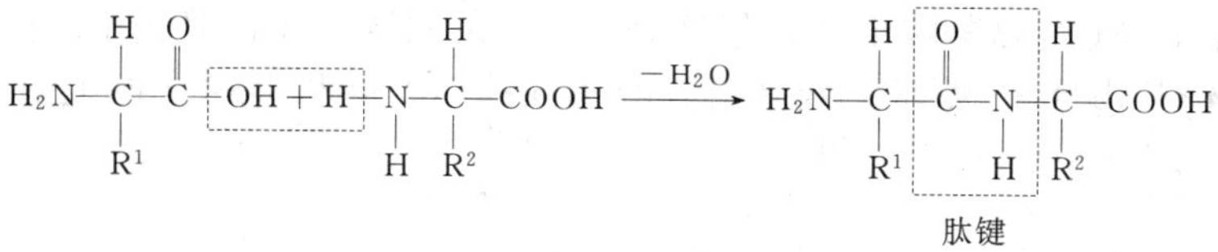

氨基酸通过肽键（—CO—NH—）相连而形成的化合物称为肽（peptide）。由两个氨基酸缩合成的肽称为二肽，二肽与另一个氨基酸缩合成三肽，以此类推。通常将 10 个以内的氨基酸缩合成的肽称为寡肽，由 10 个以上氨基酸形成的肽称为多肽。多肽链结构如图 2-1 所示，其中，氨基酸侧链 R 基团称为侧链基团，除去 R 基团的长链骨架称为多肽主链。即 $\cdots C^{\alpha}$—CO—NH—$C^{\alpha}\cdots$ 结构。

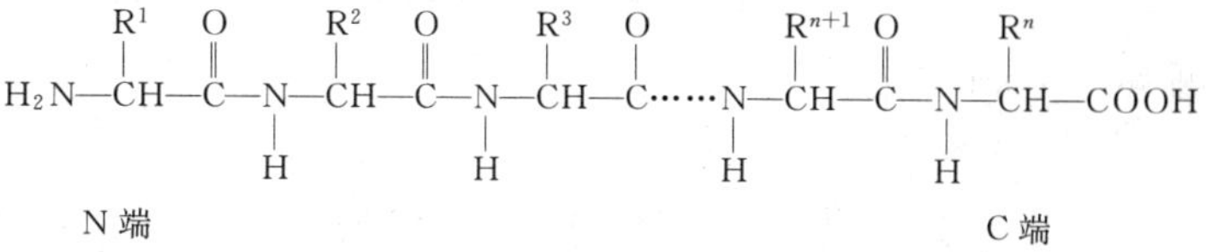

图 2-1　多肽链结构示意图

氨基酸在形成肽键后，因脱水缩合，成为不完整的氨基酸分子，称为氨基酸残基。每条多肽链都有一个游离的 α-NH_2 末端（称氨基末端或 N 端）和一个游离的 α-COOH 末端（称羧基末端或 C 端）。书写时，一般把 N 端写在左边，C 端在右边。

生物体内存在许多具有生物活性的小分子肽，称为生物活性肽。它们具有重要的生理功能。如谷胱甘肽（GSH），是由谷氨酸、半胱氨酸和甘氨酸结合而成的三肽，结构式如下：

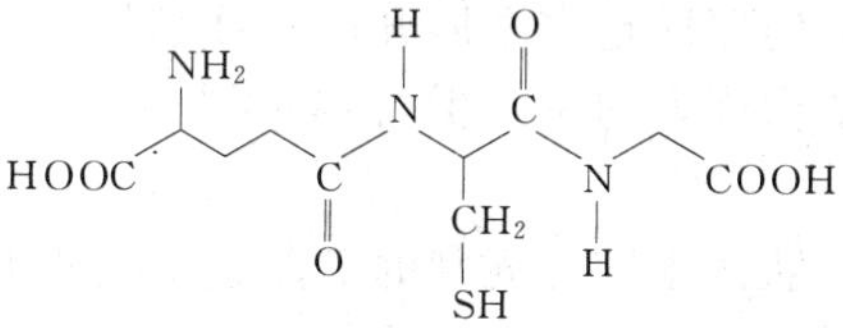

谷胱甘肽中含有一个活泼的—SH，易被氧化，是该化合物的主要功能基团。GSH 的主要生理功能是保护某些蛋白质的—SH 不被氧化，同时具有解毒等作用。

临床联系

近年来不断发现一些具有重要的生理功能或药理作用的生物活性的多肽分子。如由脑神经细胞形成的脑肽与机体的学习记忆、睡眠、食欲和行为都有密切关系，在此基础上研制出一种能够抑制细胞氧化、阻止肿瘤形成的抗衰老药物，多肽也已成为生物化学中引人瞩目的研究领域之一。

第二节　蛋白质的分子结构

蛋白质是由许多氨基酸通过肽键连接而成的生物大分子物质，相对分子量一般在 1 万～10 万之间。蛋白质的分子结构非常复杂，需要分层次描述，根据丹麦科学家 Linderstrom-Lang 的建议，人为将蛋白质的分子结构划分为一、二、三、四级结构四个结构层次。除一级结构外，蛋白质的二、三、四级结构都属于立体结构，也称之为空间结构或高级结构。

一、蛋白质分子的一级结构

多肽链中，从 N 端到 C 端的氨基酸的排列顺序称为蛋白质的一级结构，也称为基本化学结构，它是由基因中遗传信息所决定。牛胰岛素是世界上第一个被确定一级结构的蛋白质（图 2-2）。它由 51 个氨基酸组成，包括 A、B 两条肽链。A 链是由 21 个氨基酸残基组成的多肽链；B 链是由 30 个氨基酸残基组成的多肽链。A 链和 B 链之间通过两对二硫键交联在一起，A 链另有一个链内二硫键。

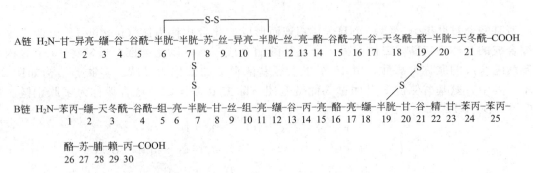

图 2-2　牛胰岛素的一级结构

蛋白质的一级结构内容包括：①组成蛋白质的多肽链数目；②多肽链的氨基酸顺序；③多肽链内或链间二硫键的数目和位置。其中最重要的是多肽链的氨基酸顺序，它是蛋白质空间结构的基础。迄今，已有 3000 多种蛋白质分子的一级结构被测定，有关机构把这些资料录入蛋白质序列数据库，通过国际互联网可以获取相关信息。

二、蛋白质分子的空间结构

蛋白质分子并非如一级结构那样是完全展开的"线状"，而是在三维空间折叠、盘曲成一定的空间结构，这种空间结构称为构象。蛋白质的空间结构可分为二、三和四级结构。

（一）蛋白质的二级结构

蛋白质的二级结构是指多肽链主链有规则的盘曲、折叠所形成的构象。即多肽链主链中各原子在局部的空间排布关系，不涉及侧链基团的空间排布。

20 世纪 30 年代末，L. Pauling 和 R. Corey 通过研究蛋白质的 X 射线结晶衍射图，发现多肽链中肽键上 4 个原子和相邻的两个 α-碳原子位于同一个平面上，此平面称为肽键平面（图 2-3）。多肽链的主链原子中只有 N-C^α 和 C^α-N 之间的单键可以自由旋转。因此，相邻的肽键平面可以围绕 α-碳原子形成不同的排布位置，这是产生多种二级结构的基础。

蛋白质二级结构的基本形式主要有 α-螺旋、β-折叠、β-转角和不规则卷曲等几种形式。

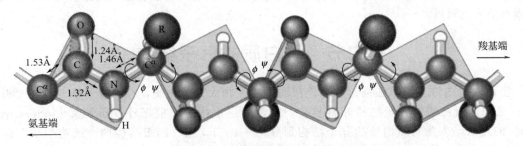

图 2-3　肽键平面示意图（1Å＝0.1nm）

1. α-螺旋

α-螺旋是由多肽链主链环绕一个中心轴，有规则地一圈圈盘旋上升形成的螺旋状结构（图2-4）。α-螺旋一般为右手螺旋；每螺旋圈包含3.6个氨基酸残基，螺距为0.54nm；螺旋间通过肽键中的 C=O 和—NH—间形成氢键，以保持螺旋结构的稳定性。α-螺旋是蛋白质分子中最常见的、很稳定的一种构象。

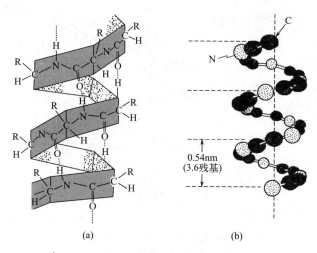

图2-4 α-螺旋示意图

2. β-折叠

β-折叠为一种伸展、呈锯齿状的肽链结构。两条以上的β-折叠结构平行排布并以氢键相连所形成的结构，称为β-片层或β-折叠层。其结构特征为：在β-折叠中，β-碳原子总是处于折叠的角上，氨基酸的R基团处于折叠的棱角上并与棱角垂直。相邻两条肽链的走向相同，为顺向平行，即N端、C端的方向一致；反之，为逆向平行（图2-5）。

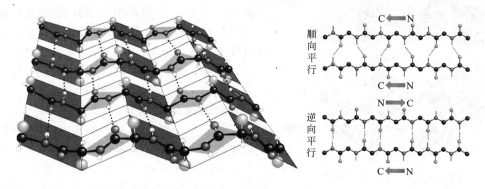

图2-5 β-折叠结构示意图

毛发的角蛋白、肌肉的肌球蛋白的多肽链几乎都呈α-螺旋，蚕丝蛋白几乎全都是β-折叠结构，但许多蛋白质既有α-螺旋又有β-折叠结构。

蛋白质的二级结构还包括β-转角和无规则卷曲。β-转角是多肽链180°回折部分所形成的一种二级结构，该构象多数在蛋白质分子的表面。无规则卷曲则为多肽链中规律性不强的卷曲构象，它常出现在α-螺旋与α-螺旋、α-螺旋与β-折叠、β-折叠与β-折叠之间，它是形成蛋白质三级结构所必需的。

（二）蛋白质的三级结构

由于主链构象和侧链构象之间的相互作用，多肽链在二级结构的基础上进一步盘曲折叠形成特定的空间结构，称为蛋白质的三级结构。蛋白质的三级结构包含了多肽链内所有原子的空间排布，其构象的稳定主要靠多肽链的侧链上各种基团之间疏水作用来维持。此外，氢键、离子键、范德华力、二硫键等相互作用对三级结构的稳定也有一定的作用（图2-6）。

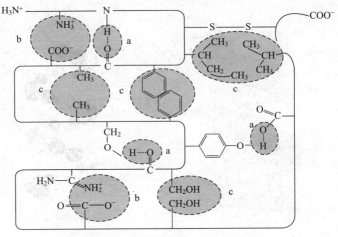

图2-6　稳定和维系蛋白质三级结构的键
a—氢键；b—离子键；c—疏水键

蛋白质的三级结构具有明显的折叠层次，大多数疏水基团埋在分子内部，而亲水基团集中在分子表面，形成所谓的"亲水面，疏水核"结构，三级结构一旦形成，蛋白质的活性部位也就形成。在三级结构构象中，活性部位往往位于球形分子表面内陷的空隙内，有利于蛋白质发挥生物学功能。如果三级结构破坏，其生物学活性也就丧失。

（三）蛋白质的四级结构

体内许多蛋白质由两条或两条以上具有三级结构的多肽链相互聚合而成的构象，称为蛋白质的四级结构。其中每条具有三级结构多肽链称为亚基（subunit）。构成蛋白质分子的亚基可以相同，也可以不同。如红细胞内的血红蛋白（hemoglobin，Hb，图2-7）是由4个亚基聚合而成的四级结构，由2个α亚基和2个β亚基组成，即$\alpha_2\beta_2$，每个亚基含1个血红素分子。由于蛋白质分子各亚基之间是通过非共价键结合在一起，在一定条件下，可以解聚成单个亚基，亚基在聚合或解聚时对某些蛋白质具有调节活性的作用。

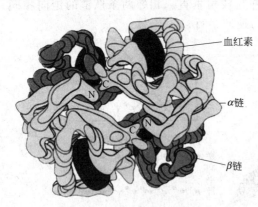

图2-7　血红蛋白四级结构

有的蛋白质虽由两条以上肽链构成，但几条肽链之间是通过共价键（如二硫键）连接的，这种结构不属于四级结构，如前面提到的牛胰岛素。

第三节　蛋白质结构与功能的关系

蛋白质的一级结构决定空间结构，而蛋白质的空间结构又是其功能的结构基础。各种蛋白质中氨基酸残基的数量、种类及排列顺序不同，分子的空间结构也不相同，在此基础上形成了蛋白质独特的生理功能。因此，蛋白质有什么样的分子结构，就决定它发挥什么样的功能。

一、蛋白质一级结构与功能的关系

一级结构相似，大多具有相似的功能。例如，人和牛的胰岛素一级结构组成的氨基酸总数或排列顺序极为相似，其中，A 链有 10 个氨基酸、B 链有 12 个氨基酸的种类与位置完全相同，从而使其具有降低血糖浓度的共同生理功能。基于此，人们利用牛胰岛素治疗人类糖尿病取得了满意的疗效。

一级结构中特殊的氨基酸决定蛋白质的特殊功能。例如，催产素和加压素虽然都是 9 肽激素，两者一级结构中仅有 2 个氨基酸残基不同，其余 7 个都是相同的，但两者生理功能差别很大。催产素能引起子宫平滑肌收缩，而加压素则主要作用于肾的集合管，促进水的重吸收，表现为抗利尿作用。

临床联系

1901 年，芝加哥医生赫里克在一例严重贫血的黑人血液中观察到形态像镰刀的红细胞，就把这类贫血叫作镰刀型贫血。1949 年，曾两次获得诺贝尔奖的美国化学家鲍林推测它是血红蛋白分子的缺陷造成的，称为"分子病"。与正常血红蛋白（HbA）相比，患者血红蛋白（HbS）分子中 β 链 N 端第 6 个氨基酸残基由正常的谷氨酸变成了缬氨酸，导致血红蛋白分子的空间结构和功能发生改变，与氧的亲和力降低，红细胞变形成镰刀状而极易破碎，发生贫血。

二、蛋白质空间结构与功能的关系

蛋白质特定的构象显示出特定的功能，天然蛋白质的构象一旦发生变化，即使一级结构没有变化，也可导致其功能和活性的变化。

牛核糖核酸酶是由 124 个氨基酸组成的蛋白质，依靠分子内的 4 个二硫键及非共价键维系其构象稳定。若用尿素和 β-巯基乙醇处理核糖核酸酶，使其非共价键和二硫键断裂，空间结构被破坏，从而丧失其核酸水解功能。当用透析方法，将尿素和 β-巯基乙醇除去，酶活性几乎恢复到变性前的水平，经测定证明，此时核糖核酸酶的构象已经恢复，这充分说明了蛋白质三维结构与生物功能之间的直接关系。

对蛋白质空间结构与功能的关系更具说服力的是蛋白质别构效应。血红蛋白（Hb）就是一种最早发现的，具有别构效应的蛋白质，其功能是运输 O_2。Hb 有两种能够互变的天然构象（图 2-8），一种叫紧张态（tense state，T 态），另一种叫松弛态（relaxed state，R 态）。

紧张态 Hb 对氧的亲和力低，不易与氧结合；松弛态 Hb 则对氧的亲和力高，容易与氧

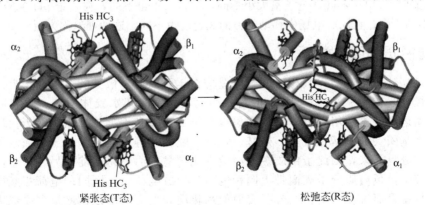

图 2-8　血红蛋白的两种构象

结合。通过两种构象的互变，改变血红蛋白氧亲和力的大小，巧妙地完成了运输 O_2 的功能。

当血液流经肺部时，氧分压较高，促使 T 态 Hb 转变为 R 态，利于 Hb 与氧结合，血红蛋白满载 O_2 离开肺部；当血液流经在全身组织毛细血管中，O_2 分压较低，R 态 Hb 又转变为 T 态，有利于释放 O_2。

第四节 蛋白质的理化性质

蛋白质是由氨基酸组成的生物大分子，有些性质与氨基酸相似，如两性电离、等电点等，也具有高分子化合物的特性，如胶体性质、变性、沉淀等。

一、蛋白质的两性性质和等电点

蛋白质是由氨基酸组成的，虽然蛋白质分子中氨基酸的氨基和羧基大多数已结合形成肽键，但肽链的两端仍有游离 α-NH_2 和 α-COOH。此外，某些氨基酸的侧链基团，如 γ-NH_2、胍基、咪唑基、ϵ-羧基也可解离成正离子或负离子。因此蛋白质和氨基酸一样，均是两性电解质，在溶液中可呈阳离子、阴离子或两性离子。蛋白质带电情况取决于溶液的 pH 值、蛋白质游离基团的性质与数量。当蛋白质在某溶液中，带有等量的正电荷和负电荷时，此溶液的 pH 值即为该蛋白质的等电点（pI）。当 pH＜pI 时，蛋白质分子带正电荷；当 pH＞pI 时，蛋白质分子带负电荷（图 2-9）。

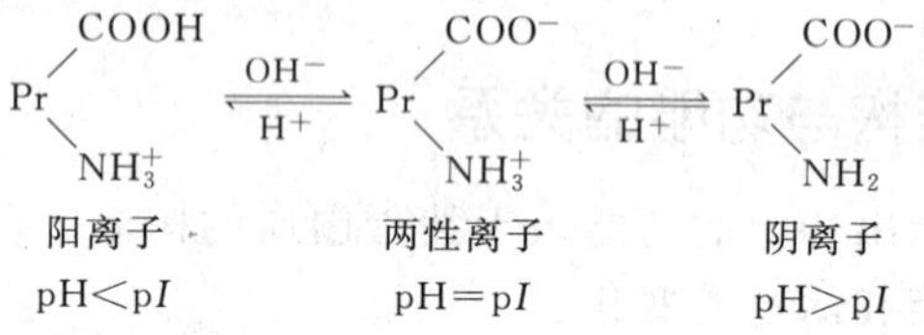

图 2-9 蛋白质的两性电离

含碱性氨基酸较多的蛋白质，等电点往往偏碱，如精蛋白，含精氨酸较多，pI 为 12.4。反之，含酸性氨基酸较多的蛋白质，其等电点往往偏酸，如胃蛋白酶，含 43 个氨基酸，其中 37 个是酸性氨基酸，pI 在 1～2.5 之间。人体内血浆蛋白质的等电点大多是 pH5.0 左右，所以在血浆 pH7.4 的生理条件下，血浆蛋白质带负电荷。

在等电点时，蛋白质以两性离子存在，净电荷等于零，因为没有同种电荷互相排斥的影响，最不稳定，溶解度最小，易结合成较大的聚集体而沉淀析出。因此常利用这一性质可以分离和纯化蛋白质。

各种蛋白质的等电点不同，分子量大小不同，颗粒大小也不同，在一定 pH 值溶液中，各种蛋白质所带电荷不同，在同一电场中移动的方向和速度也不同，这种现象称为蛋白质电泳。

二、蛋白质的胶体性质

蛋白质是高分子化合物，其相对分子质量均在 1 万以上，最大的可达数千万。蛋白质分子颗粒的直径一般在 1～100nm，其溶液是一种比较稳定的亲水胶体溶液，具有胶体溶液的特征，如布朗运动、丁达尔现象、电泳现象以及不能透过半透膜等性质。在蛋白质分子表面有大量的亲水基团，如氨基、羧基、羟基、巯基、酰胺基等，能与水分子形成水化层，把蛋白质分子颗粒分隔开来，因此蛋白质在水溶液中比较稳定而不易沉淀。另外，蛋白质在偏离等电点的溶液中，蛋白质分子表面带上同种电荷，形成电荷层，因同种电荷相互排斥，防止了蛋白质颗粒相聚而沉淀。蛋白质分子表面的水化层和电荷层都是促使蛋白质成为稳定胶体溶液的因素，如果破坏，蛋白质溶液则聚集沉淀（图 2-10）。

利用蛋白质不能透过半透膜的性质，常将含有小分子杂质的蛋白质溶液放入透析袋中，置于流水中进行透析，小分子物质由袋内移至袋外水中，蛋白质仍留在袋内，以达到纯化蛋白质的目的，这种方法称为透析，是科研和临床上纯化蛋白质常用的方法。生物膜也具有半透膜的性质，能限制蛋白质有规律地分布在生物膜内外，对维持细胞内外水和电解质平衡、物质代谢的调节起着重要的作用。

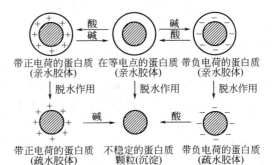

图 2-10　蛋白质颗粒稳定因素及沉淀

在高速离心时，蛋白质会下沉，这就是蛋白质的沉降现象。蛋白质颗粒在单位离心力场中沉降的速度称为沉降系数，用 S 表示。蛋白质相对分子质量越大，其沉降系数越大。有些高分子用沉降系数表示分子大小，如 60S 核糖体大亚基，40S 核糖体小亚基。

三、蛋白质的变性作用

在某些理化因素作用下，天然蛋白质有序的空间结构被破坏，致使蛋白质的理化性质和生物学特性发生变化，但蛋白质的一级结构未遭破坏，这种现象叫变性作用。凡能破坏次级键的因素均能导致蛋白质变性。能引起蛋白质变性的物理因素有加热、紫外线、X 射线、振荡或搅拌、高压及超声波等；化学因素主要有强酸、强碱、重金属离子、高浓度尿素、有机溶剂和生物碱试剂等。

临床联系

蛋白质变性既有有利的一面，又有不利的一面。如临床上采用煮沸、高压、酒精擦拭、紫外线照射等方法消毒灭菌，使细菌或病毒等病原体的蛋白质变性而失去致病和繁殖能力。另一方面，蛋白质变性的不利影响要竭力避免。如酶制品、激素、抗体、疫苗等生物活性蛋白质应保持低温，避免剧烈振荡起泡，防止发生变性。生命活动中也有不少与蛋白质变性有关的现象，如紫外线照射，引起眼睛白内障，主要是由于眼球晶体蛋白质的变性凝固。

蛋白质变性只涉及次级键（氢键、离子键、疏水作用等）断裂，三维结构遭到破坏，多肽链伸展，形成随机卷曲的无规线团，原来隐藏在蛋白质分子内部的疏水基团暴露，蛋白质亲水性丧失，溶解度下降而发生沉淀。值得注意的是变性蛋白质肽键没有断裂，一级结构完好无缺。

变性后的蛋白质其性质与天然蛋白质有明显的不同，主要表现在：蛋白质物理性质发生变化，失去结晶能力，溶解度降低，黏度增加，易凝集、沉淀；生化性质发生变化，变性蛋白质结构松散，易被蛋白酶水解，这就是煮熟的蛋白质易消化的原因；生物活性丧失，这是变性蛋白质最主要的特征，如酶的催化功能消失，血红蛋白运输氧和二氧化碳的功能丧失。

四、蛋白质的沉淀

改变环境条件，破坏了水化膜或中和蛋白质所带的电荷，蛋白质亲水胶体失去稳定性，发生絮结沉淀，并从溶液中析出的现象，称为蛋白质的沉淀。根据实验条件，沉淀的蛋白质可能变性，也可能不变性。常用的沉淀剂有中性盐、有机溶剂、重金属盐和某些酸类等。

1. 盐析法

在蛋白质溶液中加入高浓度的中性盐（硫酸铵、硫酸钠及硫酸镁等），破坏蛋白质的胶体稳定性，使蛋白质从水溶液中沉淀析出称为盐析。盐析并不破坏蛋白质空间结构，析出的蛋白质经过透析、凝胶过滤将盐离子除去后，蛋白质又恢复其天然活性状态。因此，盐析是天然蛋白质制品常用的生化分离方法。

2. 有机溶剂沉淀

乙醇、甲醇、丙酮等有机溶剂可破坏蛋白质的水化层，导致蛋白质分子凝聚絮结沉淀。如把溶液的 pH 值调节到该蛋白质的等电点时，则沉淀效果更好。与盐析法不同，高浓度有机溶剂长时间与蛋白质接触，易引起蛋白质变性失活，对于某些敏感的酶和蛋白质，使用有机溶剂沉淀尤其要小心。此外，操作必须在低温下进行，并在加入有机溶剂时注意搅拌均匀，以避免局部浓度过大，分离后的蛋白质沉淀，应立即用水或缓冲液溶解，以降低有机溶剂浓度。有机溶剂沉淀常用于各种血浆蛋白分离和制备。

3. 重金属盐和某些酸类沉淀

蛋白质分子在 pH>pI 时，带负电荷，可以与 Hg^{2+}、Pb^{2+}、Cu^{2+} 等重金属离子结合生成不溶于水的蛋白质盐而沉淀，引起蛋白质变性。人误食重金属盐中毒是因为重金属盐与蛋白质沉淀变性有关，临床上可口服大量牛乳或豆浆等蛋白质进行解救，目的是使蛋白质能与重金属盐结成沉淀，阻止机体对重金属盐的吸收。然后用催吐剂将结合的重金属排出体外，达到抢救目的。蛋白质分子在 pH<pI 时，带正电荷，可与苦味酸、钨酸、鞣酸、三氯醋酸、单宁酸等结合，生成不溶性的蛋白质盐沉淀，并伴随蛋白质变性。临床上，常向血液中加入三氯醋酸，使蛋白质沉淀，制备无蛋白质血滤液。

4. 加热变性沉淀法

蛋白质加热变性后，在少量盐类存在或 pH 调至等电点，则容易发生凝固沉淀。临床上通过加热使蛋白质变性凝固，然后加酸使尿 pH 接近蛋白质等电点（pH4.7），以检查尿液中是否有蛋白质存在。

盐析法或低温有机溶剂法制取的蛋白质，仍保持蛋白原有的生物特性，常用于天然蛋白质制品的制备；重金属盐、某些酸类沉淀法会引起蛋白质变性，主要用于杂蛋白的去除。

五、蛋白质的其他理化性质

（一）蛋白质的紫外吸收性质

蛋白质分子普遍含色氨酸和酪氨酸等芳香族氨基酸，其分子中的苯环在波长 280nm 处有最大吸收峰。在此波长处，蛋白质的光密度值与其浓度成正比关系，因此常被用于蛋白质定量测定。

（二）蛋白质的颜色反应

在蛋白质的分析中，常用蛋白质中的部分基团与某些试剂发生颜色反应，如双缩脲反应，由于蛋白质分子中含有很多与双缩脲结构相似的肽键，与铜离子在碱性溶液中发生反应形成紫红色物质，且颜色深浅与蛋白质的含量在一定范围内成正比。目前，临床上用双缩脲法测定血清蛋白质含量。

第五节　蛋白质的分类

蛋白质种类繁多，结构复杂，通常按分子的组成、形状和功能对蛋白质进行分类。

一、按蛋白质组成分类

根据蛋白质分子的组成不同，可把蛋白质分为单纯蛋白质和结合蛋白质两大类。

1. 单纯蛋白质

分子组成中，除氨基酸构成的多肽蛋白成分外，没有任何非蛋白成分。自然界中的许多蛋白质属于此类。单纯蛋白质按溶解度不同可分为清蛋白、球蛋白、谷蛋白、醇溶蛋白、精蛋白、组蛋白和硬蛋白7类。

2. 结合蛋白质

由单纯蛋白质和其他非蛋白质部分组成。非蛋白部分称为辅基，如糖、脂肪、核酸、色素、磷酸等。根据辅基不同，结合蛋白可分为以下六类（表2-2）。

表2-2 结合蛋白质类型及其辅基

结合蛋白质	辅 基	举 例
核蛋白	核酸	病毒核蛋白、染色体蛋白
糖蛋白	糖类	黏蛋白、免疫球蛋白
脂蛋白	脂质	高密度脂蛋白、低密度脂蛋白
色蛋白	色素	血红蛋白、黄素蛋白
磷蛋白	磷酸	酪蛋白、胃蛋白酶
金属蛋白	金属离子	铁蛋白、铜蓝蛋白

二、按蛋白质形状分类

根据蛋白质分子形状不同，可分为球状蛋白质和纤维状蛋白质两类。通常长轴与短轴之比小于10，外形似球状或椭圆形称为球状蛋白质；长轴与短轴之比大于10者称为纤维状蛋白质。

生物界中的大多数蛋白质为球状蛋白质，如清蛋白、血红蛋白、肌红蛋白以及多种溶解于胞液或体液中的蛋白质。球状蛋白质一般溶于水，具有特异的生物学活性（如血红蛋白运输氧、酶的催化作用等）。纤维状蛋白质多是构成机体的结构材料，如皮肤、肌腱、软骨及骨组织中的胶原蛋白，毛发中的角蛋白，蚕丝中的丝心蛋白等。它们一般难溶于水，在机体中起着支持、保护等功能，更新较慢。

复习思考题

一、选择题

A型题

1. 有一混合蛋白质溶液，各种蛋白质的 pI 分别为4.6、5.0、5.3、6.7、7.3。电泳时欲使其中4种泳向正极，缓冲液的pH应该是（　　）。
   A. 5.0　　　　B. 4.0　　　　C. 6.0　　　　D. 7.0　　　　E. 8.0
2. 胰岛素分子A链与B链交联是靠（　　）。
   A. 疏水键　　　B. 盐键　　　　C. 氢键　　　　D. 二硫键　　　E. 范德华力
3. 蛋白质变性是由于（　　）。
   A. 蛋白质一级结构改变　　　　B. 蛋白质空间构象的改变
   C. 辅基的脱落　　　D. 蛋白质水解　　　E. 以上都不是
4. 镰状红细胞贫血病患者未发生改变的是（　　）。
   A. Hb的一级结构　　B. Hb的基因　　C. Hb的空间结构
   D. 红细胞形态　　　E. Hb的辅基结构
5. 蛋白质分子中的α-螺旋和β-片层都属于（　　）。
   A. 一级结构　　B. 二级结构　　C. 三级结构　　D. 域结构　　E. 四级结构
6. 蛋白质的一级结构及高级结构决定于（　　）。

A. 亚基 　　　　　　　B. 分子中盐键　　　　C. 氨基酸组成和顺序
D. 分子内部疏水键　　E. 分子中氢

B 型题
A. 支链氨基酸　　　　B. 芳香族氨基酸　　　　C. 酸性氨基酸
D. 含硫氨基酸　　　　E. 碱性氨基酸

1. 天冬氨酸属于（　　）。
2. 亮氨酸属于（　　）。
3. 赖氨酸属于（　　）。
4. 酪氨酸属于（　　）。
5. 蛋氨酸属于（　　）。

A. 肽键　　　　　B. 盐键　　　　　C. 二硫键　　　　D. 疏水键　　　　E. 氢键

6. 蛋白质中氨基酸的疏水侧链集中可形成（　　）。
7. 蛋白质中两个半胱氨酸残基间可形成（　　）。
8. 蛋白质分子中稳定 α-螺旋的键力是（　　）。
9. 蛋白质被水解断裂的键是（　　）。

X 型题
1. 可作为结合蛋白质的辅基有（　　）。
   A. 核苷酸　　　　B. 金属离子　　　　C. 糖类　　　　D. 脂类　　　　E. 激素
2. 使蛋白质沉淀但不变性的方法有（　　）。
   A. 中性盐沉淀蛋白质　　　　　　　B. 鞣酸沉淀蛋白质
   C. 低温乙醇沉淀蛋白质　　　　　　D. 重金属盐沉淀蛋白质
   E. 常温乙醇沉淀蛋白质
3. 关于蛋白质的组成正确的有（　　）。
   A. 由 C、H、O、N 等多种元素组成　　B. 含氮量相当接近约为 6.25%
   C. 基本单位均为 α-氨基酸　　　　　　D. 构成蛋白质的氨基酸均含有不对称碳原子
   E. 氨基酸的排列顺序决定了蛋白质的空间构象

二、名词解释
1. 蛋白质的变性　2. 肽单元　3. 肽键　4. 亚基　5. 蛋白质等电点

三、问答题
1. 蛋白质有哪些重要的生理功能？
2. 蛋白质的基本组成单位是什么？其分子结构有哪些共同特点？
3. 组成蛋白质的氨基酸只有 20 种，为什么蛋白质的种类却极其繁多？
4. 什么是蛋白质的二级结构？主要形式有哪几种？
5. 何谓蛋白质变性，在临床上有何应用？
6. 误服重金属盐的中毒患者，早期如何抢救？
7. 在 pH8.0 电场中，下列蛋白质带点情况如何？它们在直流电场将向什么方向移动？
血清白蛋白（$pI=4.9$）；脲酶（$pI=5.0$）；核糖核酸酶（$pI=9.5$）；胃蛋白酶（$pI=1.0$）。

第三章 维生素

维生素（Vitamin）是维持机体正常生理功能及细胞内特异代谢反应所必需的一类微量低分子有机化合物。维生素大部分在人体内不能合成，或合成量较少，不能满足人体的需要，必须从食物中摄取。它不能提供热能，也不是机体构成物，但它对人体有着种种不可或缺的重要功能，如缺乏任何一种维生素，都能引起相应的缺乏病。

第一节 概　述

维生素种类很多，目前已确认的有30余种，其中被认为对维持人体健康和促进发育至关重要的有20余种。它们种类繁多，性质各异，但具有以下共同特点：①维生素或其前体物都在天然食物中存在，但是没有一种天然食物含有人体所必需的全部维生素；②它们一般不能在体内合成，或合成量少，不能满足机体需要，必须由食物不断供给；③它们参与维持机体正常生理功能，需要量极少，通常以 mg、μg 计，但是必不可少；④维生素不是构成机体组织和细胞组织的成分，它也不会产生能量，它的作用主要是参与机体代谢的调节；⑤大部分是人体各种酶的辅酶或辅基，通过酶的作用来调控人体的物质代谢和能量代谢。

维生素是维持生命的元素，它的主要功能，一是作为辅酶或辅酶前体，调节代谢过程；二作为抗氧化剂，如维生素 E、维生素 C；三作为遗传调节因子，如维生素 A、维生素 D；四是具有其他某些特殊功能，如维生素 A 可调节视觉等。

一、维生素的命名和分类

（一）命名

维生素有三种命名系统，一是按发现的先后顺序，以拉丁字母命名，如维生素 A、维生素 B、维生素 C、维生素 D、维生素 E、维生素 K……二是根据其化学结构特点命名，如核黄素、视黄醇等；三是根据生理功能和治疗作用命名，如抗坏血酸、抗干眼病维生素等。

（二）分类

维生素结构复杂，理化性质及生理功能各异，有的属于醇类，有的属于胺类，有的属于酯类，还有的属于酚或醌类化合物。根据维生素的溶解性分为脂溶性维生素和水溶性维生素两大类。脂溶性维生素包括维生素 A、维生素 D、维生素 E 及维生素 K 四种。水溶性维生素包括 B 族维生素及维生素 C。B 族维生素包括 8 种水溶性维生素，即维生素 B_1、维生素 B_2、维生素 B_3、（泛酸、遍多酸），维生素 B_6、烟酸（维生素 PP、尼克酸）、生物素、叶酸和维生素 B_{12}。

> **知识链接：类维生素物质**
>
> 机体内存在的一些物质，尽管不认为是真正的维生素类，但它们所具有的生物活性却非常类似维生素，有时把它们列入复合维生素B族这一类中，通常称它们为"类维生素物质"。其中包括：胆碱、生物类黄酮（维生素P）、肉毒碱（维生素BT）、辅酶Q（泛醌）、肌醇、维生素B_{17}（苦杏仁苷）、硫辛酸、对氨基苯甲酸（PABA）、维生素B_{15}等。

二、维生素的缺乏与中毒

维生素必须每日从膳食中取得，当膳食中维生素的供给量不足或者供给量足够但身体消化吸收障碍时，会造成人体维生素不足或缺乏，从而引起物质代谢失调，发生人体维生素不足症或缺乏症。但是维生素若服用过量也会引起一定的中毒反应，称为维生素过多症。

脂溶性维生素和水溶性维生素在人体内的代谢特点不同。脂溶性维生素可溶于脂肪而不溶于水，在食物中常与脂类共存，在酸败的脂肪中容易被破坏。当脂类吸收障碍时，脂溶性维生素的吸收大为减少，甚至会引起继发性缺乏。吸收后可在体内贮存而不易排出体外，过量摄取易在体内蓄积而引起中毒。如摄入不足可缓慢出现缺乏症状。

水溶性维生素溶解于水，在体内仅有少量储存。大多数水溶性维生素常以辅酶的形式参与机体的物质代谢。水溶性维生素摄取过多时，多余的维生素可从尿中排出，一般不会因摄取过多而中毒，但极大量摄入时也可出现毒性。若摄入过少，可较快地出现缺乏症状。

引起维生素缺乏症的常见原因有以下几方面。

1. 维生素的摄入量不足

膳食构成或膳食调配不合理、严重偏食、烹调和贮存不当等都可以造成某些维生素的摄入不足。

2. 机体的吸收利用率降低

某些原因造成的消化系统吸收功能障碍，如长期腹泻、消化道疾病等均可造成维生素的吸收、利用减少。胆汁分泌减少或摄入脂肪量过少都会影响脂溶性维生素的吸收。

3. 维生素的需要量相对增高

在一些生理和病理情况下，机体对维生素的需要量会相对增多。如妊娠和哺乳期妇女，生长发育期儿童，特殊工种、特殊环境下的人群。一些疾病如长期发烧、腹泻及患肝胆疾病时，需要量也会显著增加。

4. 食物以外的维生素供给不足

日光照射不足可使皮肤内维生素D_3产生不足，易造成小儿佝偻病或成人软骨病。长期服用抗生素可抑制肠道正常菌群的生长，从而影响维生素K、维生素B_6、叶酸、维生素PP等的生成。

第二节 脂溶性维生素

一、维生素A

维生素A是指含有视黄醇结构，具有其生物活性的一大类物质。它包括视黄醇、视黄醛、视黄酸、视黄基酯复合物和一些类胡萝卜素等。

1. 性质、来源

维生素A是1939年发现的，直到最近十余年才对维生素A的代谢变化有了较深入的了解。维生素 A 对热、对光均不稳定,易于氧化破坏。维生素 A 的最好食物来源是各种动物性食物,如动物肝脏、奶类、鱼肝油、鱼卵、蛋黄等。植物性食物中不含维生素 A,但含有维生素 A 的前体物质类胡萝卜素,在体内酶的作用下可以转化为维生素 A,富含类胡萝卜素的食品如胡萝卜、菠菜、红心甜薯、青椒、黄绿色水果蔬菜等均可补充维生素 A。

2. 生理功能及缺乏症

(1) 维持正常视觉功能 维生素 A 是构成视觉细胞内感光物质的原料。眼的光感受器是视网膜的杆状细胞和锥状细胞。这两种细胞中都存在着对光敏感的色素,而这些色素的形成和表现出生理功能均有赖于适量维生素 A 的存在。

若维生素 A 充足,则视紫红质的再生快而完全,故暗适应时间短;若维生素 A 不足,则视紫红质的再生慢而不完全,故暗适应时间长,严重时可产生夜盲症。

(2) 维持人体的皮肤和黏膜组织的完整性 维生素 A 不足或缺乏会导致皮肤干燥,增生及过度角化。维生素 A 缺乏时,消化道、呼吸道、泌尿生殖道等上皮过度增生、角化,皮肤和黏膜对疾病的抵抗能力下降。临床上最为明显的表现是泪腺上皮角化,使眼结膜和角膜干燥,称为干眼病。严重时眼结膜、角膜经常发炎,甚至发生角膜软化、溃疡、穿孔从而导致失明。

(3) 促进生长发育和维护生殖功能 维生素 A 参与细胞的 DNA、RNA 的合成,促进蛋白质的生物合成及骨细胞的分化,在细胞生长、分化、增殖以及凋亡过程中起着十分重要的调节作用。婴幼儿若缺乏维生素 A 则可能生长缓慢,发育停滞。

(4) 加强免疫能力 维生素 A 有助于维持免疫系统功能正常,能加强对传染病特别是呼吸道感染及寄生虫感染的身体抵抗力;有助于对肺气肿甲状腺功能亢进症的治疗。

(5) 抗癌作用 动物实验研究揭示天然或合成的类维生素 A 具有抑制肿瘤的作用,可能与其调节细胞的分化、增殖和凋亡有关,也可能与抗氧化功能有关。

> **临床联系**
>
> 维生素 A 缺乏是许多发展中国家的一个主要公共卫生问题,发生率相当高,在非洲和亚洲许多发展中国家的部分地区甚至呈地方性流行。婴幼儿和儿童维生素 A 缺乏的发生率远高于成人,这是因为孕妇血中的维生素 A 不易通过胎盘屏障进入胎儿体内,故初生儿体内维生素 A 储存量低。
>
> 维生素 A 摄入过量可引起急性中毒、慢性中毒及致畸毒性。除膳食来源之外,维生素 A 补充剂也常使用,其使用剂量不宜过高,以免引起中毒。

二、维生素 D

维生素 D 又称为钙化醇、麦角甾醇、麦角钙化醇和阳光维生素等,是一些具有胆钙化醇生物活性的类固醇的统称。目前,已知的维生素 D 至少有 10 种,最重要的为维生素 D_2(麦角骨化醇)和维生素 D_3(胆钙化醇)两种。它们分别由植物中的麦角固醇和人体(皮肤和脂肪组织)中的 7-脱氢胆固醇经日光照射形成。

1. 性质、来源

维生素 D 是一种白色晶体,能溶于脂肪。在中性及碱性溶液中比较稳定,能耐高温和不易氧化,但在酸性条件下逐渐分解。进入体内的维生素 D 需进一步羟化为具有活性的 $1,25\text{-}(OH)_2\text{-}D_3$,通过血循环,分配到有关器官中发挥其生理效能。

其食物来源以动物肝脏、禽蛋、乳制品、鱼肝油为主,其中尤以鱼肝油中维生素 D 的含量最为丰富。而在蔬菜、谷物和水果中,维生素 D 的含量则比较少。经常晒太阳可获得

经济可靠的维生素 D_3，成年人只要经常接触阳光，在均衡膳食条件下一般不会发生维生素 D 缺乏病。

2. 生理功能及缺乏症

维生素 D 的生理功能调节机体钙、磷的代谢，维持血液正常的钙、磷浓度，从而促进钙化，使牙齿、骨骼发育正常。维生素 D 缺乏时，不能维持钙的平衡，儿童骨骼发育不良，产生佝偻病，因此，维生素 D 又称抗佝偻病维生素。对成年人，如处于妊娠及哺乳期的妇女。因营养不良，钙的供应不足而维生素 D 又缺乏时，常发生骨骼溶解，骨质变软，临床上称为骨质疏松症。

过量摄入维生素 D 可引起维生素 D 中毒。早期表现为食欲不振、体重减轻、恶心、呕吐、腹泻、头痛、血清钙磷浓度明显升高；严重时引起软组织（包括血管、心肌、肺、肾、皮肤等）的钙化和肾结石，甚至引起肾功能衰竭而死亡。

三、维生素 E

维生素 E 又称为生育酚，是 6-羟基苯并二氢吡喃环的异戊二烯衍生物，包括生育酚和生育三烯酚，其中 α-生育酚生物活性最高。

1. 性质、来源

维生素 E 是淡黄色油状物，溶于脂肪和脂溶剂。对氧十分敏感，在无氧条件下能稳定，对热和酸碱稳定。油脂酸败会加速维生素 E 的破坏。食物中维生素 E 在一般烹调时损失不大，但油炸时维生素 E 活性明显降低。

维生素 E 在自然界分布广泛，一般情况下不会缺乏。食物主要来源于植物油类、坚果类、全谷类、新鲜麦胚芽等。蛋类、肉类、鱼类、水果及蔬菜含量甚少。在加工、储存和制备食物时相当一部分维生素 E 因氧化而损失。

2. 生理功能及缺乏症

（1）抗氧化作用　维生素 E 是氧自由基的清道夫，与其它抗氧化物质以及抗氧化酶（包括超氧化物歧化酶、谷胱甘肽过氧化物酶等）一起构成体内抗氧化系统，保护生物膜及其它蛋白质免受自由基攻击。此外，在非酶抗氧化系统中维生素 E 亦是重要的抗氧化剂。

（2）预防衰老　人类随着年龄增长体内脂褐质不断增加，脂褐质俗称老年斑，是细胞内某些成分被氧化分解后的沉积物。补充维生素 E 可减少细胞中的脂褐质的形成。维生素 E 还可改善皮肤弹性，使性腺萎缩减轻，提高免疫力。

（3）与动物的生殖功能和精子生成有关　目前，临床上常用维生素 E 治疗先兆性流产和习惯性流产等。但尚未发现有因缺乏维生素 E 而引起的不孕症。

（4）其他功能　维生素 E 可抑制体内胆固醇合成限速酶的活性而降低血浆胆固醇水平；促进蛋白质的更新合成；促进某些酶蛋白的合成，降低分解代谢酶的活性；还可抑制肿瘤细胞的生长和增殖，作用机制可能与抑制细胞分化及生长密切相关的蛋白激酶的活性有关。

在脂溶性维生素中，维生素 E 的毒性相对较小。但过大剂量摄入维生素 E 仍有可能出现中毒症状，如肌无力、视觉模糊、复视、恶心、腹泻以及维生素 K 的吸收和利用障碍等。

四、维生素 K

维生素 K 是一种与血液凝固有关的维生素，又称为凝血维生素。维生素 K 有 K_1、K_2、K_3、K_4 四种。维生素 K_1 又名叶绿醌，存在于绿叶菜和动物肝脏；维生素 K_2 称为甲萘醌，在肠道内由细菌合成；维生素 K_3、维生素 K_4 则由人工合成。

1. 性质、来源

维生素 K 具有基本相同的生理作用。维生素 K 对热和还原剂稳定,但易被酸、碱、氧化剂、光(尤其是紫外线)和醇破坏。

维生素 K 广泛存在于动物和植物性食物中。绿叶蔬菜中维生素 K 的含量丰富,动物内脏、肉类和乳类中维生素 K 的含量也较多,而水果和谷物中维生素 K 的含量则较低。

2. 生理功能及缺乏症

(1) 维生素 K 有促进血液凝固的作用　缺乏维生素 K,致使出血后血液凝固发生障碍。轻者凝血时间延长,重者可有显著出血情况。如皮下可出现紫癜或瘀斑,出鼻血、齿龈出血、创伤后流血不止,有时还会出现肾脏及胃肠道出血。

(2) 维生素 K 参与体内氧化还原过程　缺乏时肌肉三磷酸腺苷和磷酸肌酸减少,三磷酸腺苷酶活力下降。

(3) 维生素 K 能增强胃肠道蠕动和分泌机能。

单纯因膳食供应不足所致的维生素 K 缺乏极为少见。在疾病情况下如肝脏病、消化机能障碍和长期服用抗生素等可发生继发性缺乏。新生儿因肠道细菌尚未充分生长,不能合成维生素 K,而母乳及牛乳中维生素 K 含量又很低,所以新生儿容易发生维生素 K 缺乏,如果出现颅内出血,会造成严重后果。婴儿出生后应给予少量维生素 K 以预防。

脂溶性维生素功能、缺乏症及来源一览表见表 3-1。

表 3-1　脂溶性维生素主要功能及缺乏症一览表

维生素	生理功能	缺乏症	良好食物来源
维生素 A	视紫红质合成,上皮,神经,骨骼生长,发育,免疫功能	儿童:暗适应能力下降,干眼病,角膜软化 成人:夜盲症,干皮病	动物肝脏,红心甜薯,菠菜,胡萝卜,南瓜,绿色蔬菜等
维生素 D	调节骨代谢 主要调节钙、磷代谢	儿童:佝偻病 成人:骨软化症	在皮肤经紫外线照射合成,强化奶
维生素 E	抗氧化	婴儿:贫血 儿童和成人:神经病变	在食物中分布广泛,油脂类是主要来源
维生素 K	通过 γ 羧基谷氨酸残基激活凝血因子 II、VII、IX、X	儿童:新生儿出血性疾病 成人:凝血障碍	肠道细菌合成,绿叶蔬菜,大豆,动物肝脏

第三节　水溶性维生素

一、维生素 C

维生素 C 又称抗坏血酸,是一种含有六个碳原子的酸性多羟基化合物。天然存在的维生素 C 有 L 与 D 两种异构体,但后者无生物活性。

1. 性质、来源

维生素 C 具有酸性和强还原性,为高度水溶性维生素。其纯品是无色无臭的结晶,畏光怕热,极易氧化分解而破坏。在酸性溶液中较为稳定,在碱性溶液中破坏更多。加工处理不当食物中维生素 C 损失很大。

维生素 C 广泛存在于自然界中,尤其是酸味较重的水果和新鲜叶菜类蔬菜含维生素 C 较多,如柑橘类、猕猴桃、草莓、绿色蔬菜、番茄、辣椒、马铃薯等含量丰富。

2. 生理功能

(1) 抗氧化作用　维生素 C 是活性很强的还原物质,可以直接与氧化剂作用保护其它物质免受氧化破坏。它参与机体重要生理氧化还原过程，在体内氧化防御系统中起着重要作用。从而具有抗感染和抗疲劳的作用。

（2）促进胶原形成　维生素C作为羟化过程底物和酶的辅因子参与体内许多重要生物合成的羟化反应。其中一个重要功能是促进组织中胶原的形成，因此在维护骨、牙的正常发育和血管壁的正常通透性方面起着重要作用。维生素C缺乏时影响胶原的合成，使创伤愈合延迟，毛细血管壁脆弱，引起不同程度出血。

（3）促进神经介质和类固醇的羟化反应　在脑和肾上腺组织，维生素C也作为羟化酶的辅酶参与神经递质的合成。由多巴胺形成去甲肾上腺素、由色氨酸形成5-羟色胺的反应需要维生素C参加。维生素C还参与类固醇的代谢，如由胆固醇转变成胆酸、皮质激素及性激素的羟化反应也需要维生素C的参与。维生素C可以降低血清胆固醇水平，可以保护心血管、预防动脉粥样硬化的发生。

（4）促进生血机能　维生素C能促进肠道三价铁还原为二价铁，有利于非血红素铁的吸收，还促进叶酸生成四氢叶酸。对预防缺铁性贫血和巨幼红细胞贫血有较好的效果。

（5）解毒作用　一方面使谷胱甘肽保持还原型；另一方面保护了含硫基的酶。有助于促进重金属离子的排出，硫基在体内与其他抗氧化剂一起消除自由基，阻止脂类过氧化及某些化学物质的危害作用。

（6）防癌作用　增加膳食中富含维生素C的蔬菜水果摄入量可降低胃癌以及其他癌症的危险性。其机制可能与清除自由基、阻止某些致癌物如亚硝胺的形成、刺激免疫系统等有关。

3. 缺乏与过量

人体维生素C缺乏的典型症状是坏血病。其表现为毛细血管脆性增强，牙龈及其毛囊四周出血，常有鼻衄、月经过多以及便血，重者还有皮下、肌肉和关节出血及血肿形成，还可导致骨钙化不正常及伤口愈合缓慢等。其他还有易疲劳、瘦弱、发育不良、贫血、抵抗力下降、易感冒等。

知识链接

几百年前的欧洲，长期在海上航行的水手经常遭受坏血病的折磨，患者常常牙龈出血，甚至皮肤瘀血和渗血，最后痛苦地死去，人们一直查不出病因。奇怪的是，只要船只靠岸，这种疾病很快就不治而愈了。水手们为什么会得坏血病呢？

一位随船医生通过细心观察发现，水手在航海中很难吃到新鲜的水果和蔬菜。这位医生试着让水手天天吃一些新鲜的柑橘，奇迹出现了——坏血病很快就痊愈了。那么，柑橘为什么会有如此神奇的本领呢？经过长期的研究，科学家后来从新鲜的水果和蔬菜中提取出维生素C（又叫抗坏血酸），并证实坏血病就是维生素C缺乏症。

维生素C在体内分解代谢最终的重要产物是草酸。若长期过量服用维生素C可出现草酸尿，以致形成泌尿道结石。此外，长期大量摄入可造成对大剂量维生素C的依赖性，既使维生素C摄入量较多但达不到长期形成的高水平，而出现维生素C缺乏。

二、维生素 B_1

维生素 B_1 又称硫胺素，也称抗脚气病因子或抗神经炎因子，是由一个含氨基的嘧啶环和一个含硫的噻唑环组成的化合物。

1. 性质、来源

硫胺素是一种无色结晶体，溶于水，微溶于酒精，气味似酵母。一般烹调温度下破坏较少，但用压力或在碱性溶液中易被破坏，紫外线可使其降解而失活，铜离子可加快它的破坏，酸性溶液中比较稳定。

正常成年人体内维生素 B_1 的含量约 25~30mg，其中约 50% 在肌肉中，心脏、肝脏、肾脏和脑组织中含量亦较高。体内的维生素 B_1 中 80% 以焦磷酸硫胺素（TPP）形式贮存，10% 为三磷酸盐硫胺素（TTP），其他为单磷酸硫胺素（TMP）。

体内不能大量贮存硫胺素，需要每日予以补充。硫胺素广泛存在于动植物组织中，尤其全粒小麦、动物内脏、瘦猪肉、鸡蛋、核果、马铃薯中含量较丰富。谷物过分精制加工、食物过分用水洗、烹调时弃汤、加碱、高温等均会使维生素 B_1 有不同程度的损失。

2. 生理功能及缺乏病

（1）辅酶功能　维生素 B_1 所形成的焦磷酸硫胺素（TPP）是碳水化合物代谢过程中脱羧酶和转酮醇酶的辅酶。辅羧酶在碳水化合物进行彻底氧化、产生能量过程中起着重要作用。

（2）与神经系统功能有关　正常情况下神经系统主要从葡萄糖获得能量；末梢神经的兴奋传导，需要维生素 B_1 参加；维生素 B_1 对神经细胞膜传达高频脉冲有重要作用；也可能涉及神经组织中阴离子通道的调节。故缺乏维生素 B_1 就不能很好地维持髓鞘的完整性，导致神经系统病变。

（3）与心脏功能有关　缺乏维生素 B_1，辅羧酶形成不足，碳水化合物代谢障碍，中间代谢产物如丙酮酸和乳酸在血内堆积，直接影响心脏和肌肉组织的功能。

（4）与胃肠功能有关　维生素 B_1 能抑制胆碱酯酶的活力，减少乙酰胆碱的分解，间接促进神经传导物质乙酰胆碱的合成，有利于促进胃肠蠕动和消化腺体的分泌。

维生素 B_1 缺乏病常与其他营养缺乏症并存。典型的维生素 B_1 缺乏症为脚气病。发病早期出现体弱、疲倦、烦躁、健忘、消化不良或便秘和工作能力下降；稍后出现周围神经炎症状：腓肠肌压痛痉挛、腿沉重麻木并有蚁行感；严重可出现多发性神经炎、心衰、水肿、胃肠症状等，以至呼吸困难、循环衰竭而死亡。

三、维生素 B_2

维生素 B_2 又名核黄素，是一类具有含有核糖醇侧链的异咯嗪衍生物。

1. 性质、来源

维生素 B_2 是橘黄色针状结晶，在干燥状态和酸性溶液中稳定，在平常温度下能耐热，但易为光和碱所破坏。应避光保存，烹调食物不可加碱。

维生素 B_2 在体内大多数组织器官细胞内，转化为黄素单核苷酸（FMN）或黄素腺嘌呤二核苷酸（FAD），然后与黄素蛋白结合，仅有少数游离维生素 B_2。肝、肾和心脏中结合型维生素 B_2 浓度最高，在视网膜、尿和奶中有较多的游离维生素 B_2。脑组织中维生素 B_2 的含量不高，其浓度相当稳定。

不同品种的食物中,维生素 B_2 的含量差异较大。如肝、肾、心、蛋黄、奶、鳝鱼、口蘑、紫菜等的含量较高;绿叶蔬菜、干豆类、花生等的含量尚可;谷类和一般蔬菜的含量较少。此外,如艾蒿、紫花苜蓿等野菜也含有较多有核黄素。

2. 生理功能及缺乏症

由维生素 B_2 所构成的黄素辅酶,通常为黄素腺嘌呤二核苷酸(FAD),有时为黄素单核苷酸(FMN),是生物氧化过程不可缺少的重要物质。

(1) 参与体内生物氧化与能量代谢　FAD 和 FMN 与特定的蛋白结合形成黄素蛋白,黄素蛋白是机体中许多酶系统的重要辅基的组成成分,通过呼吸链参与体内氧化还原反应与能量代谢。这些酶在氨基酸的氧化脱氨作用及嘌呤核苷酸的代谢中起重要作用,从而能促进蛋白质、脂肪、碳水化合物的代谢;促进生长,维护皮肤和黏膜的完整性;对眼的感光过程、水晶体的角膜呼吸过程具有重大作用。若体内核黄素不足,则物质和能量代谢发生紊乱,将表现出多种缺乏症状。

(2) 参与维生素 B_6 和烟酸的代谢　FAD 和 FMN 分别作为辅酶参与色氨酸转变为烟酸、维生素 B_6 转变为磷酸吡哆醛的过程。

(3) 参与体内的抗氧化防御系统和药物代谢　FAD 作为谷胱甘肽还原酶的辅酶,参与体内抗氧化防御系统,维持还原型谷胱甘肽的浓度。FAD 还与细胞色素 P450 结合,参与药物代谢。

维生素 B_2 是人体最易缺乏的营养素之一。摄入不足和酗酒是其缺乏最主要的原因。核黄素缺乏时可引起多种临床症状,无特异性,常表现在面部五官及皮肤,如口角炎、唇炎、舌炎、皮炎及眼部症状(如眼睑炎、眼部灼痛、巩膜充血、角膜血管增生、视力疲劳等)。若长期缺乏还可导致儿童生长迟缓,轻中度缺铁性贫血。此外,维生素 B_2 的缺乏还与再生障碍性贫血的发展及某些肿瘤有一定的关系。

四、烟酸

烟酸又名尼克酸、抗癞皮因子、维生素 PP、维生素 B_5,是具有烟酸生物学活性的一类物质。包括烟酸与烟酰胺两种吡啶衍生物。

1. 性质、来源

纯品烟酸是无色针状结晶,烟酰胺晶体呈白色粉状,两者均溶于水,性质比较稳定,能耐酸、碱、热、氧和光而不被破坏,一般烹调方法对它影响较小。

烟酸主要以烟酰胺腺嘌呤二核苷酸 NAD^+ 或烟酰胺腺嘌呤二核苷酸磷 $NADP^+$ 的形式存在于所有的组织中,在肝组织中的浓度最高。

NAD^+(烟酰胺腺嘌呤二核苷酸)　　　　　　$NADP^+$(烟酰胺腺嘌呤二核苷酸磷酸)

维生素 B_5 广泛存在于动植物组织中,以酵母、花生、谷物和动物肝脏中含量丰富。

临床联系

一些植物(如玉米)中烟酸的含量并不低,但其中的烟酸与碳水化合物或小分子的肽共价结合,而不能被人体吸收利用。所以,有些以玉米为主食的人群易发生癞皮病。但加碱处理后游离烟酸可以从结合型中释放,易被机体利用。酗酒会增加发生癞皮病的危险,因为代谢酒精需要消耗大量的烟酸辅酶。异烟肼是烟酸的拮抗物,长期服用异烟肼者要注意补充富含烟酸的食物。消化功能障碍,经常腹泻或大量服用磺胺药物和广谱抗生素者,要及时补充烟酸以防止继发性缺乏。

2. 生理功能及缺乏症

(1) 烟酸在体内构成脱氢辅酶(辅酶Ⅰ和辅酶Ⅱ)在生物氧化过程中起重要作用。蛋白质、脂肪、碳水化合物的中间代谢,都需要经过三羧酸循环,其中的脱氢作用都需要脱氢酶来参加。NAD^+ 参与蛋白质核糖化过程,与 DNA 复制、修复和细胞分化有关。$NADP^+$ 在维生素 B_6、泛酸和生物素存在下参与脂肪酸、胆固醇以及类固醇激素等的生物合成。

(2) 烟酸还是葡萄糖耐量因子 GTF 的重要组分,具有增强胰岛素效能的作用。此外,大剂量的烟酸还能降低血甘油三酯、总胆固醇、LDL 和升高 HDL,有利于改善心血管功能。

(3) 烟酸对维护神经系统、消化系统和皮肤的正常功能亦起着重要的作用。

烟酸缺乏时可生癞皮病,引起消化道、精神神经系统和皮肤病变,以皮炎(Dermatitis)、腹泻(Diarrhea)和痴呆(Dementia)为其典型症状,简称"三 D"症状。初起时体重减轻、全身无力、眩晕、耳鸣、记忆力差、失眠,身体多个部位皮肤有烧灼感。进一步发展可出现典型的症状——皮肤症状:两手、两颊、颈部、手背、脚背等裸露部分出现对称性皮炎,皮肤变厚、色素沉着、边缘清楚;胃肠道症状:食欲不振、恶心、呕吐、消化不良、腹痛、腹泻或便秘等;口舌部症状:舌炎、口腔黏膜有浅溃疡、吞咽困难;神经症状:紧张、过敏、抑郁、失眠、记忆力减退,甚至发展成痴呆症。

五、维生素 B_6

维生素 B_6 又称吡哆醇,包含吡哆醛(PL)、吡哆醇(PN)和吡哆胺(PM)三种化合物,均能被磷酸化而成为有活性的辅基形式,如磷酸吡哆醛(PLP)、磷酸吡哆醇(PNP)和磷酸吡哆胺(PMP)。在动物体组织内多以吡哆醛和吡哆胺及其磷酸化形式存在,而植物中则以吡哆醇为主。

1. 性质、来源

吡哆醛、吡哆醇和吡哆胺都是白色结晶,易溶于水和酒精,微溶于脂溶剂。对光敏感,高温下迅速破坏。

维生素 B_6 在食物中分布很广,肠道细菌也可合成一部分,一般不会缺乏。但在怀孕、药物治疗、受电离辐射或在高温环境下生活、工作,可出现维生素 B_6 缺乏,需要适当增加其供给量。异烟肼、青霉胺、左旋多巴以及口服避孕药等药物都为维生素 B_6 的拮抗剂,在服用这些药物的同时,应补充维生素 B_6。

2. 生理功能及缺乏症

维生素 B_6 主要以磷酸吡哆醛的形式作为辅酶参与近百种酶系的反应,这些酶系大多与氨基酸的代谢有关。故其在氨基酸的合成与分解上起着重要作用。

(1) 维生素 B_6 是 δ-氨基-酮戊酸合成酶的辅酶 该酶能催化血红素合成;是糖原磷酸化反应中磷酸化酶的辅助因子,能催化肌肉与肝脏中的糖原转化;参与亚油酸合成花生四烯酸以及胆固醇的合成与转运。

（2）维生素 B_6 是转氨酶脱羧酶的辅酶，能影响核酸和 DNA 的合成。若维生素 B_6 缺乏而影响 DNA 的合成，继而会影响机体的免疫功能。

（3）维生素 B_6 是胱硫醚酶的辅助因子，这些酶参与同型半胱氨酸到半胱氨酸的转硫化途径。

（4）维生素 B_6 还涉及神经系统中许多酶促反应，使神经递质的水平升高，包括 5-羟色胺、多巴胺、去甲肾上腺素、组氨酸和 γ-羟丁酸等。

（5）大剂量的维生素 B_6 还用于预防和治疗妊娠反应、运动病以及由于放射线、药物治疗、麻醉等所引起的恶心、呕吐等。

单纯的维生素 B_6 缺乏较少见。一般多同时伴有其他 B 族维生素的缺乏。

缺乏维生素 B_6 可致眼、鼻与口腔周围皮肤脂溢性皮炎，个别出现神经精神症状，易激惹、抑郁及人格改变；儿童缺乏时对生理的影响较成人大，可出现烦躁、抽搐和癫痫样惊厥以及脑电图异常等临床症状。

从食物中获取过量的维生素 B_6 没有副作用。但通过补充品长期给予大剂量维生素 B_6（500mg/d）会引起严重毒副作用，主要表现为神经毒性和光敏感反应。

六、叶酸

叶酸又称蝶酰谷氨酸，是由蝶呤、对氨基苯甲酸与 L-谷氨酸连接而成。叶酸是因最初从菠菜中分离得到而得名。

1. 性质、来源

叶酸纯品是橙黄色结晶，无味、无嗅，微溶于热水，不溶于醇、乙醚等有机溶剂。在碱性或中性溶液中对热稳定，易被酸和光破坏，在酸性溶液中温度超过 100℃ 即分解。在室温下贮存食物中的叶酸很易损失。食物中的叶酸经烹调加工后损失率可高达 50%～90%。吸收后的叶酸在维生素 C 和还原型辅酶 Ⅱ 参与下转化为具有生物活性的四氢叶酸。

叶酸最丰富的食物来源是动物肝脏，其次是蛋、肾、绿叶蔬菜、橘子、香蕉、酵母等。食物在室温下贮存时所含叶酸易破坏。肠道功能正常时肠道细菌能合成叶酸。但当吸收不良、代谢失常、生理需要增加、以及长期使用磺胺及广谱抗生素等抗菌剂或抗惊厥药物时可引起继发性缺乏。

2. 生理功能及缺乏症

四氢叶酸是体内重要的一碳单位的运载体，或为一碳单位转移酶的辅酶。因此叶酸可以通过腺嘌呤、胸苷酸等影响 DNA、RNA 的合成；并通过蛋氨酸代谢影响磷脂、肌酸、神经介质以及血红蛋白的合成；亦能配合维生素 B_{12} 促进骨髓红细胞生成，预防恶性贫血；维持肝脏及脑的正常运作；还有刺激胃酸分泌，维持正常食欲等功能。

叶酸缺乏首先影响细胞增殖速度较快的组织，更新速度较快的造血系统首先受累，易引起巨幼红细胞性贫血。孕妇若在孕早期缺乏叶酸是引起胎儿神经管畸形的主要原因。神经闭合是在胚胎发育的第 3～4 周，叶酸缺乏引起神经管未能闭合而导致脊柱裂和无脑畸形为主的神经管畸形；还可引起孕妇先兆性子痫，使胎盘早剥的发生率增高。

叶酸虽为水溶性维生素，但大量服用亦会产生毒副作用。

七、维生素 B_{12}

维生素 B_{12}，又叫钴胺素，是一组含钴的类咕啉化合物。

1. 性质、来源

维生素 B_{12} 其纯品是粉红色结晶，可溶于水，在弱酸中相当稳定，但在强酸、强碱作用下极易分解，并易为日光、氧化剂、还原剂等所破坏。

维生素B_{12}可由肠道细菌合成，亦可来源于食物。动物性食品，特别是肝、肾和心脏中含量丰富，在鱼、蛋黄中含量也较丰富，植物食物中几乎不存在，严格素食，易发生缺乏症。

2. 生理功能及缺乏症

（1）维生素B_{12}辅酶与叶酸辅酶共同作用，可以促进DNA和RNA的合成；维持神经组织的健康；促进红细胞形成、再生及预防贫血。维生素B_{12}能提高叶酸的利用率。

（2）维生素B_{12}是活泼甲基的输送者，参与许多重要化合物的甲基化作用，对合成核酸及核苷酸、蛋氨酸、胆碱等重要物质，维护肾上腺的功能、保证碳水化合物和蛋白质的代谢都有重要作用。

（3）维生素B_{12}在代谢中的基本功能并不局限于促进红细胞生成，而是作用于整个机体。其中最重要的是维护神经髓鞘的代谢与功能。

维生素B_{12}缺乏时，会引起巨幼红细胞性贫血、神经功能障碍、严重的精神症状；年幼患者可出现精神抑郁、智力减退、头部、四肢或躯干震颤等，甚至昏迷而死。饮食中维生素B_{12}若供应不足，或胃全切除，胃壁细胞缺陷，不能分泌内因子，均可造成维生素B_{12}吸收障碍，并诱发恶性贫血。严格素食者、缺乏维生素B_{12}的母亲所生育婴儿，都易发生维生素B_{12}不足症状。

八、泛酸

泛酸又名遍多酸、维生素B_3，因广泛存在于自然界动植物组织中而名，是辅酶A和酰基载体蛋白的组成成分。

1. 性质、来源

它是一种黏稠性的黄色物质，溶于水，在中性条件下稳定，在酸、碱和干热不稳定，通常都以辅酶A（Coenzyme A）形式存在。

泛酸广泛分布于动植物性食物中，如肉类、谷类、蛋类、乳类、和许多新鲜蔬菜中，所以很少有缺乏。

2. 生理功能及缺乏症

辅酶A在物质代谢和能量代谢中起着十分重要的作用。

（1）体内许多合成反应是乙酰化作用，都需要辅酶A参加。如形成乙酰辅酶A，由胆碱合成乙酰胆碱、胆固醇、甾醇激素等；参与糖代谢过程中的氧化脱羧、脂肪酸的氧化合成、生物解毒过程中马尿酸的合成等。

（2）泛酸与抗体和乙酰胆碱合成有关；促进胆固醇和类固醇激素的合成；防止脂肪肝的形成。

泛酸缺乏时，可致肾上腺功能不全，易出现痛风或风湿性关节炎；其他表现有失眠、疲劳、紧张、烦躁不安；呕吐、易怒、厌食、血糖低、胃酸分泌不足；运动神经障碍等。

九、生物素

1. 性质、来源

生物素又称为维生素H或维生素B_7，是一种白色化合物，耐热，但易氧化和被酸碱所破坏。它与蛋白质结合可溶于脂肪，但植物中所含的生物素是水溶性的。生物素广泛存在于动植物食品中，其中在蔬菜、牛奶、水果中以游离态存在；在内脏、种子和酵母中与蛋白质结合，以结合态存在。此外，肠道细菌也可合成维生素H。人体一般不会产生生物素缺乏症。

2. 生理功能

生物素是蛋白质、脂肪、碳水化合物代谢中所必需的羧化酶的组成部分。其直接参与一些氨基酸和长链脂肪酸的生物合成，亦参与丙酮酸羧化后变成草酰乙酸和合成葡萄糖过程。

生物素参与蛋白质、嘌呤、脂肪酸等合成；并参与叶酸、泛酸、维生素B_{12}等的代谢；能促尿素合成，排出于体外。

水溶性维生素功能、缺乏症及来源一览表见表3-2。

表3-2 水溶性维生素主要功能及缺乏症一览表

维生素	生理功能	缺乏症状	良好食物来源
维生素B_1(硫胺素)	参与α-酮酸和2-酮糖氧化脱羧	脚气病，肌肉无力，厌食，心悸，心脏变大，水肿	酵母，猪肉，豆类，葵花籽油
维生素B_2(核黄素)	电子(氢)传递	唇干裂，口角炎，畏光，舌炎，口咽部黏膜充血水肿	动物肝脏，香肠，瘦肉，蘑菇，奶酪，奶油，无脂牛奶，牡蛎
维生素PP(尼克酸)	电子(氢)传递	癞皮病：腹泻，皮炎，痴呆或精神压抑	金枪鱼，动物肝脏，鸡胸脯肉，牛肉，比目鱼，蘑菇
泛酸	酰基转移反应	缺乏很少见：呕吐，疲乏，手脚麻木，刺痛	在食物中广泛分布，尤其在蛋黄、肝脏、肾脏、酵母含量高
生物素	CO_2转移反应羧化反应	缺乏很少见：常由于摄入含大量抗生物素蛋白的生鸡蛋所致，厌食，恶心	消化道微生物合成；酵母，肝脏，肾脏
维生素B_6(吡哆醇)	氨基转移反应脱羧反应	皮炎，舌炎，抽搐	牛排，豆类，土豆，鲑鱼，香蕉
叶酸	一碳单位转移	巨幼红细胞性贫血，腹泻，疲乏，抑郁，抽搐	毕氏酵母，菠菜，萝卜，大头菜，绿叶菜类，豆类，动物肝脏
维生素B_{12}(钴胺素)	甲基化半胱氨酸为蛋氨酸，转化甲基丙二酰-CoA为琥珀酰-CoA	巨幼红细胞性贫血，外周神经退化，皮肤过敏，舌炎	肉类，鱼类，贝壳，家禽，奶类
维生素C(抗坏血酸)	抗氧化，胶原合成中羟化酶的辅因子	坏血病，胃口差，疲乏无力，伤口愈合延迟，牙龈出血，毛细血管自发破裂	木瓜，橙汁，甜瓜，草莓，花椰菜，辣椒，柚子汁

复习思考题

一、选择题 A型题

1. 维生素PP是（　　）的组成成分。
   A. 乙酰辅酶A　　　B. FMN　　　C. NAD^+　　　D. TPP　　　E. 吡哆醛

2. 人类缺乏维生素C时可引起（　　）。
   A. 坏血病　　　B. 佝偻病　　　C. 脚气病　　　D. 癞皮病　　　E. 贫血症

3. 下列物质除（　　）外，其余均为呼吸链的组成。
   A. 泛醌（辅酶Q）　　B. 细胞色素C　　C. NAD^+　　　D. FAD　　　E. 肉毒碱

4. 属于脂溶性维生素的是（　　）。
   A. 遍多酸　　　B. 尼克酸　　　C. 胆钙化醇　　　D. 叶酸　　　E. 吡哆醇

5. 体内参与叶酸转变成四氢叶酸的辅助因子有（　　）。
   A. 维生素C和NADPH　　　　　　B. 维生素B_{12}
   C. 维生素C和NADH　　D. 泛酸　　　E. 维生素PP

6. 下列有关维生素的叙述错误的是（　　）。
A. 维持正常功能所必需　　　　　　B. 是体内能量的来源
C. 在许多动物体内不能合成　　　　D. 体内需要量少，但必须由食物供给
E. 它们的化学结构彼此各不相同

X 型题

1. 现临床上发现有维生素过多症的维生素是（　　）。
A. 维生素 B_1　　　B. 维生素 D　　　C. 维生素 C　　　D. 维生素 A　　　E. 维生素 B_{12}

2. 可以由人肠内细菌合成后吸收提供的维生素有（　　）。
A. 维生素 A　　　B. 生物素　　　C. 尼克酸　　　D. 维生素 D　　　E. 维生素 B_{12}

二、简答题

1. 维生素 C 有何生理功能？
2. 为什么缺乏叶酸和维生素 B_{12} 时会造成恶性贫血？
3. NAD^+、$NADP^+$ 是何种维生素的衍生物？作为何种酶类的辅酶？在催化反应中起什么作用？
4. 维生素 A 缺乏可引起什么症状？
5. 简述患维生素缺乏症的主要原因。

第四章 酶

物质代谢是生命活动的基本特征之一,也是一切生命活动的基础。生物体在物质代谢过程中,几乎所有的化学反应都是在生物催化剂的催化下进行的。目前,人们已发现两类生物催化剂:酶和核酶。核酶是具有高效、特异催化作用的核酸,是近年来发现的一类新的生物催化剂。

第一节 概 述

一、酶的概念

酶(enzyme,E)是由活细胞合成的、对其特异底物具有高效催化作用的特殊蛋白质。是机体内催化各种代谢反应最主要的催化剂,生物体内所进行的化学反应大多数是在酶的催化作用下进行的。因此,酶是维持人体生命活动的重要物质,可以说,没有酶的参与,生命活动一刻也不能进行。

酶学知识来源于生产实践,我国4千多年前就盛行用粮食、水果发酵酿酒,周朝已开始制醋、酱,并用曲来治疗消化不良。酶的系统研究起始于19世纪中叶对发酵本质的研究,路易斯·巴士德(Louis Pasteur)提出,发酵离不了酵母细胞;1836年,科学家施旺(T. Schwann)在胃液中提取了消化蛋白质的物质,揭开了胃的消化之谜;1878年,威尔海姆·库奈(Wilhelm Kuhne)首先引入酶的概念;1926~1930年詹姆斯.萨姆纳(James Sumner)和约翰·诺尔瑟普(John H. Northrop)分别将脲酶和胃蛋白酶、胰蛋白酶进行结晶,提出酶的本质是蛋白质;20世纪30年代,许多科学家提取出多种酶的蛋白质结晶,证明酶是一类具有生物催化作用的蛋白质;1982年,托马斯·塞克(Thomas Cech)发现少数RNA也具有生物催化作用,Cech给其命名为核酶(ribozyme),核酶的发现改变了生物体内所有的酶都是蛋白质的传统观念。还有报道发现免疫球蛋白在易变区有酶的属性,称"催化性抗体",又称抗体酶(abzyme)。由此可见,酶的概念在不断演变,将来生物催化剂除蛋白质、核酸外,还可能有其他形形色色的催化剂。但目前绝大多数酶的化学本质仍是蛋白质,因此酶具有蛋白质的一些性质,如①变性、复性;②两性电解质;③不能通过半透膜;④具有蛋白质所有的化学呈色反应;⑤具有一定的空间结构。

现已鉴定的酶有4000多种,且每年都有新酶发现。酶学的研究:一方面在酶的分子水平上提示酶与生命活动的关系;另一方面酶的运用研究得到迅速发展,它的研究成果用来指导医学实践和工农业生产,如为药物的设计,疾病的预防、诊断和治疗提供理论依据和新思考、新概念。总之,随着酶学理论不断深入,必将对揭示生命本质研究做出更大的贡献。

二、酶的命名

酶的命名方法分为习惯命名法和系统命名法。

1. 习惯命名法

① 大多数酶根据底物来命名，如淀粉酶、蛋白酶、脂肪酶。

② 根据底物和所催化的反应性质来命名，如乳酸脱氢酶、天冬氨酸氨基转移酶。有时加上酶的来源以及一些其他的特点，如胃蛋白酶、胰淀粉酶、碱性磷酸酶。

习惯命名法比较简单，通俗直观，应用历史由来已久，但缺乏系统性、严谨性，有时容易出现一酶数名或一名数酶的情况，为了适应酶学发展的新情况，国际酶学委员会以酶的分类为基础，提出了一个新的系统命名方法。

2. 系统命名法

1961年国际酶学委员会以酶的分类为依据，提出系统命名法。强调应明确标明酶的底物及催化反应的性质，如果底物不止一个时，则在底物与底物之间用"："隔开，这种系统命名和酶的分类编号组合，使每一个酶只有一个名称和一组由四个数字组成的酶的分类编号（见表4-1）。编号由4个阿拉伯数字组成，前面冠以EC（Enzyme Commission）。这4个数字中第1个数字代表酶的分类号；第2个数字代表在此类中的亚类；第3个数字代表此类中亚亚类；第4个数字代表该酶在亚亚类中的序号。例如：乳酸脱氢酶的分类号为EC1.1.1.27，四个数字分别表示氧化还原酶，作用于CHOH基团，受体是NAD^+或$NADP^+$，该酶在亚亚类中的位置是第27位。

表4-1 酶的分类与命名举例

酶的分类	系统命名	编号	推荐名称	催化的反应
1. 氧化还原酶类	乳酸:NAD^+氧化还原酶	EC 1.1.1.27	乳酸脱氢酶	L-乳酸 + NAD^+ → 丙酮酸 + $NADH+H^+$
2. 转移酶类	L-天冬氨酸:α-酮戊二酸氨基转移酶	EC 2.6.1.1	天冬氨酸氨基转移酶	L-天冬氨酸+α-酮戊二酸→草酰乙酸+L-谷氨酸
3. 水解酶类	1,4-α-D-葡聚糖-聚糖水解酶	EC 3.2.1.1	α-淀粉酶	水解有三个以上1,4-α-D-葡萄糖基的多糖中1,4-α-D-葡糖苷键
4. 裂解酶类	D-果糖-1,6-二磷酸:D-甘油醛-3-磷酸裂合酶	EC 4.1.2.13	果糖二磷酸醛缩酶	D-果糖-1,6-二磷酸→磷酸二羟丙酮+D-甘油醛-3-磷酸
5. 异构酶类	D-葡萄糖-6-磷酸酮醛异构酶	EC 5.3.1.9	磷酸己糖异构酶	D-葡萄糖-6-磷酸 → D-果糖-6-磷酸
6. 合成酶类	L-谷氨酸:氨连接酶	EC 6.3.1.2	谷氨酰胺合成酶	ATP+L-谷氨酸+NH_3→ADP+H_3PO_4+谷氨酰胺

三、酶的分类

酶的种类繁多，加之其催化的反应各不相同，为避免混乱，国际酶学委员会（IEC）据反应的性质将酶分为氧化还原酶类、转移酶类、水解酶类、裂合酶类（裂解酶类）、异构酶类、连接酶类（合成酶类）六大类（见表4-1）。

第二节 酶作用的分子基础

一、酶的分子组成

酶的高效催化活性和对底物的高度专一性，是与其蛋白质基本分子结构分不开的。大多数酶都是蛋白质，按其化学组成可以将其分为单纯酶和结合酶。

1. 单纯酶

单纯酶是仅由氨基酸残基构成的单纯蛋白质。其催化活性主要由蛋白质结构所决定。催化水解反应的酶如蛋白酶、淀粉酶、脂酶、核糖核酸酶均属于单纯酶。

2. 结合酶

结合酶是结合蛋白质，由多肽链和非多肽链两部分组成。多肽链部分称为酶蛋白（apoenzyme），非多肽链部分称辅助因子（cofactor），两者结合后形成的复合物称全酶（holoenzyme），即全酶＝酶蛋白＋辅助因子。酶催化作用有赖于全酶的完整性，酶蛋白和辅助因子分别单独存在时均无催化活性，只有结合成全酶才具有催化活性。一种辅助因子可与不同的酶蛋白结合构成多种不同的特异性酶。酶蛋白主要决定反应的特异性及其催化机制，多数辅助因子决定反应的性质和反应类型。辅助因子按其与酶蛋白结合的紧密程度与作用特点不同可分为辅酶和辅基两类。与酶蛋白结合疏松，可用透析或超滤的方法除去的称为辅酶（coenzyme）。与酶蛋白结合紧密，不能用上述方法除去的称为辅基（prosthetic group）。

辅助因子有两类：一类是无机金属离子，另一类是小分子有机化合物。

多数酶含有金属离子（见表4-2），有的金属离子与酶蛋白结合牢固，这类酶又称为金属酶，如羧基肽酶是含Zn^{2+}蛋白质，碱性磷酸酶含Mg^{2+}；有些酶本身不含金属离子，但必须加入金属离子后才有活性，称金属激活酶，如柠檬酸合酶需K^+，此种金属离子常被称为激活剂。金属离子的作用：①稳定酶蛋白分子构象所必需；②参与组成酶的活性中心，通过本身的氧化还原而传递电子，如Fe^{3+}/Fe^{2+}和Cu^{2+}/Cu^+；③在酶与底物之间起桥梁作用，将酶与底物连接起来，形成三元复合物；④中和阴离子，降低反应中的静电斥力。

表4-2　金属离子作为辅助因子的一些酶类

金属离子	酶　类
Fe^{3+}或Fe^{2+}	细胞色素氧化酶，过氧化氢酶，过氧化物酶
Cu^{2+}	细胞色素氧化酶
Zn^{2+}	DNA聚合酶，碳酸酐酶，醇脱氢酶
Mg^{2+}	己糖激酶，葡萄糖-6-磷酸酶
K^+	丙酮酸激酶（亦需Mg^{2+}）
Ni^{2+}	脲酶

作为辅助因子的小分子有机化合物，分子结构中常含有维生素或维生素类物质，它们主要作用是参与酶的催化过程，起着传递电子、质子或转移基团（如甲基、氨基等）的作用（见表4-3）。有些酶分子还可以同时含有多种不同类型的辅助因子。如细胞色素氧化酶既含有血红素又含有Cu^{2+}/Cu^+。

表4-3　各种维生素参与形成的辅酶及其主要功能

类　型	辅　酶	主要功能
维生素B_1（硫胺素、抗脚气病维生素）	焦磷酸硫胺素（TPP）	α-酮酸脱羧、醛基转移
维生素B_2（核黄素）	黄素单核苷酸（FMN），黄素腺嘌呤二核苷酸（FAD）	传递氢原子
维生素B_6（吡哆醇、吡哆醛、吡哆胺）	磷酸吡哆醛（胺）-脱羧酶	转氨基、脱羧、消旋作用
维生素B_{12}（钴胺素）	脱氧腺苷钴胺素（辅酶B_{12}）、甲基钴胺素	氢原子交换，甲基化
维生素PP（烟酸和烟酰胺）	烟酰胺腺嘌呤二核苷酸（NAD^+），烟酰胺腺嘌呤二核苷酸磷酸（$NADP^+$）	传递氢原子
维生素C（抗坏血酸）		羟基化反应、传递氢
生物素（维生素H）	羧化辅酶	传递CO_2
泛酸	辅酶A（CoASH）	转移酰基
叶酸	四氢叶酸（FH_4）	传递一碳单位

维生素（vitamin）是人和动物为维持正常的生理功能而必须从食物中获得的一类微量有机化合物，在人体生长、代谢、发育过程中发挥着重要的作用。通常根据其溶解性质分为脂溶性维生素和水溶性维生素两大类。水溶性维生素有维生素 B_1、维生素 B_2、维生素 B_6、维生素 B_{12}、维生素 PP、维生素 C、生物素、泛酸、叶酸等；脂溶性维生素有维生素 A、维生素 D、维生素 E、维生素 K 等，皆不溶于水，而溶于脂肪及苯、乙醚及氯仿等溶剂中。在生物体内维生素多以辅酶和辅基形式存在，现将各种维生素参与的辅酶以及在酶促反应中的主要作用列于表 4-3。

二、酶的活性中心

各种研究证明，酶的活性中心只局限在大分子的一定区域，也就是说，只有少数特异的氨基酸残基参与底物结合及催化作用。组成酶活性中心的氨基酸残基的侧链存在不同的功能基团，如—NH_2、—COOH、—SH、—OH 和咪唑基等，它们来自酶分子多肽链的不同部位。有的基团在与底物结合时起结合基团（binding group）的作用，有的在催化反应中起催化基团（catalytic group）的作用，有的基团既有结合作用又有催化作用。常将这些与酶活性有关的化学基团称为必需基团（essential group）。它们通过多肽链的盘曲折叠，组成一个在酶分子表面、具有三维空间结构的孔穴或裂隙，以容纳进入的底物与之结合并催化底物转变为产物，这个区域即称为酶的活性中心（见图 4-1）。

图 4-1 酶的活性中心

要维持酶活性中心的三维空间结构，有时还需要一些位于活性中心外的基团参与。它们虽不参与活性中心的形成，但为酶活性中心的形成提供了结构基础，故称活性中心外必需基团。对需要辅助因子的酶来说，辅助因子也是活性中心的组成部分。酶催化反应的特异性实际上决定于酶活性中心的结合基团、催化基团及其空间结构。

三、酶原与酶原的激活

有些酶如消化系统中的各种蛋白酶以无活性的前体形式合成和分泌，然后，输送到特定的部位，当体内需要时，经特异性蛋白水解酶的作用转变为有活性的酶而发挥作用。这些不具催化活性的酶的前体称为酶原（zymogen）。如胃蛋白酶原（pepsinogen）、胰蛋白酶原（trypsinogen）和胰凝乳蛋白酶原（chymotrypsinogen）等。某种物质作用于酶原使之转变成有活性的酶的过程称为酶原的激活。其本质是切断酶原分子中特异肽键或去除部分肽段后有利于酶活性中心的形成。使无活性的酶原转变为有活性的酶的物质称为活化素。活化素对于酶原的激活作用具有一定的特异性。

酶原激活有重要的生理意义，一方面它保证了合成酶的细胞本身不受蛋白酶的消化破坏，另一方面使其在特定的生理条件和规定的部位受到激活并发挥其生理作用。如组织或血管内膜受损后激活凝血因子；胃主细胞分泌的胃蛋白酶原和胰腺细胞分泌的糜蛋白酶原、胰蛋白酶原等分别在胃和小肠激活成相应的活性酶，促进食物蛋白质的消化。如果酶原的激活过程发生异常，将导致一系列疾病的发生。出血性胰腺炎就是由于蛋白酶原还没进小肠就被激活，激活的蛋白酶水解自身的胰腺细胞，导致胰腺出血、肿胀。

知识链接

血液凝固的机制：血管系统受损后会启动凝血系统予以凝血，达到止血目的，是人体一种很重要的保护措施。人体的凝血机制大致有三个方面：受损血管收缩以减少失血量；血小板黏聚形成血小板血栓填塞伤口；启动内源性、外源性凝血机制，通过一连串酶原激活反应和凝血因子作用使血液凝集。通过一个酶催化激活另一个酶，经过一系列的反应，凝血酶原被激活成为凝血酶，凝血酶作用于纤维蛋白原，形成纤维蛋白，纤维蛋白聚合形成牢固的纤维蛋白凝块。在这个连锁反应中，凝血因子Ⅻ、Ⅺ、Ⅸ、Ⅹ、Ⅱ是未活化的酶原，Ⅻa、Ⅺa、Ⅸa、Ⅹa和Ⅱa是活化酶，可水解肽键；Ⅷ和Ⅴ是未活化的调节蛋白，Ⅷa和Ⅴa是其活化形式。

四、同工酶

同工酶（isozyme 或 isoenzyme）指催化相同的化学反应，但其蛋白质分子结构、理化性质和免疫性能等方面都存在明显差异的一组酶。存在于同一个体的不同组织中，甚至同一组织、同一细胞的不同亚细胞结构中，是研究代谢调节、分子遗传、生物进化、个体发育、细胞分化和癌变的有力工具。

同工酶常由两个或两个以上的亚基聚合而成，具有四级结构。目前已发现 500 多种同工酶，研究最多的是乳酸脱氢酶（lactic dehydrogenase，LDH）（图 4-2）。由两种不同的结构基因编码成 2 种蛋白亚基，即肌肉型（M）和心肌型（H）亚基，在电场中从阴极向阳极排列依次为 $LDH_5(M_4)$、$LDH_4(H_1M_3)$、$LDH_3(H_2M_2)$、$LDH_2(M_1H_3)$、$LDH_1(H_4)$。LDH 有组织特异性，LDH_1 在心肌中相对含量高，而 LDH_5 在肝、骨骼肌中相对含量高。在组织病变时这些同工酶释放入血，由于同工酶在组织器官中分布差异，因此血清同工酶谱就有了变化。故临床常用血清同工酶谱分析来诊断疾病（图 4-3）。

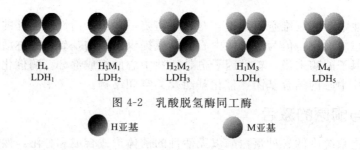

图 4-2 乳酸脱氢酶同工酶

五、多酶复合体与多酶体系

体内有些酶彼此聚合在一起，组成一个物理的结合体，称为多酶复合体（multienzyme complex）。若把多酶复合体解体，则各酶的催化活性会消失。参与组成多酶复合体的酶有多有少，如催化丙酮酸氧化脱羧反应的丙酮酸脱氢酶多酶复合体由三种酶组成，而在线粒体中催化脂肪酸 β-氧化的多酶复合体由四种酶组成。多酶复合体第一个酶催化反应的产物成为第二个酶作用的底物，如此连续进行，直至终产物生成。多酶复合

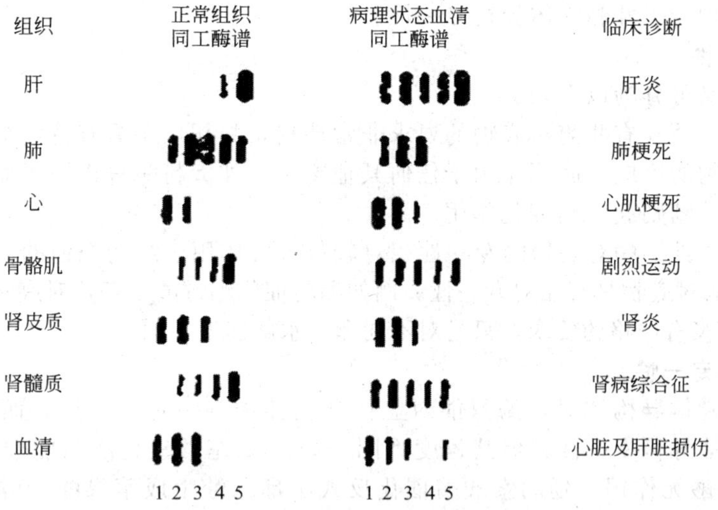

组织	正常组织同工酶谱	病理状态血清同工酶谱	临床诊断
肝			肝炎
肺			肺梗死
心			心肌梗死
骨骼肌			剧烈运动
肾皮质			肾炎
肾髓质			肾病综合征
血清			心脏及肝脏损伤
	1 2 3 4 5	1 2 3 4 5	

图 4-3 人体不同状态下同工酶电泳图谱
1、2、3、4、5 分别表示 LDH_1、LDH_2、LDH_3、LDH_4、LDH_5

体由于有物理结合,在空间构象上有利于这种流水作业的快速进行,是生物体提高酶催化效率的一种有效措施。

体内物质代谢的各条途径往往有许多酶共同参与,依次完成反应过程,这些酶不同于多酶复合体,在结构上无彼此关联。故称为多酶体系(multienzyme system)。如参与糖酵解的 11 个酶均存在于胞液,组成一个多酶体系。

六、多功能酶

近年来发现有些酶分子存在多种催化活性,例如哺乳动物的脂肪酸合成酶由两条多肽链组成,每一条多肽链均含脂肪酸合成所需的七种酶的催化活性。这种酶分子中存在多种催化活性部位的酶称为多功能酶(multifunctional enzyme)或串联酶(tandem enzyme)。多功能酶在分子结构上比多酶复合体更具有优越性,因为相关的化学反应在一个酶分子上进行,比多酶复合体更有效,这也是生物进化的结果。

第三节 酶促反应的特点与机制

酶催化的化学反应,称酶促反应。其中反应物称为底物(substrate,S),生成物称为产物(product,P)。酶具有的催化能力称为酶的"活性",酶丧失催化能力称为酶失活。

一、酶促反应的特点

酶与一般催化剂比较有相同的性质:①加速化学反应速率,反应前后酶的质和量不变;②催化热力学上允许的化学反应;③降低反应的活化能;④以同样倍数加速正、逆反应速率,不改变反应平衡点。同时,酶是蛋白质,又具有一般催化剂所没有的生物大分子特征。

(一)高度的专一性

酶作用的专一性是酶最重要的特点之一,也是酶和一般催化剂最主要的区别。专一性是指酶对催化的反应和底物具有严格的选择性,即一种酶只能作用于一种或一类底物或一定的化学键,催化一定的化学反应并生成一定的产物。根据酶对底物选择的严格程度不同,酶的专一性可分为结构专一性和立体异构专一性。

1. 结构专一性

结构专一性又可分为以下两类。

（1）绝对专一性 有些酶对底物的要求非常严格，只作用于具有特定结构的底物，即只能催化某一种底物的反应，而不作用于任何其他物质。如淀粉酶只作用于淀粉水解为麦芽糖的反应，而对麦芽糖则起不到催化作用。

（2）相对专一性 酶对底物的专一性相对较低，可作用于结构类似的一类化合物或一种化学键。大多数酶对底物具有相对专一性。例如酯酶催化酯键的水解，对底物 R—CO—OR′中的 R 及 R′基团都没有严格的要求，只是对不同酯类水解速度不同。

2. 立体异构专一性

当底物具有立体异构体时，酶只能对立体异构体中的一种起作用，而对另一种则无作用。许多酶有立体异构专一性，但其程度不同。如 L-氨基酸氧化酶只能催化 L-氨基酸的氧化，而对 D-氨基酸无作用。延胡索酸酶催化反式丁烯二酸生成苹果酸，但不能催化顺式丁烯二酸生成苹果酸。

（二）高度的催化效率

酶有高度的催化活力，一般而言，对于同一反应，酶促反应的反应速率比非酶促反应高 $10^8 \sim 10^{20}$ 倍，比一般催化剂高 $10^7 \sim 10^{13}$ 倍。酶能加快化学反应的速率，但酶不能改变化学反应的平衡点，也就是说酶在促进正向反应的同时也以相同的比例促进逆向的反应，所以酶的作用是缩短了到达平衡所需的时间，但平衡常数不变，在无酶的情况下达到平衡点需几小时，在有酶时可能只要几秒就可达到平衡。在催化反应时，酶与一般催化剂均可降低反应的活化能，只是酶的作用更显著、催化效率更高。

（三）高度的不稳定性

酶是蛋白质，酶促反应要求一定的 pH、温度和压力等条件，凡能使蛋白质变性的因素，如高温、强酸、强碱、重金属盐等都能使酶蛋白变性，而使其失去催化活性。

（四）酶活性的可调节性

酶促反应受多种因素的调控，以适应机体对不断变化的内外环境和生命活动的需要。酶活力受到调节和控制是区别于一般催化剂的重要特征。抑制剂和激活剂调节酶的活性，是通过抑制或诱导酶的合成调节酶的浓度；还可通过别构调节、共价修饰、同工酶、酶原等来调节，以保证生命活动内部化学反应历程的有序性，一旦破坏了这种有序性，将导致代谢紊乱，发生疾病，甚至死亡。

二、酶促反应机制

（一）中间复合物学说

在生物体内具有较高能量、处于活化状态的分子才能发生化学反应。底物分子从初始态（基态）转变为活化态（激活态）所需的能量称为活化能（activation energy），即指在一定温度下 1mol 底物全部进入活化态时所需要的自由能。反应所需的活化能愈高，活化分子数愈少，反应速率就愈慢。酶促反应的作用机理是降低反应的活化能，从而加快反应速率。

1903 年，Henri 和 Wurtz 提出酶-底物中间复合物学说，认为在酶促反应中，酶能瞬时与底物结合成不稳定的中间复合物（过渡态），然后再解离出酶，生成产物。中间复合物的生成致使底物分子内的某些化学键发生极化，明显降低了酶促反应所需的活化能，使活化分子数量增加，反应速率加快。

(二)"锁钥学说"与"诱导楔合假说"

人们对酶与底物结合机理的认识从锁钥学说发展为诱导楔合学说。1894 年 Emil Fischer 提出"锁钥学说"（如图 4-4），认为酶活性部位的构象不变，酶与底物结合的方式可用锁钥结合（或多点结合）来解释。但该学说不能解释酶所催化的可逆反应。1958 年 Daniel Koshland 提出"诱导楔合"学说（如图 4-5），认为酶活性部位的构象是可变的，在酶发挥催化作用前，酶活性部位的构象受到底物影响发生改变，使其更适合与底物互补楔合形成酶-底物复合物。当酶从复合物中释放解离后，活性部位恢复其原有构象。

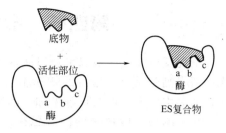

图 4-4 锁钥学说示意图

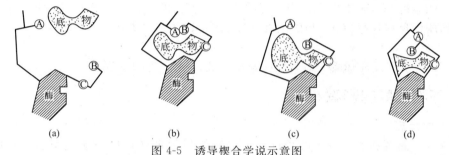

图 4-5 诱导楔合学说示意图
Ⓐ、Ⓑ 是酶分子上的催化基团；Ⓒ 是酶分子上的结合基团

(三)其他相关的酶催化理论

酶加速化学反应实际就是由于酶可以降低反应所需的活化能所致。酶促反应高效率主要是因为大多数酶蛋白在酶促反应的催化过程中同时利用两种或两种以上的催化机制。在酶与底物形成复合物后，活化能降低可能与以下机制有关。

1. 邻近效应学说与轨道定向学说

邻近效应学说认为酶能加快化学反应速率是因为它能使底物分子在反应前相互靠近，紧密结合于酶的活性部位，反应基团在空间相互靠近，从而加速反应的速率。轨道定向学说认为底物的反应基团之间和酶的催化基团与底物的反应基团之间需要严格的正确轨道定向、取位，才能起反应。

2. 酸碱催化

酸碱催化是通过向底物提供质子或底物接受质子，以稳定过渡态、加速反应的一类催化机制。酶活性部位的氨基、羧基、巯基、酚羟基及咪唑基等能在近中性 pH 的范围内，作为质子体或质子受体对底物进行催化，加快反应速率。

3. 底物构象改变（底物形变）

研究发现，酶和底物结合时不仅酶的构象发生改变，酶中某些基团或离子可以使底物分子的构象也发生变化，底物中的敏感键更容易断裂，反应活化能降低，反应加快进行。

4. 共价催化

又称共价中间产物学说。在催化时，酶和底物迅速以共价键形成不稳定的中间产物，反应活化能降低，反应加速。共价催化包括亲核催化和亲电子催化两类。亲核催化酶活性部位的亲核基团放出电子，与底物的亲电子基团通过共价键结合，形成中间复合物。常见的亲核基团包括丝氨酸分子中的羟基、半胱氨酸分子中的巯基、组氨酸分子中的咪唑基。亲电子催化酶活性部位的亲电子基团吸取底物分子中的电子，与该底物通过共价键结合成中间复合物。常见的亲电子基团包括 H^+、$-NH_3^+$、$-OH$ 以及 Fe^{3+}、Mg^{2+}、Mn^{2+} 等金属离子。

第四节 影响酶促反应速率的因素

酶促反应速率一般以单位时间内底物的消耗量或产物的增加量来表示。测定酶的反应速率一般只测定反应开始后的初速率。这是由于酶促反应初期速度较快,尚不受产物浓度影响;而后由于反应产物逐渐增加,酶促反应速率渐渐下降,直至停止。

影响酶促反应速率的因素包括:温度、pH、酶的浓度、底物浓度、激活剂、抑制剂、反应产物和变构效应等。

一、酶浓度的影响

在一定的温度和 pH 条件下,当底物浓度远大于酶的浓度时,反应速率随 [E] 的增加而升高。即酶促反应速率 (v) 与酶浓度 [E] 成正比关系(如图 4-6)。即:

$$v = k[E] \tag{4-1}$$

式中,v 为酶促反应速率;k 为反应速率常数;[E] 为酶浓度。

二、底物浓度的影响

1. 单底物反应

在酶浓度、温度和 pH 恒定的情况下,底物浓度很低时,反应初速率与底物浓度成正比。随着底物浓度增加,反应速率不再按正比升高。当底物浓度达到一定限度后,酶全部与之结合,反应速率达到最大,此后即使继续增加底物浓度也不能使反应速率继续加快(如图 4-7)。当底物浓度达到一定数值时,底物浓度对反应速率影响小,反应速率与底物浓度几乎无关,达到最大值 $v_{\max}$。

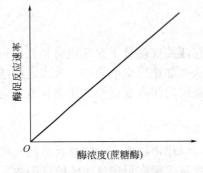 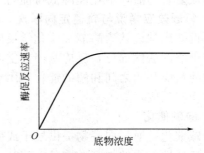

图 4-6 酶浓度对酶促反应的影响　　图 4-7 底物浓度对酶促反应的影响

反应初速率与底物浓度的关系可以用下式表示:

$$v = k[S] \tag{4-2}$$

式中,v 为酶促反应速率;k 为反应速率常数;[S] 为底物浓度。

式(4-2)只表示反应初速率与底物浓度的关系,不能代表整个反应中底物浓度和反应速率的关系。

1913 年 Leonor Michaelis 和 Maud L. Menten 根据酶反应的中间产物理论推导出一个表示整个反应中底物浓度与酶反应速率之间定量关系的公式,通常称为 Michaelis-Menten 方程或简称米氏方程。

$$v = \frac{v_{\max}[S]}{K_m + [S]} \tag{4-3}$$

式中，v 为酶促反应速率；v_{max} 为酶被底物完全饱和时的最大反应速率；[S] 为底物浓度；K_m 为米氏常数。

K_m（米氏常数）又称解离常数或底物常数，通常以 mol/L 或 mmol/L 为单位，用来衡量酶和底物结合的紧密程度，反映酶与底物亲和力的大小，其意义如下。

① $v = \frac{1}{2}v_{max}$ 时，$K_m = [S]$。

② K_m 值是酶的特征性常数之一，只与酶的结构、酶所催化的底物和反应环境（如温度、pH、离子强度）有关，与酶的浓度无关。K_m 代表底物浓度和反应速率的关系，K_m 值高表示底物与酶亲和力弱，反应速率慢；K_m 值低时表示底物与酶亲和力强，反应速率快。

③ 对于同一底物，不同的酶有不同的 K_m 值，通过测定 K_m 值可以鉴定不同的酶类。酶作用于不同底物就会有不同的 K_m 值，其中 K_m 值最小的底物为该酶的最适底物。K_m 值受底物、pH、温度和离子强度等因素的影响。

2. 双底物反应

米氏方程只是针对单底物的酶反应，大多数酶促反应是两个或两个以上的底物参加反应，其中双底物双产物的酶反应（简称双底物反应）约占已知生物化学反应一半以上。氧化还原酶和转移酶催化的反应都是双底物反应。双底物反应的速率方程比单底物反应要复杂得多，因篇幅所限，本书中不再介绍。

三、pH 的影响

通常酶对 pH 变化极为敏感，只能在特定的 pH 范围内活动，有其最适宜的 pH，此时酶促反应速率最大。pH 变化时，影响底物的极性基团，影响酶或底物的解离，可使酶分子变性、失活，酶促反应速率受抑制。酶的最适 pH 受酶的来源、底物、缓冲剂、盐类、作用时间及温度等许多因素的影响。多数植物和微生物来源的酶，最适 pH 在 4.5~6.5；动物酶的最适 pH 在 6.5~8.0；人体血液的 pH 是受严格控制的，正常血液的 pH 为 7.35~7.45。个别也有例外，如胃蛋白酶的最适 pH 为 1.5~2.5（图 4-8），精氨酸酶的最适 pH 在 9.8~10.0。临床上根据胃蛋白酶的最适 pH 偏酸的这一特点，配制助消化的胃蛋白酶合剂时加入一定量的稀盐酸，使其发挥更好的疗效。

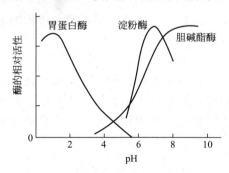

图 4-8 pH 对几种酶活性的影响

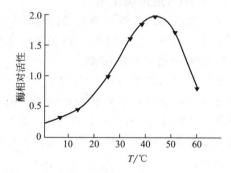

图 4-9 温度对酶活性的影响

四、温度的影响

当酶浓度与底物浓度固定时，在一定温度范围内酶促反应速率随温度升高而加快。温度每增加 10℃，反应速率增加 2~3 倍。温度超过界限，酶活性即下降。常将酶促反应达到最大速率的这一温度范围叫做酶作用的最适温度（如图 4-9）。温血动物组织中的酶，最适温度一般在 35~40℃之间。最适温度不是常数，其数值受底物浓度、离子强度、pH 及反应时间等因素的影响。

> **临床联系**
>
> 温度对酶促反应速率的影响在临床实践中的指导意义。①酶制剂和酶检测标本（如血清等）应放在冰箱中低温保存，需要时从冰箱中取出，在室温条件下待温度回升，酶的活性恢复后，再使用或再进行检测。②临床上低温麻醉就是通过低温降低酶活性而减慢组织细胞代谢速度，以提高机体在手术过程中对氧和营养物质缺乏的耐受性。③温度升高超过80℃后，多数酶因热变性而失去活性。应用这一原理进行高温灭菌。④在生化检验中，可以采取提高温度、缩短时间的方法，进行酶的快速检测诊断。

五、激活剂的影响

凡能使酶由无活性变为有活性或使酶的活性增加的物质称酶的激活剂（activator）。大多为某些无机离子和小分子的有机化合物。常见的无机离子有 K^+、Na^+、Ca^{2+}、Mg^{2+}、Zn^{2+}、Fe^{2+}、Cl^-、Br^-、I^-、CN^- 等。按酶对激活剂的依赖程度不同，可将激活剂分为两类。①必需激活剂，能使酶由无活性变为有活性的物质称为必需激活剂。大多数金属离子属于此类激活剂，如 Mg^{2+} 是激酶的必需激活剂。②非必需激活剂，能使酶活性增加的物质称为非必需激活剂。如 Cl^- 是唾液淀粉酶的非必需激活剂。

六、抑制剂的影响

能引起酶必需基团化学性质改变，导致酶活性降低甚至丧失的物质称为酶的抑制剂（inhibitor）。这种作用称为抑制作用。抑制剂可与酶的活性中心内、外必需基团结合，从而抑制酶的活性。除去抑制剂后酶的活性可以恢复。它不同于使酶蛋白变性失活的理化因素。一种抑制剂只能使一种酶或一类酶产生抑制作用，即抑制剂对酶的抑制作用是有选择性的。使酶蛋白变性而引起酶活力丧失的物质是变性剂，如强酸、强碱、高温等，它们对酶无选择性。因此，抑制作用和变性作用是不同的。

根据抑制剂与酶的作用方式及抑制作用是否可逆，把抑制作用分为两大类：可逆（reversible）抑制作用和不可逆（irreversible）抑制作用。

（一）不可逆抑制作用

抑制剂通过共价键与酶的必需基团结合，使酶的活性丧失，且不能用超滤、透析的方法除去抑制剂而恢复酶的活性，称为不可逆抑制。常有以下两种情况。

1. 非专一性不可逆抑制

某些重金属离子（Hg^{2+}、Ag^+、Pb^{2+}）及 As^{3+} 可与酶分子中半胱氨酸残基的活性巯基进行不可逆结合，使酶活性被抑制。由于这些抑制剂所结合的巯基不局限于活性中心的必需基团，故称非专一性不可逆抑制。化学毒剂路易士气就是一种砷化合物，它能抑制体内以巯基为必需基团的酶的活性而使人畜中毒。

$$E\begin{array}{c}SH\\SH\end{array} + Hg^{2+} \longrightarrow E\begin{array}{c}S\\S\end{array}Hg + 2H^+$$

$$E\begin{array}{c}SH\\SH\end{array} + \begin{array}{c}Cl\\Cl\end{array}As-CH=CHCl \longrightarrow E\begin{array}{c}S\\S\end{array}As-CH=CHCl + 2HCl$$

巯基酶　　　路易士气　　　　　失活的巯基酶

巯基酶中毒可用含有多个—SH 的化合物与毒剂结合，使酶恢复其活性。如二巯基丙醇（BAL）或二巯基丁二酸钠，临床上可用于抢救重金属中毒。

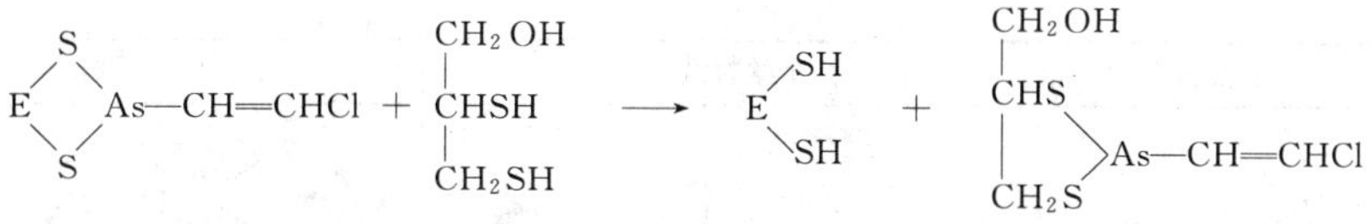

[失活的巯基酶 + 二巯基丙醇 → 复活的巯基酶 + 二巯基丙醇与砷试剂结合物]

2. 专一性不可逆抑制

有机磷杀虫剂（敌百虫、敌敌畏和对硫磷等）能专一地通过共价键与羟基酶活性中心丝氨酸残基上的羟基共价结合，使酶磷酰化而失活。

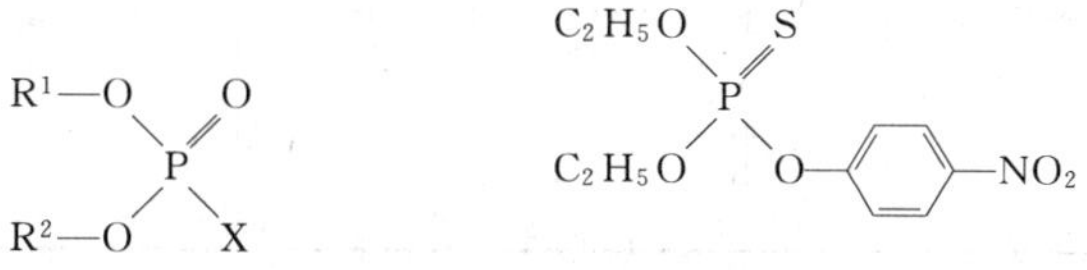

[有机磷农药的结构通式　　对硫磷]

催化乙酰胆碱水解的胆碱酯酶是羟基酶，有机磷杀虫剂中毒时，此酶活性受到抑制，胆碱能神经末梢分泌的乙酰胆碱不能及时分解，增强了胆碱能神经的兴奋，表现出一系列中毒症状，如抽搐、口吐白沫等，最后导致死亡，因此这类物质又称神经毒剂。有机磷制剂与酶结合后虽不解离，但用解磷定或氯磷定能把酶上的磷酸根除去，使酶复活。

[乙酰胆碱 + H_2O —胆碱酯酶→ CH_3COOH + 胆碱]

> **临床联系**
>
> 临床上常用解磷定来治疗有机磷杀虫剂中毒，解磷定能夺取已经和胆碱酯酶结合的磷酰基，使其从胆碱酯酶的酯解部位分离，从而恢复胆碱酯酶的活性。

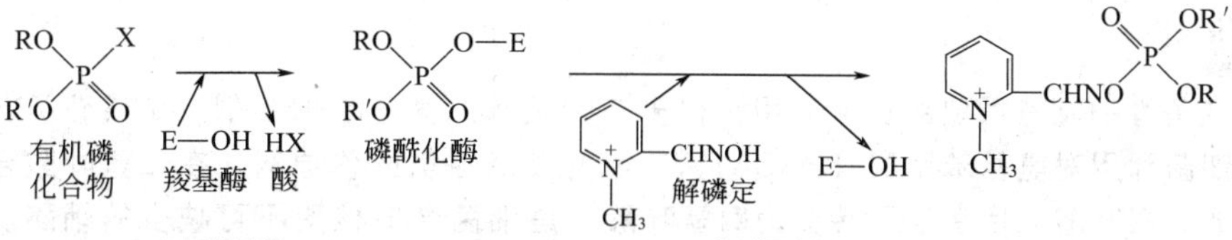

[有机磷化合物 + 羧基酶 → 磷酰化酶 + 解磷定 → E—OH]
中毒过程　　　　　　解毒原理

（二）可逆抑制作用

抑制剂通过非共价键与酶或酶-底物复合物结合，使酶的活性降低或丧失，但可用透析、超滤等方法除去抑制剂而恢复酶活性，称为可逆抑制。可逆抑制根据抑制剂与底物的关系，分为三种。

1. 竞争性抑制

抑制剂I在化学结构上与底物S类似，它与底物竞争酶的结合部位，E既可与S分子结合也可以结合I分子，但不能两者同时结合。其抑制作用的过程如图4-10所示。

竞争性抑制作用具有以下特点：①抑制剂在化学结构上与底物相似，两者竞相争夺同一酶的活性中心；②抑制剂与酶的活性中心结合后，酶分子失去催化作用；③竞争性抑制作用的强弱取决于抑制剂与底物之间的相对浓度；④抑制剂浓度不变时，通过增加底物浓度可以减弱甚至解除竞争性抑制作用。当[S]足够高时，仍可达到底物饱和状态（酶全部以ES形式存在），酶的催化作用即全部恢复，酶的抑制作用因高浓度的底物而减低甚至消除，故v_{max}不变，K_m值增大。三种可逆抑制作用的比较见表4-4。

竞争性抑制最典型的例子是琥珀酸脱氢酶受丙二酸及草酰乙酸的抑制，此酶催化的反应如下：

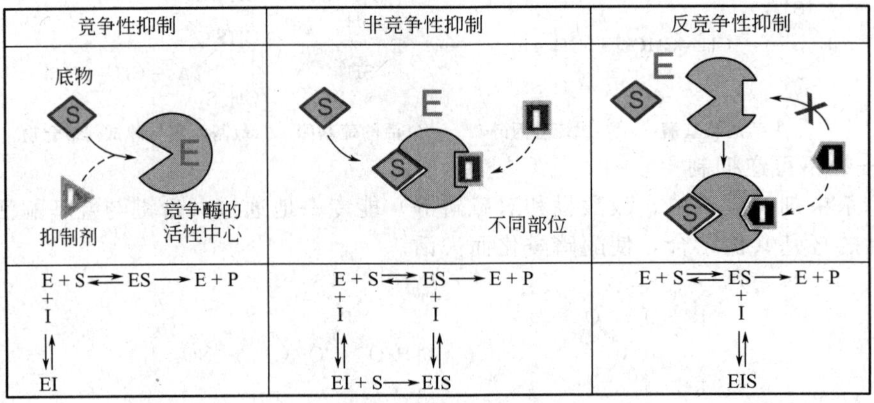

图 4-10 酶的三种可逆抑制示意图

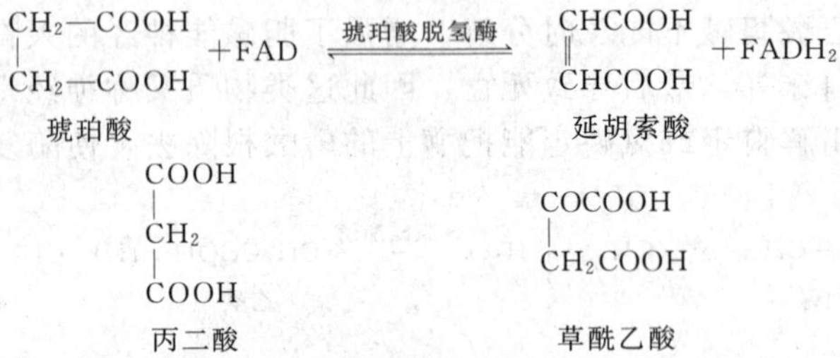

$$\begin{array}{c} CH_2-COOH \\ | \\ CH_2-COOH \end{array} + FAD \xrightleftharpoons[]{\text{琥珀酸脱氢酶}} \begin{array}{c} CHCOOH \\ \| \\ CHCOOH \end{array} + FADH_2$$

琥珀酸 　　　　　　　　　　　延胡索酸

$$\begin{array}{c} COOH \\ | \\ CH_2 \\ | \\ COOH \end{array} \qquad \begin{array}{c} COCOOH \\ | \\ CH_2COOH \end{array}$$

丙二酸 　　　　　　　草酰乙酸

丙二酸及草酰乙酸与琥珀酸脱氢酶的底物琥珀酸十分相似，因此能竞争琥珀酸脱氢酶与底物的结合部位，但前两者不能被琥珀酸脱氢酶催化脱氢，所以一旦结合在活性中心部位，就抑制了琥珀酸脱氢酶与底物的结合。

临床联系

酶的竞争性抑制有重要的实际应用，很多药物是酶的竞争性抑制剂。如磺胺类药物的抑制作用。细菌利用对氨基苯甲酸（PABA）、二氢蝶呤及谷氨酸作原料，在二氢叶酸合成酶的催化下合成二氢叶酸，后者还可转变为四氢叶酸，是细菌合成核酸不可缺少的辅酶。磺胺药的化学结构与对氨基苯甲酸十分相似，故能与对氨基苯甲酸竞争二氢叶酸合成酶的活性中心，造成该酶活性抑制，进而减少四氢叶酸和核酸的合成，最终导致细菌繁殖生长停止。人能直接利用食物中的叶酸，某些细菌不能，所以人类核酸的合成不受磺胺类药物的干扰。

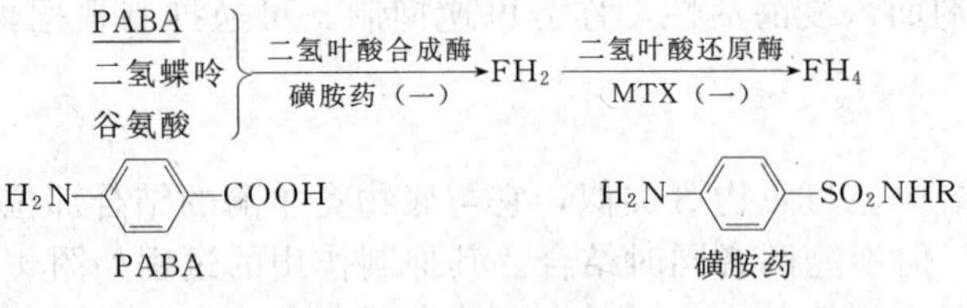

$$\left.\begin{array}{c} PABA \\ 二氢蝶呤 \\ 谷氨酸 \end{array}\right\} \xrightarrow[\text{磺胺药（一）}]{\text{二氢叶酸合成酶}} FH_2 \xrightarrow[\text{MTX（一）}]{\text{二氢叶酸还原酶}} FH_4$$

$$H_2N-\!\!\!\!\!\bigcirc\!\!\!\!\!-COOH \qquad H_2N-\!\!\!\!\!\bigcirc\!\!\!\!\!-SO_2NHR$$

PABA 　　　　　　　　磺胺药

2. 非竞争性抑制

I 与 S 在化学结构上一般无相似之处，I 与酶活性中心以外的部位可逆地结合，I 与 S 同酶的结合无竞争关系，也就是 I 与 E 结合形成的 EI 还可以结合 S。但结合有 I 的 E 失去催化活性，IES 不能进一步释放出产物，是反应的"终端"。其抑制作用的过程见图 4-10。

非竞争性抑制剂 I 的存在，使反应体系中的酶以 E、ES、IE 和 IES 四种形式存在。很明显，I 的存在和 [I] 的增加，使平衡向着生成 IE 和 IES 的方向移动，使反应体系中的 [E] 和 [ES] 下降，导致酶促反应速率降低；[S] 增加引起的平衡移动，使 [ES] 和 [IES] 同时增加。而且不论 [S] 增加到何种程度，只要有 I 存在，[IES] 就不可能从"终端"解脱出来。所以[S]的增加,并不能减低I对酶的抑制程度。这种非竞争性抑制作用虽不影响酶对底物的结合,但阻碍其催化功能,故v_{max}变小,K_m不变(见表4-4)。

哇巴因(Ouabain)是细胞膜上Na^+,K^+-ATP酶的强烈抑制剂,这可能与其利尿和强心作用有关。哇巴因的抑制作用就是非竞争性抑制。

3. 反竞争性抑制

抑制剂只能与酶和底物分子的中间复合物结合,使复合物ES的量下降,当I与ES结合成ESI后,ESI不能分解成产物,酶的催化活性被抑制。在反竞争性抑制体系中,I不仅不排斥E和S的结合,反而增加二者的亲和力,这与竞争性抑制作用相反,故称为反竞争性抑制作用。抑制作用的过程见图4-10。

表4-4 三种可逆抑制作用的比较

比较点	无抑制剂	竞争性抑制剂	非竞争性抑制剂	反竞争性抑制剂
I的结合位点		E	E、ES	ES
K_m值	K_m	增加	不变	下降
v_{max}	v_{max}	不变	下降	下降

第五节 酶与医学的关系

生命是一个复杂的化学过程,各种生命活动、生命现象都有其化学基础,这就是酶催化的化学反应。各种原因如中毒、损伤、微生物、细胞恶变、先天异常等引起的疾病常常是破坏了酶促反应的正常规律,酶及酶催化反应的异常在很大程度上反映了疾病产生的原因或后果。随着临床医学实践活动的不断深入,生物化学技术的不断发展,酶在医学上的应用也日趋广泛,成为临床多种疾病诊断、鉴别诊断、疾病治疗、疗效评价和预后判断的重要依据。

一、酶活力测定及酶单位

酶活性(enzyme activity),又称酶活力,系指酶具有的催化特定化学反应的能力,通常用在一定条件下催化某一化学反应的底物的消耗速率或产物的生成速率来表示,在实际酶活性测定中一般以测定产物的增加量为准。酶促反应初速率与酶量呈线性关系,可以用初速率来测定制剂中酶的含量。

酶活性的大小即酶含量的多少可以用酶单位(U)表示。一定条件下一定时间内将一定量的底物转化为产物所需的酶量称为酶单位。1961年国际生物化学协会酶学委员会等提出采用"国际单位"(IU)来表示酶活力,规定在最适反应条件(25℃)下,每分钟催化1μmol底物转化为产物所需的酶量为一个酶活力单位。1979年国际生物化学协会为将酶的活力单位与国际单位制的反应速率(mol/s)相一致,推荐用催量(Katal,简称Kat)来表示酶活力。1催量定义为:在特定的测定系统中,催化底物每秒钟转变1mol的酶量。催量与国际单位的换算为:1IU为1μmol/min=1μmol/60s 即16.67nKat。

酶的比活力代表酶的纯度,国际酶学委员会规定用每1mg蛋白质所含的酶活力单位数来表示比活力。对同一种酶来说,比活力愈大,酶的纯度愈高。

二、酶在医学上的作用

随着对酶研究的发展,酶在医学上的重要性越来越引起了人们的注意,应用越来越广泛。

(一)酶与疾病的关系

1. 酶与疾病的发生

一些疾病的发生是由于酶的质或量的异常引起的。酶的质或量的异常,可以是先天的,如 6-磷酸葡萄糖脱氢酶缺陷引起的蚕豆病;新生儿由于缺乏 6-磷酸葡萄糖脱氢酶,引起的新生儿高胆红素血症;因酪氨酸羟化酶缺乏引起的白化症等。也可以是后天的,如维生素 K 缺乏,γ-谷氨酸羧化酶功能低下,导致肝脏合成的凝血酶原、凝血因子Ⅶ、凝血因子Ⅸ、凝血因子Ⅹ不能进一步羧化成熟,造成凝血功能障碍,引起一些出血性疾病。

有些疾病的发生与酶的活性受到抑制有关,这多见于中毒性疾病。如有机磷杀虫剂中毒;重金属中毒是由于抑制了巯基酶的活性;氰化物、一氧化碳中毒是抑制了细胞色素 aa_3 的活性等。

2. 酶与疾病的诊断

正常人体内酶活性较稳定,当人体某些器官和组织受损或发生疾病后,某些酶被释放入血、尿等,如急性胰腺炎时,血清和尿中淀粉酶活性显著升高;肝炎和其他原因肝脏受损,肝细胞坏死或通透性增强,大量转氨酶释放入血,使血清转氨酶升高;心肌梗死时,血清乳酸脱氢酶和磷酸肌酸激酶明显升高;当有机磷农药中毒时,胆碱酯酶活性受抑制,血清胆碱酯酶活性下降;某些肝胆疾病,特别是胆道梗阻时,血清 γ-谷氨酰移换酶增高等。因此,通过对血、尿和分泌液中某些酶活性的测定,可以反映某些组织器官的病变情况,而有助疾病的诊断。

3. 酶与疾病的治疗

(1) 替代治疗 因消化腺分泌不足所致的消化不良可补充胃蛋白酶、胰蛋白酶等以助消化。

(2) 抗菌治疗 利用酶的竞争性抑制的原理,合成一些化学药物,进行抑菌、杀菌的治疗。如磺胺类药和许多抗生素能抑制某些细菌生长所必需的二氢叶酸合成酶活性,使细菌核酸代谢障碍而阻遏其生长、繁殖,达到抑菌和杀菌目的。

(3) 抗癌治疗 肿瘤细胞有其独特的代谢方式,若能阻断相应酶的活性,就能达到抑制肿瘤生长的目的。如抗癌药 5-氟尿嘧啶(5-FU)、6-巯基嘌呤(6-MP)可分别抑制脱氧胸苷酸及嘌呤核苷酸的合成,进而达到抑制肿瘤生长的效果。

(4) 对症治疗 在血栓性静脉炎、心肌梗死、肺梗死以及弥漫性血管内凝血等病的治疗中,可应用纤溶酶、链激酶、尿激酶等,以溶解血块,防止血栓的形成等。

(5) 调整代谢 如精神抑郁症是由于脑中兴奋性神经介质(如儿茶酚胺)与抑制性神经介质的不平衡所致,给予单胺氧化酶,可减少儿茶酚胺类的代谢灭活,提高突触中的儿茶酚胺含量而抗抑郁。但由于酶是蛋白质,具有很强的抗原性,故体内用酶治疗疾病还受到一定的限制。

(二)酶在医学上的其他应用

1. 酶作为试剂用于临床检验和科学研究

(1) 酶法分析 即酶偶联测定法(enzyme coupled assays),是利用酶作为分析试剂,对一些酶的活性、底物浓度、激活剂、抑制剂等进行定量分析的一种方法。

(2) 酶标记测定法 酶可以代替同位素与某些物质相结合,从而使该物质被酶所标记。通过测定酶的活性来判断被标记物质或与其定量结合的物质的存在和含量。是酶学与免疫学相结合的一种测定方法,当前应用最多的是酶联免疫测定法。

(3) 工具酶 广泛地应用于分子克隆领域,除上述酶偶联测定法外,人们利用酶具有高度特异性的特点,将酶作为工具,在分子水平上对某些生物大分子进行定向分割与连接。

2. 酶作为药物用于临床治疗

用酶来治疗疾病最早是以淀粉酶为代表的各类口服消化用酶。1952 年,Innerfield 将结晶胰蛋白酶静脉注射治疗脉管炎获得成功。现在已经知道有药用价值的酶有近百种,但其中临床疗效肯定、使用安全的品种不过 30 余种,随着酶的稳定性、副作用、给药方式及剂型的逐步改进，酶用于医疗的情况会越来越多。

临床联系

药用酶的分类
    a. 消化酶类：胃蛋白酶、胰酶、胰脂肪酶、乳糖酶等。
    b. 抗炎及清疮用酶：溶菌酶、超氧化物歧化酶、链激酶、胰蛋白酶、尿酸酶等。
    c. 溶纤酶类：溶栓酶、尿激酶、链激酶、蚯蚓溶纤酶。
    d. 心血管疾病用酶：激肽释放酶、促凝血酶原激酶、细胞色素c、辅酶A等。
    e. 遗传性缺酶症治疗用酶：氨基己糖酶A、α-半乳糖苷酶、β-葡萄糖脑苷酯酶等。
    f. 肿瘤治疗用酶：L-天冬酰胺酶、谷氨酰胺酶、羧基肽酶等。

3. 酶的分子工程

酶分子工程主要是利用物理、化学或分子生物学方法对酶分子进行改造，包括对酶分子中功能基团进行化学修饰、酶的固定化、抗体酶等，以适应医药业、工业、农业等的某种需要。

（1）固定化酶（immobilized enzyme） 将水溶性酶经物理或化学方法处理后，成为不溶于水但仍具有酶活性的一种酶的衍生物。固定化酶在催化反应中以固相状态作用于底物，并保持酶的活性。

（2）抗体酶 具有催化功能的抗体分子称为抗体酶（abzyme）。

（3）模拟酶 模拟酶是根据酶的作用原理，利用有机化学合成方法，人工合成的具有底物结合部位和催化部位的非蛋白质有机化合物。

复习思考题

一、选择题

A型题

1. 下列对酶的叙述，正确的是（ ）。
  A. 所有的蛋白质都是酶　　　　　　　　B. 所有的酶均以有机化合物作为作用物
  C. 所有的酶均需特异的辅助因子　　　　D. 所有的酶对其作用物都有绝对特异性
  E. 所有的酶均由活细胞产生

2. 不是酶的特点的是（ ）。
  A. 酶只能在细胞内催化反应　　　　　　B. 活性易受pH、温度影响
  C. 只能加速反应，不改变反应平衡点
  D. 催化效率极高　　　　　　　　　　　E. 有高度特异性

3. 含LDH_5丰富的组织是（ ）。
  A. 肝组织　　　B. 心肌　　　C. 红细胞　　　D. 肾组织　　　E. 脑组织

4. 含唾液淀粉酶的唾液经透析后，水解淀粉的能力显著降低，其原因是（ ）。
  A. 酶变性失活　　B. 失去激活剂　　C. 酶一级结构破坏　　D. 失去辅酶　　E. 失去酶蛋白

5. 属于不可逆抑制作用的抑制剂是（ ）。
  A. 丙二酸对琥珀酸脱氢酶的抑制作用
  B. 有机磷化合物对胆碱酯酶的抑制作用
  C. 磺胺药类对细菌二氢叶酸还原酶的抑制作用
  D. ATP对糖酵解的抑制作用
  E. 反应产物对酶的反馈抑制

6. 关于K_m的意义，正确的是（ ）。
  A. K_m为酶的比活性　　　　　　　　B. $1/K_m$越小，酶与底物亲和力越大

C. K_m 的单位是 mmol/min D. K_m 值是酶的特征性常数之一
E. K_m 值与酶的浓度有关

7. 丙二酸对琥珀酸脱氢酶的抑制作用是属于（   ）。
A. 反馈抑制   B. 非竞争抑制   C. 竞争性抑制
D. 非特异性抑制   E. 反竞争性抑制

8. 下列辅酶中不含维生素的是（   ）。
A. CoA—SH   B. FAD   C. NAD$^+$ D. CoQ   E. FMN

B 型题

A. 丙二酸   B. 二巯基丙醇   C. 蛋氨酸   D. 对氨基苯甲酸   E. 有机磷农药

1. 酶的不可逆抑制剂是（   ）。
2. 琥珀酸脱氢酶的竞争性抑制剂是（   ）。
3. 能保护酶必需基团—SH 的物质是（   ）。
4. 磺胺药的类似物是（   ）。
5. 合成叶酸的原料之一是（   ）。

A. K_m 值不变，V_{max} 降低   B. K_m 值增加，V_{max} 不变
C. K_m 值减小，V_{max} 降低   D. K_m 值增加，V_{max} 增加
E. K_m 值增加，V_{max} 降低

6. 竞争性抑制特点是（   ）。
7. 非竞争性抑制特点是（   ）。
8. 反竞争性抑制特点是（   ）。

X 型题

1. 酶的辅酶、辅基可以是（   ）。
A. 小分子有机化合物   B. 金属离子   C. 维生素
D. 各种有机和无机化合物   E. 一种结合蛋白质

2. 关于全酶的叙述正确的是（   ）。
A. 全酶中的酶蛋白决定了酶的专一性
B. 全酶中的辅助因子决定了反应类型
C. 全酶中辅助因子种类与酶蛋白一样多
D. 辅酶或辅基用透析方法可除去
E. 金属离子是体内最重要的辅酶

3. 能引起活化能降低的效应是（   ）。
A. 邻近效应与定向排列   B. 多元催化   C. 表面效应   D. 酸碱催化   E. 共价催化

二、名词解释

1. 结合酶   2. K_m 3. 酶的活性中心   4. 同工酶   5. 不可逆抑制   6. 酶原

三、问答题

1. 比较酶与一般催化剂的异同点。
2. 简述酶的分类。
3. 何谓米氏方程？写出其公式并说明其含义。
4. 影响酶促反应速率的因素有哪些？举例说明竞争性抑制作用在临床上的应用。
5. 举例说明酶原与酶原激活的意义。
6. 结合自身所学知识，试述酶在医药实践中应如何应用？

第五章 生物氧化

第一节 概 述

一、生物氧化的概念

能源物质（糖、脂、蛋白质等）在体内氧化分解，生成二氧化碳和水并释放能量的过程称为生物氧化。生物氧化实质上是在细胞或组织中发生的一系列氧化还原反应，伴有氧的消耗和二氧化碳的产生，所以也称为细胞氧化或呼吸作用。

知识链接

体内催化生物氧化的酶有许多种，包括氧化酶类、需氧脱氢酶类、不需氧脱氢酶类、加氧酶类，它们均属于氧化还原酶类，其中以不需氧脱氢酶类最重要。

二、生物氧化的本质和主要方式

生物氧化与一般氧化反应的本质是相同的，都是电子的转移。失电子者为还原剂，得电子者为氧化剂。在生物体内电子的转移主要有如下三种方式。

1. 失电子氧化

物质在反应过程中失去电子，化合价升高而被氧化的反应。如细胞色素中铁的氧化：

$$Fe^{2+} \longrightarrow Fe^{3+} + e$$

2. 脱氢氧化

从底物分子上脱下一对氢原子的反应。脱氢氧化是生物体内最为常见的氧化方式，包括直接脱氢和加水脱氢两种。如乳酸氧化为丙酮酸：

$$\underset{\text{乳酸}}{CH_3-\underset{|}{\overset{OH}{C}H}-COOH} \underset{\longleftarrow}{\overset{\text{乳酸脱氢酶}}{\longrightarrow}} \underset{\text{丙酮酸}}{CH_3-\overset{O}{\overset{\|}{C}}-COOH} + 2H^+ + 2e$$

3. 加氧氧化

在氧化酶的催化下，向底物分子中直接加入氧原子或氧分子而被氧化的一类反应。如苯丙氨酸氧化为酪氨酸：

$$\underset{\text{苯丙氨酸}}{C_6H_5-CH_2-\underset{NH_2}{\overset{|}{C}H}-COOH} + \frac{1}{2}O_2 \longrightarrow \underset{\text{酪氨酸}}{HO-C_6H_4-CH_2-\underset{NH_2}{\overset{|}{C}H}-COOH}$$

三、生物氧化的特点

有机物在生物体内完全氧化和在体外燃烧而被彻底氧化,在化学本质上是相同的。例如 1mol 葡萄糖在体内氧化和在体外燃烧都产生 6mol CO_2 和 6mol H_2O,放出的总能量都是 2867.5kJ。但是,由于生物氧化是在活细胞内进行的,故它与有机物在体外燃烧有许多不同之处,即生物氧化有其自身的特点。

① 生物氧化是在细胞内进行的,在体温、常压和 pH 近于中性及水环境介质等生理条件下进行的。

② 生物氧化一般都要经过复杂的反应过程,在一系列酶的催化下逐步进行的。CO_2 来自有机酸的脱羧反应,H_2O 则是通过复杂的电子传递链氧化生成。

③ 生物氧化过程中能量是逐步产生、缓慢释放的,不会引起体温的骤然升高而损伤机体,而且有利于提高能量利用率。

④ 生物氧化过程中产生的能量通常都先贮存于一些特殊的高能化合物如 ATP 中,以后通过这些物质的转移利用,满足机体各种生理活动需要。

⑤ 生物氧化受细胞的精确调节控制,有很强的适应性,可随环境和生理条件而改变强度和代谢方向。

四、生物氧化过程中二氧化碳的生成

生物氧化中 CO_2 不是由碳与氧直接结合生成的,而是由糖、蛋白质、脂肪等有机物转变成含羧基的中间化合物,进行脱羧反应所致。根据脱羧过程中是否伴随着脱氢氧化的反应,分为单纯脱羧和氧化脱羧两种类型;由于脱羧基的位置不同,又分为 α-脱羧和 β-脱羧。

(一)单纯脱羧

1. α-单纯脱羧

$$R-\underset{H}{\underset{|}{C}}(COOH)-NH_2 \xrightarrow{\text{氨基酸脱羧酶}} R-CH_2NH_2 + CO_2$$
α-氨基酸 → 胺

2. β-单纯脱羧

$$H(OOC)-CH_2-\underset{}{\overset{O}{\underset{\|}{C}}}-COOH \xrightleftharpoons[\text{丙酮酸羧化酶}]{\text{草酰乙酸脱羧酶}} H_3C-\overset{O}{\underset{\|}{C}}-COOH + CO_2$$
草酰乙酸 → 丙酮酸

(二)氧化脱羧

1. α-氧化脱羧

$$H_3C-\overset{O}{\underset{\|}{C}}-(COOH) + CoASH + NAD^+ \xrightarrow{\text{丙酮酸脱氢酶系}} H_3C-\overset{O}{\underset{\|}{C}}\sim SCoA + CO_2 + NADH + H^+$$
丙酮酸 → 乙酰辅酶A

2. β-氧化脱羧

$$H(OOC)-CH_2-\underset{OH}{\underset{|}{C}}H-COOH + NADP^+ \xrightarrow{\text{苹果酸酶}} H_3C-\overset{O}{\underset{\|}{C}}-COOH + CO_2 + NADPH + H^+$$
苹果酸 → 丙酮酸

第二节 生成 ATP 的氧化体系

一、呼吸链

(一)呼吸链的概念

现代科学证明,在线粒体内膜上含有一系列酶和辅酶,直接参与氢及电子的传递过程,

其中参与递氢的称为递氢体,参与递电子的称为递电子体。有机营养物质分子中的氢先经过脱氢酶激活而脱出,再通过一系列递氢体或递电子体传递给被激活的氧而生成水。把由递氢体和递电子体按一定顺序排列成的整个体系称为呼吸链,又称电子传递链。进入人体的氧约80%通过线粒体的氧化体系代谢生成水,同时人类活动的能量95%来源于细胞中的线粒体氧化体系,所以线粒体生物氧化体系是体内生成ATP的氧化体系。

(二) 呼吸链的组成

用超声波或去污剂处理线粒体内膜,分离出四种具有传递电子功能的酶复合体(表5-1)。

表 5-1 呼吸链四种具有传递电子功能的酶复合体

复合体	酶名称	传递体
复合体 I	NADH-泛醌还原酶	FMN,Fe-S
复合体 II	琥珀酸-泛醌还原酶	FAD,Fe-S,Cytb
复合体 III	泛醌-细胞色素c还原酶	Cytb,Cytc$_1$,Fe-S
复合体 IV	细胞色素氧化酶	Cytaa$_3$,Cu

复合体 I（NADH-泛醌还原酶）：指呼吸链从 NAD^+ 到泛醌之间的组分,作用是将 NADH 脱下的氢经 FMN、铁硫蛋白等传递给泛醌（CoQ）。

复合体 II（琥珀酸-泛醌还原酶）：介于琥珀酸到泛醌之间,作用是将 2H 从琥珀酸传给 FAD,然后经铁硫蛋白传递至泛醌。泛醌接受复合体 I 和复合体 II 传递的氢,将质子释放到线粒体基质中,将电子传递给复合体 III。

复合体 III（泛醌-细胞色素c还原酶）：包含 Cytb、Cytc$_1$、铁硫蛋白以及其他多种蛋白质。作用是在泛醌和 Cytc 之间传递电子。

复合体 IV（细胞色素氧化酶）：包括细胞色素 Cytaa$_3$,其作用是将电子从细胞色素 c 传递给氧。

呼吸链的传递体主要有五类,即以 NAD^+ 或 $NADP^+$ 为辅酶的脱氢酶类;以 FAD 或 FMN 为辅基的黄素蛋白类;铁硫蛋白类;泛醌;细胞色素类。依具体功能又可分为递氢体和递电子体。

1. 递氢体

在呼吸链中既可接受氢又可把氢传递给另一种物质的成分叫递氢体,包括如下几类。

(1) NAD^+ 和 $NADP^+$　　NAD^+ 和 $NADP^+$ 是不需氧脱氢酶的辅酶,能可逆地加氢和脱氢。NAD^+ 和 $NADP^+$ 在进行加氢反应时,只能接受一个氢原子和一个电子,另一个则以氢离子（H^+）形式游离到溶液中,另一个电子与烟酰胺的氮原子结合,使氮原子从 +5 价变为 +3 价。

$$NAD^+/NADP^+ + H + H^+ + e \rightleftharpoons NADH+H^+/NADPH+H^+$$

许多代谢物的脱氢反应都是通过脱氢酶的作用,这些脱氢酶大多数是以 NAD^+ 或 $NADP^+$ 作为电子受体。这类酶催化的反应如下：

还原型底物 + NAD^+ ⇌ 氧化型底物 + NADH + H^+

还原型底物 + $NADP^+$ ⇌ 氧化型底物 + NADPH + H^+

大多数脱氢酶都以 NAD^+ 为辅酶,有的以 $NADP^+$ 为辅酶,如 6-磷酸葡萄糖脱氢酶就是以

NADP$^+$作为电子受体。极少数的酶能用NAD$^+$或NADP$^+$两种辅酶,如谷氨酸脱氢酶。

NAD$^+$作为递氢体接受代谢物脱下的氢,然后传递给邻近的黄素蛋白。

(2) **黄素蛋白** 黄素蛋白(flavoprotein,FP)因其辅基中含有核黄素呈黄色而得名。FP的种类虽然很多,但辅基只有黄素单核苷酸(FMN)和黄素腺嘌呤二核苷酸(FAD),FMN(或FAD)分子中的异咯嗪环上的1位和10位氮原子能可逆地进行加氢和脱氢反应,使氧化型的黄素核苷酸和还原型的黄素核苷酸互相转化,可用下列结构式表示:

$$FMN或FAD(氧化型) \xrightleftharpoons[-2H]{+2H} FMNH_2或FADH_2(还原型)$$

FMN(或FAD)辅基上脱下H转移给呼吸链中下一个成员CoQ。

(3) **泛醌** 泛醌(ubiquinone,Q)是广泛存在于生物界的一种脂溶性醌类化合物。也称为辅酶Q(CoQ)。它以1,4-苯醌作为传递H$^+$和e的反应核心,氧化还原过程接受2个H$^+$和2个e变成二氢泛醌(CoQH$_2$)。结构变化如下:

$$氧化型CoQ \xrightarrow{2H^++2e} 还原型CoQ$$

辅酶Q在呼吸链中是一个和蛋白质结合不紧的辅酶,在黄素蛋白类和细胞色素类之间作为一种特别灵活的载体,可将2个e传递给细胞色素b,2个H$^+$游离于介质中。

2. 递电子体

既能接受电子又能将电子传递出去的物质叫作递电子体。呼吸链中的递电子体包括两类。

(1) **铁硫蛋白** 铁硫蛋白(Fe-S)是存在于线粒体内膜上的一类与电子传递有关的蛋白质,含有等量的铁原子和硫原子。Fe-S代表铁硫蛋白电子传递的反应中心,即称铁硫中心。铁硫中心的铁离子能通过可逆的Fe$^{3+} \rightleftharpoons$ Fe^{2+} +e反应,在呼吸链中起到传递电子的作用。

(2) **细胞色素类** 细胞色素(cytochrome,Cyt)是广泛分布于线粒体内膜上一类传递电子的色素蛋白,其辅基为含铁卟啉的衍生物。根据其吸收光谱不同而分为a、b、c(Cyta、Cytb、Cytc)三类(图5-1,图5-2),每类中又因其最大吸收峰的差别分为若干亚类。人体线粒体内膜上至少含有5种不同的细胞色素,称为细胞色素b、c、c$_1$、a、a$_3$。细胞色素c是唯一可溶性的细胞色素,较易与线粒体内膜分离,从动物心肌细胞中提取的Cytc作为药物应用于临床。

细胞色素依靠分子中铁离子可逆的Fe$^{3+} \rightleftharpoons$ Fe^{2+} +e反应进行电子传递。细胞色素在呼吸链中排列顺序为:Cytb→Cytc$_1$→Cytc→Cytaa$_3$。目前尚不能将Cyta和Cyta$_3$分开,故写成Cytaa$_3$,Cytaa$_3$靠分子中所含的铜的氧化还原变化(Cu$^+ \rightleftharpoons$ Cu^{2+})传递电子,它可以直接将电子传递给氧分子,使其还原成氧离子,所以把Cytaa$_3$称为细胞色素氧化酶。

(三)呼吸链传递体的排列顺序

呼吸链中各传递体的排列有着严格顺序和方向。主要是根据测定各种传递体的标准氧化还原电位(E_0')高低确定的,E_0'值表示氧化还原剂对电子的亲和力,E_0'值愈低的电子传递体,供电子的倾向愈大,越处于呼吸链的前面;反之,则位于呼吸链的后面。体内存在两条重要的呼吸链,即NADH呼吸链和FADH$_2$呼吸链,是根据代谢物脱下氢的初始受体不同而区分的。

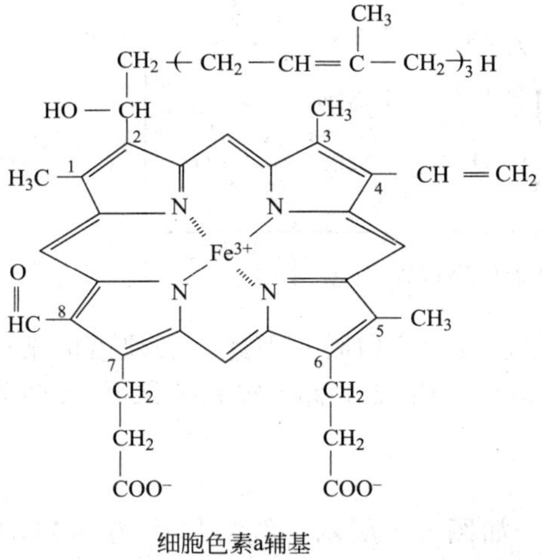

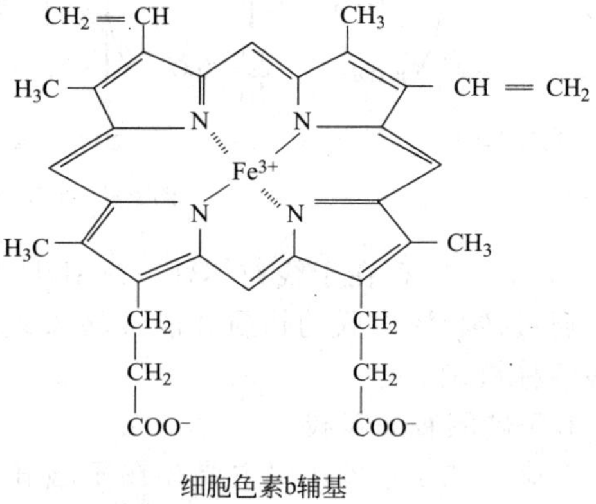

图 5-1　细胞色素 a 和细胞色素 b 分子结构

1. NADH 呼吸链

NADH 呼吸链是细胞内的主要呼吸链，由复合体Ⅰ、复合体Ⅲ、复合体Ⅳ和 CoQ、细胞色素 c 组成。糖类、蛋白质和脂肪三大物质的分解代谢中的脱氢反应，绝大多数是通过 NADH 呼吸链完成的，这是因为生物氧化过程中大多数脱氢酶都是以 NAD^+ 为辅酶，乳酸、苹果酸等代谢物脱下的氢使辅酶由氧化型（NAD^+）转变为还原型（NADH）。NADH 通过这条呼吸链将氢逐步传递给氧而生成水。传递过程见图 5-3。

2. $FADH_2$ 呼吸链

$FADH_2$ 呼吸链也称为琥珀酸氧化呼吸链，由复合体Ⅱ、复合体Ⅲ、复合体Ⅳ和 CoQ、细胞色素 c 组成。琥珀酸、脂酰 CoA 等脱下的 2H 经复合体Ⅱ使 CoQ 形成 $CoQH_2$，再往下的传递与 NADH 氧化呼吸链相同，最终传递给氧而生成水。传递过程见图 5-4。

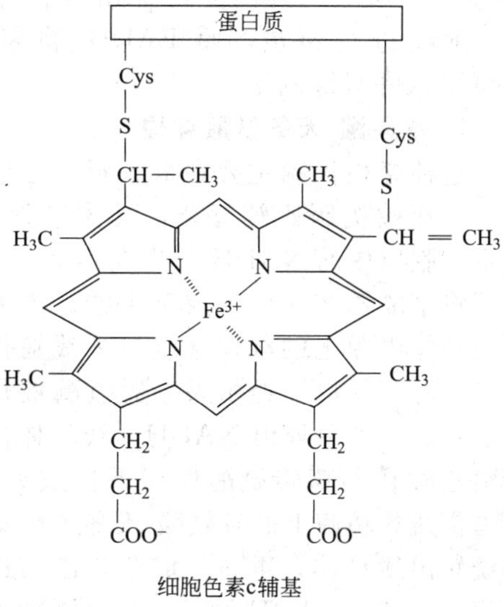

图 5-2　细胞色素 c 分子结构

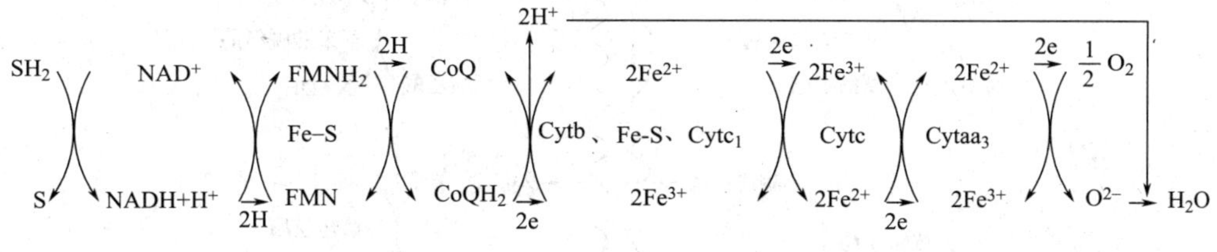

图 5-3　NADH 呼吸链电子传递过程

（四）线粒体外 NADH 的氧化

线粒体内产生的 NADH 可直接通过呼吸链进行氧化磷酸化，但亦有不少反应是在线粒体外进行的，如 3-磷酸甘油醛脱氢反应、乳酸脱氢反应及氨基酸联合脱氨基反应等。由于所

$$SH_2 \underset{S}{\overset{}{\times}} \underset{FADH_2}{\overset{FAD^+}{}} \underset{Fe-S}{} \underset{2H}{\overset{2e}{\times}} \underset{CoQ}{\overset{CoQH_2}{}} \xrightarrow{2H^+} \underset{2e}{\overset{2Fe^{3+}}{\times}} Cytb{-}Fe{-}S \rightarrow Cytc_1 \underset{2Fe^{3+}}{\overset{2Fe^{2+}}{\times}} Cytc \underset{2Fe^{2+}}{\overset{2Fe^{3+}}{\times}} Cytaa_3 \underset{2e}{\overset{O^{2-}}{\times}} \underset{\frac{1}{2}O_2}{} \rightarrow H_2O$$

图 5-4　FADH$_2$ 呼吸链电子传递过程

产生的 NADH 存在于线粒体外，NADH 不能自由通过线粒体内膜，因此，必须借助某些能自由通过线粒体内膜的物质才能被转入线粒体，主要有 3-磷酸甘油穿梭和苹果酸-天冬氨酸穿梭两种机制。

1. 3-磷酸甘油穿梭

3-磷酸甘油穿梭作用主要存在于脑和骨骼肌中。如图 5-5 所示，线粒体外的 NADH 在 ①（胞质 3-磷酸甘油脱氢酶）催化下，将胞液中的磷酸二羟丙酮还原成 3-磷酸甘油并穿过线粒体外膜，经 ②（线粒体内膜 3-磷酸甘油脱氢酶）催化，氧化生成磷酸二羟丙酮和 FADH$_2$。磷酸二羟丙酮可穿出线粒体重回胞液，继续进行穿梭，而 FADH$_2$ 将氢传递给 CoQ 进入呼吸链氧化。

2. 苹果酸-天冬氨酸穿梭

这种穿梭机制主要在肝、肾、心中发挥作用。其穿梭机制比较复杂，具体过程如图 5-6 所示，胞质中的 NADH 首先在苹果酸脱氢酶催化下将草酰乙酸还原形成苹果酸，苹果酸可通过线粒体内膜上的载体系统进入线粒体，进入线粒体的苹果酸，经苹果酸脱氢酶催化又氧化生成草酰乙酸并释出 NADH。线粒体内生成的草酰乙酸在谷草转氨酶作用下生成天冬氨酸，后者借线粒体膜上的谷氨酸-天冬氨酸载体转移系统转出线粒体，重新生成草酰乙酸进行下一轮穿梭运转，NADH 则进入呼吸链氧化。

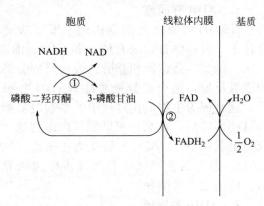

图 5-5　3-磷酸甘油穿梭机制示意图
①胞质 3-磷酸甘油脱氢酶；②线粒体内膜 3-磷酸甘油脱氢酶

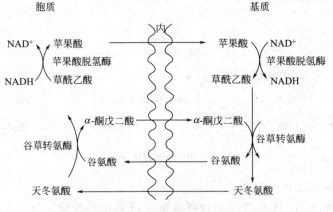

图 5-6　苹果酸-天冬氨酸穿梭机制示意图

二、生物氧化过程中 ATP 的生成

生物氧化释放的能量，除一部分以热能的形式散失外，大部分可以通过 ADP 的磷酸化作用转移至 ATP 中。主要有以下两种方式。

（一）底物水平磷酸化产生 ATP

底物在氧化过程中，因脱氢等作用，使代谢物中能量重新分布，形成高能化合物，然后将高能键转移至 ADP 生成 ATP 的过程，称为底物水平磷酸化。这种生成 ATP 的方式与呼吸链无关。例如：

$$1,3\text{-二磷酸甘油酸（高能磷酸化合物）} + ADP \xrightarrow{\text{3-磷酸甘油酸激酶}} \text{3-磷酸甘油酸} + ATP$$

$$\text{磷酸烯醇式丙酮酸（高能磷酸化合物）} + ADP \xrightarrow{\text{丙酮酸激酶}} \text{丙酮酸} + ATP$$

$$\text{琥珀酸单酰 CoA（高能硫酯化合物）} + H_3PO_4 + GDP \xrightarrow{\text{琥珀酸单酰 CoA 合成酶}} \text{琥珀酸} + CoASH + GTP$$

（二）氧化磷酸化产生 ATP

1. 氧化磷酸化的概念

代谢物脱下的氢原子经呼吸链传递给氧生成水的氧化过程中，伴随 ADP 磷酸化生成 ATP 的过程，称为氧化磷酸化。氧化磷酸化是体内生成 ATP 的主要方式。

2. 氧化磷酸化偶联部位

实验证明，当电子沿着呼吸链进行传递时就发生磷酸化作用，三个部位所释放的自由能都足以使 ADP 和无机磷酸形成 ATP。这三个部位分别是：NADH 和 CoQ 之间的部位；Cytb 和 Cytc 之间的部位；Cytaa$_3$ 和 O$_2$ 之间的部位。实验证明，代谢物脱下的氢经 NADH 呼吸链氧化生成水的 P/O 值为 2.5［P/O 即为无机磷酸消耗的物质的量（mol）与氧原子消耗的物质的量（mol）之比］，即消耗 1mol 氧可生成 2.5molATP；经 FADH$_2$ 呼吸链氧化生成水的 P/O 值为 1.5，即消耗 1mol 氧原子可生成 1.5molATP。这样，在 FADH$_2$ 呼吸链中存在着两个磷酸化偶联部位。

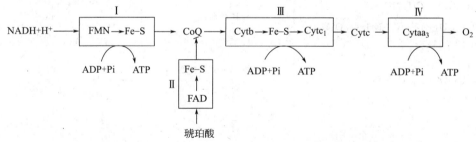

电子传递过程是产能的过程，而生成 ATP 的过程是贮能的过程。呼吸链中电子传递和 ATP 的形成在正常细胞内总是相偶联的，可以用 P/O 值（磷氧比）来表示电子传递与 ATP 生成之间的关系，P/O 值即是呼吸链每消耗一个氧原子所用去的磷酸分子数或生成 ATP 的分子数。因此，由 NADH 到分子氧的传递链中，其 P/O 为 2.5。而有些代谢物，则由黄素酶类催化脱氢，它直接通过 CoQ 进入呼吸链，其 P/O 为 1.5。

3. 氧化磷酸化的调节

（1）甲状腺激素　实验证明，甲状腺激素能诱导细胞膜上的 Na$^+$，K$^+$-ATP 酶活性增加，使 ATP 加速分解为 ADP 和 Pi，由于 ADP 进入线粒体数量增加从而促进氧化磷酸化，促使物质氧化分解，导致机体的耗氧量和产热量均增加，因此，甲状腺功能亢进患者常出现基础代谢率增高、多食及怕热等症状。

(2) ADP/ATP 值的调节　正常机体的氧化磷酸化的速率主要受 ADP/ATP 的调节。当 ADP 浓度降低，ADP/ATP 值减小，氧化磷酸化速度减慢。机体 ATP 消耗量增多，ADP 浓度升高，ADP/ATP 值增大，转运进入线粒体的 ADP 和 Pi 增多，使氧化磷酸化速度加快。这样，以适应机体对 ATP 的生理需要。

4. 氧化磷酸化的抑制剂

(1) 呼吸链抑制剂　这些物质以专一的结合部位抑制呼吸链的正常传递，影响氧化磷酸化作用，从而妨碍或破坏能量的供给，如鱼藤酮、异戊巴比妥等抑制 NADH→CoQ 之间的氢传递。抗霉素 A、二巯丙醇抑制 CoQ→Cytc 之间的电子传递。CN^-、N_3、CO 和 H_2S 则抑制细胞 $Cytaa_3$ 与氧之间的电子传递。这类抑制剂可造成细胞内呼吸停止，严重时危及生命。

(2) 解偶联剂　这些物质可以解除氧化磷酸化的偶联作用，使 ATP 合成受阻。临床上感冒或某些传染病患者，由于细菌或病毒产生了解偶联剂影响氧化磷酸化的正常进行，导致较多的能量转变成热能，引起体温升高。

三、能量的转移、贮存和利用

在生物化学中，有些化合物的个别化学键自由能很高，其结构不稳定，性质很活泼，很容易发生水解和基团转移反应，并释放或转移很多自由能。这种含自由能很高（>20.92kJ/mol）的化学键称为高能键，用符号"～"表示。常见的高能键包括高能磷酸键"—O～Ⓟ"和高能硫酯键"—CO～S"等。

生物化学中把含高能键的化合物统称为高能化合物。生物体中，常见的高能化合物见表 5-2。

表 5-2　几种常见的高能化合物

通式	举例	释放能量(pH7.0,25℃)/(kJ/mol)
HOOC—CH_2—N(CH_3)—C(NH)—NH～PO_3H_2	磷酸肌酸	-43.9
HOOC—C(CH_2)—O～PO_3H_2	磷酸烯醇式丙酮酸	-61.9
H_3C—CO～SCoA	乙酰 CoA	-31.4
PO_3H_2—O—P(OH)(O)～P(OH)(O)～PO_3H_2	ATP	-30.5

ATP 是细胞内最重要的高能化合物，生物体能量的释放、贮存和利用都是以 ATP 为中心（图 5-7）。能源物质在体内氧化时所释放的能量约 50% 直接转变为热能，用于维持体温，并向外界散发。其余不足 50% 是可被机体利用的自由能，这部分能量不能为细胞直接利用，必须先以化学能的形式转移并贮存于 ATP 的高能磷酸键内。ATP 是能量的携带者和转运者，但并不是能量的贮存者。起贮存能量作用的物质称为磷酸肌酸。当 ATP 浓度较高时，肌酸（C）即通过酶的作用直接接受 ATP 的高能磷酸基团合成磷酸肌酸（creatine phosphate，C~P）而贮存起来。但磷酸肌酸所含的高能磷酸键不能直接利用，当机体消耗 ATP 过多时，磷酸肌酸可将~P 转移给 ADP 生成 ATP，以补充组织细胞 ATP 的消耗，以维持机体的正常生理活动。肌肉中磷酸肌酸的含量比 ATP 高 3~4 倍，足以使 ATP 处于相对稳定的浓度水平。

$$\underset{\text{肌酸}}{\text{HOOC—CH}_2\text{—N}\overset{\text{H}_3\text{C}}{\underset{}{}}\text{—}\overset{\text{NH}}{\underset{}{\text{C}}}\text{—NH}_2} + \text{ATP} \underset{\text{肌酸激酶}}{\rightleftharpoons} \underset{\text{磷酸肌酸}}{\text{HOOC—CH}_2\text{—N}\overset{\text{H}_3\text{C}}{\underset{}{}}\text{—}\overset{\text{NH}}{\underset{}{\text{C}}}\text{—NH} \sim \text{PO}_3\text{H}_2} + \text{ADP}$$

ATP 水解所释放的能量可直接供给各种生命活动，如肌肉收缩、合成代谢、神经传导、细胞膜对各种物质的主动转运、腺体分泌等。可见，ATP 是能源物质与生理功能之间的能量传递者，而磷酸肌酸是 ATP 高能磷酸键的贮存库，在能量的释放和利用之间起着缓冲作用，维持 ATP 浓度的相对稳定。

> **知识链接**
>
> 由于 ATP 是体内直接的供能物质，临床上常把 ATP 作为治疗肌萎缩和肌无力、休克、昏迷、肝炎、神经炎、心肌炎和心脑血管病等疾病的辅助性药物。

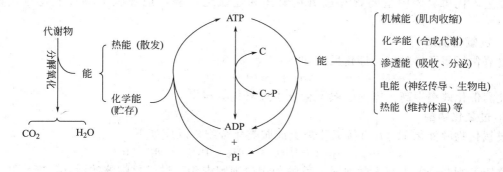

图 5-7　ATP 的生成和利用
Pi—磷酸；C~P—磷酸肌酸；C—肌酸

体内某些合成代谢并不完全由 ATP 直接供能，如糖原、磷脂、蛋白质合成时需要 UTP、CTP、GTP 提供能量，它们通常在二磷酸核苷激酶的催化下，从 ATP 获得~P 而生成。如下述反应：

$$\text{UDP} + \text{ATP} \longrightarrow \text{UTP} + \text{ADP}$$
$$\text{CDP} + \text{ATP} \longrightarrow \text{CTP} + \text{ADP}$$
$$\text{GDP} + \text{ATP} \longrightarrow \text{GTP} + \text{ADP}$$

第三节　其他氧化体系

体内除线粒体氧化体系外，在微粒体、过氧化体等部位还存在其他氧化体系，氧化过程中不伴有磷酸化，不能产生 ATP，但具有特定的生理功能。

一、微粒体氧化体系

1. 加单氧酶

加单氧酶（monooxygenase）催化一个氧原子加到底物分子上（羟化），另一个氧原子被氢（来自 NADPH+H$^+$）还原成水，故又称混合功能氧化羟化酶。反应通式如下：

$$\text{RH} + \text{NADPH} + \text{H}^+ + \text{O}_2 \longrightarrow \text{ROH} + \text{NADP}^+ + \text{H}_2\text{O}$$

上述反应需要细胞色素 P450（CytP450）参与，CytP450 属于 Cytb 类，还原型 CytP450 与 CO 结合后在波长 450nm 处出现最大吸收峰而得名。CytP450 在生物中广泛分布，有几百种同工酶，对被羟化的底物各有其特异性。

微粒体加单氧酶参与肾上腺皮质类固醇的羟化、类固醇激素的合成、维生素 D_3 的羟化等反应，以及某些毒物（如苯胺）、药物（如吗啡等）解毒转化和代谢清除反应。

2. 加双氧酶

此酶催化氧分子中的两个氧原子直接加到底物分子中。如色氨酸在加双氧酶催化下，双键断裂。其催化的反应式如下：

色氨酸 $\xrightarrow{(O_2)}$ 甲酰犬尿酸原

二、过氧化物酶体氧化体系

在过氧化物酶体中主要含有过氧化氢酶和过氧化物酶，是细胞中将过氧化氢代谢的场所。

1. 过氧化氢酶

过氧化氢酶又称触酶，催化反应如下：

$$2H_2O_2 \longrightarrow 2H_2O + O_2$$

此酶催化效率很高，体内一般不会发生过氧化氢积累。

2. 过氧化物酶

过氧化物酶催化 H_2O_2 直接氧化酚类或胺类化合物，反应如下：

$$R + H_2O_2 \longrightarrow RO + H_2O \quad 或 \quad RH_2 + H_2O_2 \longrightarrow R + 2H_2O$$

临床上判断粪便中有无隐血时，就是利用白细胞中含有过氧化物酶的活性，能将联苯胺氧化成蓝色化合物。

3. 谷胱甘肽过氧化物酶

催化还原型谷胱甘肽（GSH）与过氧化氢反应，使过氧化氢分解，生成氧化型谷胱甘肽，再由 NADPH 供氢使氧化型谷胱甘肽重新被还原。从而保护生物膜和血红蛋白免受氧化，维持它们的正常功能。

$$H_2O_2 + 2GSH \longrightarrow GSSG + 2H_2O$$

三、自由基与超氧化物歧化酶

1. 自由基的概念

生物体在代谢过程中产生带有未配对电子的原子或化学基团称自由基。体内常见的自由基主要是超氧阴离子自由基（$O_2^- \cdot$）、羟基自由基（$HO \cdot$）及甲基自由基（$CH_3 \cdot$）。自由基在体内非常活泼，若产生量超过机体的清除能力便会对机体产生毒害。

2. 超氧化物歧化酶

生物体内普遍存在一种超氧化物歧化酶（SOD），它能催化超氧阴离子自由基与质子发生反应生成较易处理的过氧化氢，从而清除自由基，对机体起保护作用。

知识链接

自由基可使磷脂分子中不饱和脂肪酸氧化生成过氧化脂质，损伤生物膜；过氧化脂质与蛋白质结合形成的复合物，积累成棕褐色的色素颗粒，称为脂褐素，与组织老化有关。

临床联系

SOD是人体内的一种最重要的细胞保护酶,既能防辐射损伤,又能有效抵抗过氧化阴离子自由基,从而延缓衰老,调节机体代谢能力,提高人体自身的免疫功能。临床上广泛用于治疗炎症病患者,尤其治疗类风湿关节炎、慢性多发性关节炎、心肌梗死、心血管病、肿瘤患者以及放射性治疗炎症病患者。

此外,许多抗氧化剂如维生素E、谷胱甘肽、抗坏血酸、β-胡萝卜素、不饱和脂肪酸等也都以不同的方式参与对自由基的清除。

复习思考题

一、选择题

A型题

1. 心肌细胞液中的NADH进入线粒体主要通过（　　）。
   A. α-磷酸甘油穿梭　　B. 肉碱穿梭　　C. 苹果酸-天冬氨酸穿梭
   D. 丙氨酸-葡萄糖循环　　E. 柠檬酸-丙酮酸循环

2. 下列物质中称为细胞色素氧化酶的是（　　）。
   A. CytP450　　B. Cytc　　C. Cytb　　D. Cytaa$_3$　　E. Cyta

3. 生物氧化中大多数底物脱氢需要（　　）作辅酶?
   A. FAD　　B. FMN　　C. NAD$^+$　　D. CoQ　　E. Cytc

4. 呼吸链中NADH＋H$^+$的受氢体是（　　）。
   A. FAD　　B. FMN　　C. CoQ　　D. 硫辛酸　　E. Cytb

5. 除了（　　）外,其它物质分子中都含有高能磷酸键。
   A. 磷酸烯醇式丙酮酸　　B. 磷酸肌酸　　C. ADP　　D. 葡萄糖-6-磷酸
   E. 1,3-二磷酸甘油酸

6. 关于ATP的叙述,错误的是（　　）。
   A. ATP是腺嘌呤核苷三磷酸　　B. ATP含2个高能磷酸键
   C. ATP水解为ADP＋Pi　　D. ATP的高能磷酸键可转移给葡萄糖形成G-6-P
   E. 通过ATP酶作用,ADP磷酸化为ATP

7. 在三羧酸循环中,（　　）是通过底物水平磷酸化,形成高能磷酸化合物的
   A. 柠檬酸→α-酮戊二酸　　B. α-酮戊二酸→琥珀酸　　C. 琥珀酸→延胡索酸
   D. 延胡索酸→苹果酸　　E. 苹果酸→草酰乙酸

8. 各种细胞色素在呼吸链中的排列顺序是（　　）。
   A. c-b$_1$-c$_1$-aa$_3$-O$_2$　　B. c-c$_1$-b-aa$_3$-O$_2$　　C. c$_1$-c-b-aa$_3$-O$_2$
   D. b-c$_1$-c-aa$_3$-O$_2$　　E. b-c-c$_1$-aa$_3$-O$_2$

B型题

A. 细胞色素aa$_3$　　B. 细胞色素b560　　C. 细胞色素P450　　D. 细胞色素c$_1$　　E. 细胞色素c

1. 在线粒体中将电子传递给氧的是（　　）。
2. 在微粒体中将电子传递给氧的是（　　）。
3. 参与构成呼吸链复合体Ⅱ的是（　　）。
4. 参与构成呼吸链复合体Ⅳ的是（　　）。
5. 参与构成呼吸链复合体Ⅲ的是（　　）。
6. 与单加氧酶功能有关的是（　　）。

A. 氰化物　　B. 抗霉素A　　C. 寡霉素　　D. 二硝基苯酚　　E. 异戊巴比妥

7. 氧化磷酸化抑制剂是（　　）。
8. 氧化磷酸化解偶联剂是（　　）。
9. 细胞色素C氧化酶抑制剂是（　　）。

X型题

1. 呼吸链中氧化磷酸化的偶联部位有（　　）。
   A. NAD^+→泛醌　　B. 泛醌→细胞色素b　　C. 泛醌→细胞色素c
   D. FAD→泛醌　　E. 细胞色素aa_3→O_2

2. （　　）脱下的氢可进入NADH氧化呼吸链。
   A. 异柠檬酸　　B. α-酮戊二酸　　C. 苹果酸　　D. 琥珀酸　　E. 丙酮酸

3. 下列属于高能化合物的是（　　）。
   A. 乙酰辅酶A　　B. ATP　　C. 磷酸肌酸
   D. 磷酸二羟丙酮　　E. 磷酸烯醇式丙酮酸

二、名词解释

1. 生物氧化　2. 呼吸链　3. 底物水平磷酸化　4. 高能化合物

三、问答题

1. 生物氧化与非生物氧化相比有哪些不同特点？
2. 描述NADH氧化呼吸链和琥珀酸氧化呼吸链的组成、排列顺序及氧化磷酸化的偶联部位。
3. 线粒体外生成的NADH在有氧情况下，如何进入线粒体内彻底氧化？
4. 试述影响氧化磷酸化的诸因素及其作用机制。
5. 甲状腺激素对氧化磷酸化作用有何影响？甲状腺功能亢进的人，为什么耗氧量会增加？
6. 试述体内的能量生成、贮存和利用。

第六章 糖代谢

糖类化合物广泛存在于动植物体内，以植物中含量最多，为85%~95%；人体含糖量约占干重的2%。糖是人体能量的主要来源，也可以给人体生命活动提供碳源。糖原和葡萄糖是人体内的主要糖类。葡萄糖是人体内糖的主要运输形式，而糖原是人体内糖的主要贮存形式。

第一节 常见糖的结构与性质

糖（carbohydrates）即碳水化合物，其化学本质为多羟醛或多羟酮类及其衍生物或多聚物。含有醛基的糖叫作醛糖（如葡萄糖、半乳糖），含有酮基的糖称为酮糖（如果糖、木酮糖）。

$$\begin{array}{cc} \boxed{\text{CHO}} & \text{CH}_2\text{OH} \\ | & | \\ (\text{CHOH})_n & \boxed{\text{C}=\text{O}} \\ | & | \\ \text{CH}_2\text{OH} & (\text{CHOH})_n \\ & | \\ & \text{CH}_2\text{OH} \\ \text{醛糖} & \text{酮糖} \end{array}$$

根据其水解产物的情况，糖主要分为以下四大类：单糖（monosacchride）、寡糖（oligosacchride）、多糖（polysacchride）、结合糖（glycoconjugate）。

一、常见单糖的结构与性质

单糖是指不能再水解的糖，根据其所含碳原子的数目分为丙糖、丁糖、戊糖和己糖。生物界存在的单糖虽然很多，但最重要的是葡萄糖，它是体内糖的主要运输和利用形式。单糖都是无色晶体，味甜，有吸湿性，极易溶于水，难溶于乙醇，不溶于乙醚。大多数单糖有旋光性，其溶液有变旋现象。单糖主要以环状结构形式存在，但在溶液中可与开链结构反应。因此，单糖的化学反应有的以环式结构进行，有的以开链结构进行。

葡萄糖（己醛糖） 　　 果糖（己酮糖） 　　 半乳糖（己醛糖）

二、常见寡糖

寡糖是由 2~10 个分子单糖缩合而成，水解后产生单糖。可将其分为双糖、三糖、四糖等，其中最重要的是双糖。常见的双糖有麦芽糖（由两分子葡萄糖组成）、蔗糖（由一分子葡萄糖和一分子果糖组成）和乳糖（由一分子葡萄糖和一分子半乳糖组成）。

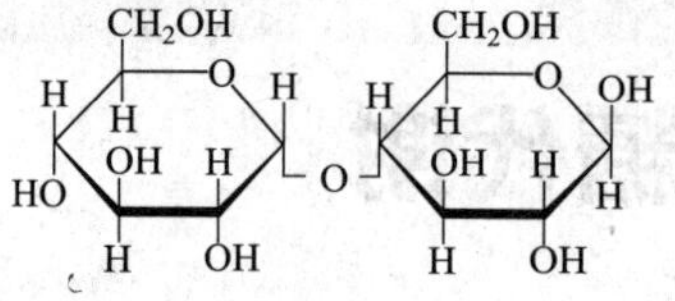

D-麦芽糖(β-型) 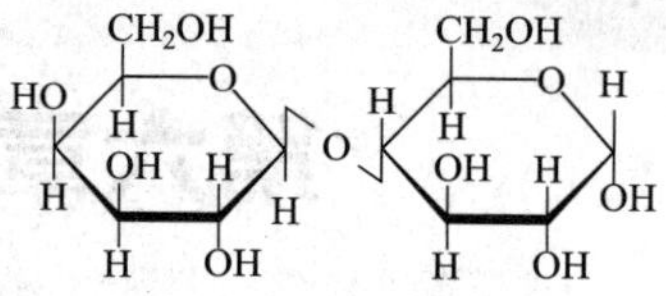　　　　乳糖(α-型)

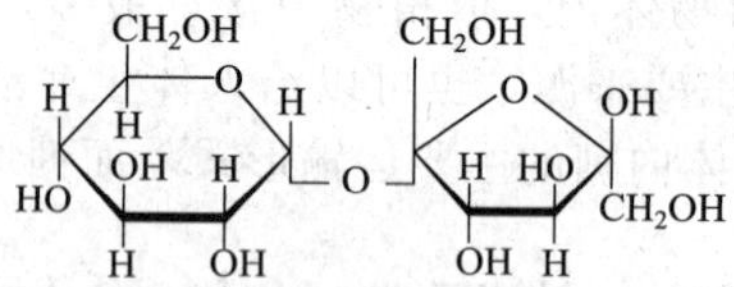

蔗糖

三、常见多糖及性质

多糖是由多个单糖通过糖苷键缩合而成。由相同单糖基组成的多糖称为同多糖，不相同的单糖基组成的多糖称为杂多糖。根据其来源可分为植物多糖、动物多糖。常见的植物多糖有淀粉和纤维素，糖原是动物多糖。

多糖没有还原性和变旋现象，无甜味，大多不溶于水。重要的有淀粉、糖原、纤维素、几丁质、黏多糖等。

1. 淀粉

淀粉存在于植物的根茎或种子中，是贮存多糖。天然淀粉由直链淀粉和支链淀粉组成，在淀粉分子中，葡萄糖单位由 α-1,4-糖苷键联结为直链结构，而分支由 α-1,6-糖苷键联结。这样的结构使淀粉众多的葡萄糖单位中仅有一个末端葡萄糖保留有自由的羰基（C1，叫作还原端），其他末端均为非还原端（C4），所以淀粉不表现还原性。酸或酶可水解淀粉产生葡萄糖，中间产物为长度不同的糊精。

2. 纤维素

纤维素是由 β-葡萄糖以 β-1,4-糖苷键联结组成的植物多糖，是世界上最丰富的有机化合物。纤维素是白色物质，不溶于水，无还原性。纤维素比淀粉难水解，一般需要在浓酸中或用稀酸在加压下进行。在水解过程中可以得到纤维四糖、纤维三糖、纤维二糖，最终产物是 D-葡萄糖。棉花几乎全部是由纤维素所组成（占 98%），亚麻中约含 80%，木材中纤维素平均含量约为 50%，此外，发现某些动物体内也有动物纤维素。

知识链接

人类食物中的糖主要由少量的双糖（乳糖、蔗糖、麦芽糖）和植物淀粉组成。植物中的纤维素也是多糖，但是人体缺乏分解纤维素的酶，因此人体不能利用纤维素。而牛、羊等食草动物有能使纤维素分解为葡萄糖的酶，所以食草动物能利用纤维素作为营养物质。虽然纤维素对人体没有营养价值，但却具有重要的生理作用，它可以促进肠道蠕动，能刺激肠道有利于排便。所以，人体日常膳食中必须有足够的纤维素。蔬菜和水果中含有丰富的纤维素。

3. 糖原

糖原又称动物淀粉。贮存在动物的肝脏与肌肉中。糖原分子中的葡萄糖单位也是由α-1,4-糖苷键联结为直链结构,以α-1,6-糖苷键联结为分支结构,但糖原较易分散在水中,因为糖原较淀粉具有更多的支链结构(如图6-1)。而较多的支链结构中的非还原端不仅提供了更多的反应位点,也使糖原能同时在多位点进行分解和合成代谢,从而适应机体的生理需要。糖原是动物细胞贮存的多糖,其结构很像支链淀粉,只是分支更多,分子更为致密。肝脏中的糖原特别丰富,骨骼肌也含有糖原。

碘液常作为淀粉的定性试剂,直链淀粉遇碘呈蓝色,支链淀粉遇碘呈紫红色,糖原呈红紫色。

其他贮存多糖,有与淀粉、糖原不同的葡聚糖,如酵母和细菌中的不以α(1→4)键相连的葡聚糖;菊芋及多种植物中的果聚糖[含β(2→1)糖苷键]以及植物组织中的甘露聚糖、木聚糖、阿拉伯聚糖等。

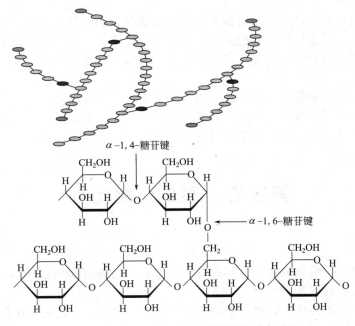

图 6-1　淀粉与糖原分子部分结构示意图

四、常见结合糖

结合糖为糖与非糖物质的结合物。常见的结合糖有糖蛋白、蛋白聚糖、糖脂。糖蛋白:人体三分之一的蛋白为糖蛋白(一些受体、抗原、抗体、凝血因子、酶),以蛋白为主,糖占2%～10%。蛋白聚糖:糖占50%以上,甚至高达98%。糖胺聚糖与核心蛋白共价连接。分布于结缔组织、软骨、角膜等细胞间质。

第二节　糖的消化吸收及生理功能

一、糖的消化吸收

体内的糖主要来源于食物中的淀粉及少量蔗糖、麦芽糖、乳糖等,其中以淀粉为主。食物中淀粉的消化从口腔开始,在唾液α-淀粉酶作用下淀粉被部分水解。但是淀粉的消化主要在小肠进行，在胰腺分泌的α-淀粉酶的催化下淀粉被水解为麦芽糖、异麦芽糖和临界糊精等。这些寡糖和二糖也必须经小肠黏膜细胞中的α-葡萄糖苷酶、α-临界糊精、蔗糖酶和乳糖酶等进一步分解为单糖（主要是葡萄糖）后，在小肠上部经肠黏膜吸收入血，经门静脉入肝，其中一部分在肝进行代谢，一部分以肝静脉入体循环随血液运输至全身各组织细胞。被小肠黏膜吸收入血的单糖主要是葡萄糖。少量果糖和半乳糖被吸收后，在肝脏和肠黏膜上皮细胞内几乎全部转变为葡萄糖，所以体内糖代谢主要是葡萄糖代谢。

二、糖的生理功能

1. 氧化供能

糖的主要生理功能是作为人体的能源物质。人体所需能量的50%～70%来自糖的氧化分解。1mol葡萄糖在体内完全氧化可释放2840kJ的能量，这些能量一部分以热能形式散发，一部分用于完成机体的各种做功。它的聚合物糖原是体内贮存的能源物质。

2. 构造组织细胞

糖是细胞的重要成分，如核糖、脱氧核糖是核酸的组成成分；杂多糖和结合糖类是构造细胞膜、神经组织、结缔组织、细胞间质的主要成分；糖蛋白和糖脂不仅是生物膜的重要组成成分，而且其糖链部分还参与细胞间的识别、黏着以及信息传递等过程。

3. 其他功能

糖可构成一些具有重要生理功能的物质如免疫球蛋白、血型物质、部分激素及大部分凝血因子等。此外，糖分解代谢的中间产物可作为合成其他化合物的原料。如在体内可转变为脂肪而贮存起来；可转变为某些氨基酸以供机体合成蛋白质所需；可转变为葡萄糖醛酸，参与机体的生物转化反应等。

第三节　　糖的分解代谢

一、糖酵解

在缺氧情况下，葡萄糖或糖原分解成乳酸的过程称为糖酵解（glycolysis），此过程与酵母菌使糖生醇发酵的过程基本相似。

糖酵解所需要的各种酶，均存在于细胞液中，所以此反应全过程均在胞液中进行。

（一）糖酵解的反应过程

糖酵解是一个连续进行的酶促化学反应，依其反应特点可分为4个阶段。

1. 1,6-二磷酸果糖的生成

葡萄糖生成1分子1,6-二磷酸果糖，此阶段包括磷酸化、异构化、再磷酸化三个步骤，是消耗能量的过程。葡萄糖（glucose）生成6-磷酸葡萄糖（glucose-6-phosphate，G-6-P），此反应是由己糖激酶或葡萄糖激酶（只存在于肝脏）催化的不可逆反应，ATP提供能量和磷酸基，在Mg^{2+}参与下，生成6-磷酸葡萄糖。这是一个不可逆反应，也是糖酵解第一个关键步骤。6-磷酸葡萄糖再经磷酸己糖异构酶转化为6-磷酸果糖（fructose-6-phosphate，F-6-P），不消耗能量；然后在磷酸果糖激酶催化下，进一步磷酸化生成1,6-二磷酸果糖，磷酸基由ATP提供，也有Mg^{2+}参与，此步也是不可逆的限速步骤，磷酸果糖激酶是糖酵解过程中最重要的限速酶。这一阶段从葡萄糖开始，每生成1分子1,6-二磷酸果糖，消耗2分子ATP；若从糖原开始，则消耗1分子ATP。

2. 磷酸丙糖的生成

1,6-二磷酸果糖在醛缩酶（aldolase）的催化下，发生分子裂解，生成3-磷酸甘油醛和磷酸二羟丙酮。二者互为同分异构体，在磷酸丙糖异构酶（triose phosphate isomerase）作用下可相互转变。因此，由己糖裂解成的2分子丙糖都能循共同途径继续反应。

3. 丙酮酸的生成

3-磷酸甘油醛在 3-磷酸甘油醛脱氢酶（glyceraldehyde-3-phosphate dehydrogenase）的催化下，以 NAD^+ 为受氢体进行脱氢氧化，同时被磷酸化成含有高能磷酸键的1,3-二磷酸甘油酸（1,3-bisphosphoglycerate，1,3-BPG）。后者在磷酸甘油酸激酶（phosphoglycerate kinase）的催化下，将高能磷酸基因转移给 ADP，使之生成 ATP，而其本身转变为3-磷酸甘油酸。此反应是糖酵解途径中第一次通过底物水平磷酸化生成 ATP 的反应。在磷酸甘油酸变位酶的催化下，3-磷酸甘油酸变位生成 2-磷酸甘油酸。再经烯醇化酶（enolase）作用进行脱水反应和分子内部能量重新分布，生成含有高能磷酸键的磷酸烯醇式丙酮酸（phosphoenolpyruvate，PEP）。在丙酮酸激酶（pyruvate kinase，PK）催化下，磷酸烯醇式丙酮酸的高能磷酸基团转移给 ADP 生成 ATP，同时生成烯醇式丙酮酸，并自发转变为丙酮酸，反应需 K^+ 和 Mg^{2+}。此为不可逆反应，是糖酵解途径中第二次以底物水平磷酸化方式生成 ATP 的反应。丙酮酸激酶是糖酵解途径中的又一重要的调节酶。

4. 乳酸的生成

糖酵解的第四个阶段是在乳酸脱氢酶催化下，使丙酮酸加氢还原为乳酸。反应所需要的氢由 3-磷酸甘油醛脱氢反应生成的 $NADH+H^+$ 提供。

糖酵解反应的全过程如图 6-2 所示。

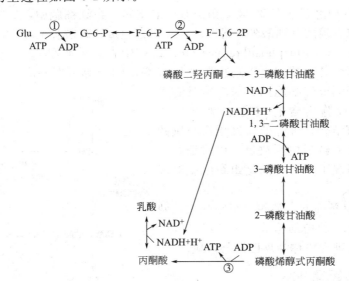

图 6-2　糖酵解反应的全过程
①己糖激酶；②磷酸果糖激酶；③丙酮酸激酶

（二）糖酵解反应特点

① 糖酵解反应在无氧条件下进行，全程在细胞液中，乳酸是必然终产物。

② 糖酵解反应全过程中有三步不可逆的单向反应。即己糖激酶（葡萄糖激酶）、磷酸果糖激酶和丙酮酸激酶催化的反应。而这三种酶是糖酵解途径的关键酶，调节这三个酶的活性，可影响糖酵解的反应速率，其中磷酸果糖激酶是最重要的限速酶。

> **临床联系**
>
> 临床上对心肌梗死病人在改善心肌代谢时，不能选择 10% 的葡萄糖，而是首选 1,6-二

磷酸果糖。原因是 1,6-二磷酸果糖进入体内分解供能时，一方面不需要消耗 ATP 直接产能；另一方面它还是磷酸果糖激酶的变构激活剂，能大大加快糖在体内的分解速度。葡萄糖在体内分解供能时，要先消耗 2 分子 ATP 再产能，加重心肌负担。所以 1,6-二磷酸果糖在改善心肌代谢时优于葡萄糖。

③ 糖酵解是体内葡萄糖分解供能的一条重要途径，但只能发生不完全的氧化分解，反应中释放能量较少。1 分子葡萄糖可净生成 2 分子 ATP。若从糖原开始，则糖原中 1 分子葡萄糖残基净生成 3 分子 ATP。

④ 糖酵解反应过程虽有脱氢氧化反应，但无氧分子参与，所以脱下的氢最终只能还原丙酮酸生成乳酸。

（三）糖酵解的意义

① 糖酵解是机体在缺氧情况下供应能量的重要方式。在生理性缺氧情况下，如剧烈运动时，能量需求增加，肌肉处于相对缺氧状态，必须通过糖酵解提供急需的能量，但同时产生的大量乳酸堆积，刺激神经末梢，肌肉有酸痛的感觉。在病理性缺氧情况下，如呼吸、循环机能障碍、严重贫血、大量失血等造成机体缺氧时，也通过糖酵解的加强来满足能量需求，但乳酸产生过多可引起代谢性酸中毒，这是此类疾病重要的致死原因之一。

② 糖酵解是成熟红细胞供能的主要方式。成熟红细胞没有线粒体，不能进行有氧氧化，而是以糖酵解作为能量的基本来源。人体红细胞每天利用葡萄糖约 25g，其中 90%～95% 的能量来自糖酵解。

③ 红细胞中的糖酵解存在 2,3-二磷酸甘油酸支路。在红细胞中，1,3-二磷酸甘油酸除可直接脱磷酸生成 3-磷酸甘油酸外，另一代谢去向是通过二磷酸甘油酸变位酶的催化，生成 2,3-二磷酸甘油酸（2,3-bisphosphoglycerate，2,3-BPG），进而在 2,3-二磷酸甘油酸磷酸酶催化下生成 3-磷酸甘油酸。此代谢通路称为 2,3-BPG 支路（图 6-3）。

2,3-BPG 对于调节红细胞的带氧功能具有重要生理意义。红细胞内含有较高浓度的 2,3-BPG，与血红蛋白结合，可降低血红蛋白与氧的亲和力，促进氧合血红蛋白释放氧，以保证在血氧饱和度较低的情况下，仍可满足组织细胞对氧的需要。

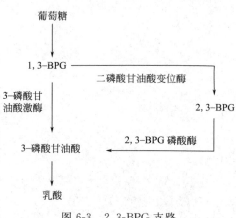

图 6-3 2,3-BPG 支路

④ 即使在有氧条件下，某些组织细胞如视网膜、睾丸、白细胞、肿瘤细胞等，也常以糖酵解获得部分能量。此种现象称为反巴斯德效应。

二、糖的有氧氧化

葡萄糖或糖原在有氧条件下彻底氧化分解生成水和二氧化碳并释放大量能量的过程，称为糖的有氧氧化（aerobic oxidation）。这是葡萄糖在体内分解的主要途径。

（一）有氧氧化的反应过程

糖的有氧氧化分三个阶段进行。

1. 葡萄糖或糖原生成丙酮酸

与糖酵解过程是一样的，所不同的是氧充足，葡萄糖循酵解途径生成丙酮酸后不再还原为乳酸，而是继续氧化分解。在有氧条件下，胞浆中生成的丙酮酸进入线粒体，在丙酮酸脱氢酶系催化下进行氧化脱羧，生成含有高能硫酯键的乙酰辅酶 A。此反应为不可逆反应，总反应如下：

$$\underset{\text{丙酮酸}}{\begin{array}{c}\text{COOH}\\|\\\text{C}=\text{O}\\|\\\text{CH}_3\end{array}} + \underset{\text{辅酶A}}{\text{CoASH}} \xrightarrow[\text{NAD}^+ \quad \text{NADH+H}^+]{\text{丙酮酸脱氢酶系}} \underset{\text{乙酰辅酶A}}{\begin{array}{c}\text{CH}_3\\|\\\text{CO}\sim\text{SCoA}\end{array}} + CO_2$$

丙酮酸脱氢酶系是一个多酶复合体系,由三种酶蛋白和五种辅酶(辅基)组成(表6-1)。

表 6-1 丙酮酸脱氢酶系的组成

酶	所含维生素	辅酶(辅基)
丙酮酸脱羧酶(E_1)	维生素 B_1	TPP
二氢硫辛酸乙酰转移酶(E_2)	硫辛酸、泛酸	二氢硫辛酸、辅酶 A
二氢硫辛酸脱氢酶(E_3)	维生素 B_2、维生素 PP	FAD、NAD^+

如果组成这些辅酶的相应维生素缺乏,将会影响丙酮酸氧化脱羧,进而影响糖的分解代谢,造成体内能量生成障碍;丙酮酸及乳酸堆积则可发生末梢神经炎,如维生素 B_1 缺乏可引起脚气病。

2. 乙酰辅酶 A 彻底氧化分解(三羧酸循环)

三羧酸循环(tricarboxylic acid cycle,TCA 循环)指从乙酰辅酶 A 与草酰乙酸缩合生成柠檬酸开始,经历 4 次脱氢及 2 次脱羧等一系列反应,最后以生成草酰乙酸结束而构成的循环,也称为柠檬酸循环(cirtic acid cycle)。为纪念 Hans Krebs 在阐明三羧酸循环方面所做的贡献,这一循环反应又被称为 Krebs 循环,反应过程如下。

① 乙酰辅酶 A 在柠檬酸合酶催化下与草酰乙酸缩合为柠檬酸,此反应不可逆,反应所需的能量来源于乙酰辅酶 A 中高能硫酯键的水解。

② 在顺乌头酸酶的催化下,柠檬酸异构化形成异柠檬酸。

③ 在异柠檬酸脱氢酶(isocitrate dehydrogenase)催化下异柠檬酸氧化脱羧生成 α-酮戊二酸,此反应是三羧酸循环中的第一次氧化脱羧反应,生成 1 分子 CO_2,反应脱下的氢由 NAD^+ 接受,反应不可逆。

④ 在 α-酮戊二酸脱氢酶系催化下,α-酮戊二酸氧化脱羧生成含有高能硫酯键的琥珀酰辅酶 A(succinyl,CoA)。这是三羧酸循环中的第二次氧化脱羧反应,反应不可逆。α-酮戊二酸脱氢酶系的催化机制与丙酮酸脱氢酶系相似,它由 α-酮戊二酸脱氢酶、二氢硫辛酸琥珀酰转移酶、二氢硫辛酸脱氢酶三种酶组合而成,也包含 TPP、NAD^+、FAD、硫辛酸、辅酶 A 等辅助因子,这是三羧酸循环中第二次脱氢。

⑤ 在琥珀酰辅酶 A 合成酶的催化下琥珀酰辅酶 A 的高能硫酯键水解,释放能量,转移给 GDP,使之磷酸化生成 GTP,其本身生成琥珀酸。生成的 GTP 可直接利用,也可将其高能磷酸基团转移给 ADP 生成 ATP。这是三羧酸循环中唯一的一次底物水平磷酸化反应。

⑥ 在琥珀酸脱氢酶(succinate dehydrogenase)的催化下琥珀酸脱氢生成延胡索酸,脱下的氢由 FAD 传递,此酶是 TCA 循环中唯一与线粒体内膜结合的酶,这是三羧酸循环中第三次脱氢。

⑦ 延胡索酸在延胡索酸酶(fumarate hydratase)催化下,加 H_2O 生成苹果酸。

⑧ 在苹果酸脱氢酶(malate dehydrogenase)催化下苹果酸脱氢生成草酰乙酸,脱下的氢由 NAD^+ 传递,这是三羧酸循环中第四次脱氢。生成的草酰乙酸可再次携带乙酰基进入三羧酸循环。

知识链接

体内许多生物物质的合成和分解，取决于柠檬酸循环中的分子及产生的能量。柠檬酸循环是 Krebs 在 1937 年提出来的。在前人经验的基础上 Krebs 总结了柠檬酸循环。Krebs 伟大之处不仅仅是发现了几个化学物质的变化，而且将每个变化整理出来，找出了可以解释动态生命现象的结构。为此，Krebs 在 1953 年获得了诺贝尔奖。

三羧酸循环归纳总结如图 6-4。

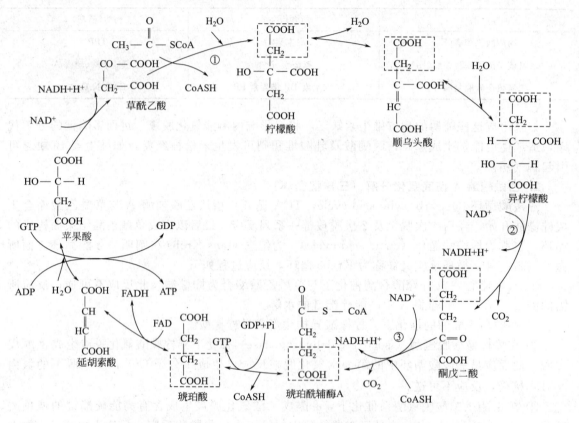

图 6-4　三羧酸循环反应全过程
①柠檬酸合酶；②异柠檬酸脱氢酶；③α-酮戊二酸脱氢酶系

（二）三羧酸循环的特点

1. 三羧酸循环是必须在有氧条件下进行的连续的酶促反应过程

当氧供给充足时，丙酮酸氧化脱羧生成乙酰辅酶 A，进入三羧酸循环彻底氧化，故糖的氧化分解以有氧氧化为主，而无氧氧化被抑制。这种有氧氧化抑制糖酵解的现象被称为巴斯德效应（Pastuer effect）。细胞定位在线粒体内。

2. 三羧酸循环是机体主要的产能途径

一次三羧酸循环有 4 次脱氢反应，共生成 3 分子 $NADH+H^+$ 和 1 分子 $FADH_2$。在氢与氧反应生成水的过程中释放能量，使 ADP 磷酸化生成 ATP。以此种方式共可生成 9 分子 ATP，加上一次底物水平磷酸化生成的一分子 ATP，所以每一次三羧酸循环共生成 10 分子 ATP。

3. 三羧酸循环是单向反应体系

其限速酶是柠檬酸合酶、异柠檬酸脱氢酶、α-酮戊二酸脱氢酶系，这三个酶所催化的反应是单向的不可逆反应,所以三羧酸循环是不可逆的。

4. 循环的中间产物必须不断补充

理论上看三羧酸循环只消耗一分子的乙酰辅酶 A,其中间产物可以循环使用,然而体内各代谢途径之间是彼此联系、相互交汇与相互转化的。如草酰乙酸可转变为天冬氨酸而参与蛋白质代谢,琥珀酰辅酶 A 可用于血红素的合成,α-酮戊二酸可转变为谷氨酸等,所以三羧酸循环的中间产物需要不断补充。

草酰乙酸是三羧酸循环的重要启动物质,可由丙酮酸羧化酶催化丙酮酸生成,也可通过苹果酸脱氢生成,但都来自葡萄糖。

(三) 糖有氧氧化的意义

1. 三羧酸循环是体内营养物质彻底氧化分解的共同通路

乙酰辅酶 A 是糖、脂肪、蛋白质三大营养物质氧化分解的共同产物。其进入三羧酸循环彻底氧化分解为 CO_2 和 H_2O,并释放大量能量以满足机体需要。所以,三羧酸循环是三大营养物质彻底氧化分解的共同途径。

2. 三羧酸循环是体内物质代谢的枢纽

三羧酸循环反应不仅是三大营养物质分解代谢的最终途径,也是三大物质相互转变的枢纽。如生糖氨基酸要先转变为三羧酸循环的中间产物——α-酮戊二酸、草酰乙酸后,再经苹果酸异生为糖或甘油;糖和脂肪代谢生成的 α-酮戊二酸、草酰乙酸等三羧酸循环的中间产物也可转变为氨基酸;脂肪酸、胆固醇、氨基酸等的合成也需三羧酸循环协助提供前体物质。

3. 糖的有氧氧化是机体获得能量的主要方式

一分子葡萄糖经有氧氧化可生成 30 分子或 32 分子 ATP (表 6-2)。

表 6-2 葡萄糖有氧氧化时 ATP 的生成与消耗

反应步骤	生成 ATP 方式	ATP 数量
葡萄糖⟶6-磷酸葡萄糖		−1
6-磷酸果糖⟶1,6-二磷酸果糖		−1
3-磷酸甘油醛⟶1,3-二磷酸甘油酸	NADH(FADH)呼吸链氧化磷酸化	2.5(1.5)×2①
1,3-二磷酸甘油酸⟶3-磷酸甘油酸	底物水平磷酸化	1×2②
磷酸烯醇式丙酮酸⟶烯醇式丙酮酸	底物水平磷酸化	1×2
丙酮酸⟶乙酰辅酶 A	NADH 呼吸链氧化磷酸化	2.5×2
异柠檬酸⟶α-酮戊二酸	NADH 呼吸链氧化磷酸化	2.5×2
α-酮戊二酸⟶琥珀酰辅酶 A	NADH 呼吸链氧化磷酸化	2.5×2
琥珀酰辅酶 A⟶琥珀酸	底物水平磷酸化	1×2
琥珀酸⟶延胡索酸	FADH 呼吸链氧化磷酸化	1.5×2
苹果酸⟶草酰乙酸	NADH 呼吸链氧化磷酸化	2.5×2
合计		30 或 32

① 根据 $NADH+H^+$ 进入线粒体的方式不同,如 α-磷酸甘油穿梭经电子传递链只产生 1.5×2 ATP。
② 1 分子葡萄糖生成 2 分子 3-磷酸甘油醛,故×2。

三、磷酸戊糖途径

磷酸戊糖途径 (pentose phosphate pathway) 是糖在体内分解代谢的另一条重要途径,此代谢途径由 6-磷酸葡萄糖开始,主要为机体提供具有重要功能的 5-磷酸核糖和 NADPH

等中间产物,而不产生 ATP。此反应途径主要发生在肝、脂肪组织、哺乳期的乳腺、肾上腺皮质、性腺、骨髓和红细胞等。

(一)磷酸戊糖途径反应过程

1. 磷酸戊糖生成

6-磷酸葡萄糖首先在 6-磷酸葡萄糖脱氢酶的催化下脱氢生成为 6-磷酸葡萄糖酸,并生成 NADPH,需要 Mg^{2+} 参与,此酶是整个磷酸戊糖途径的限速酶。6-磷酸葡萄糖酸在 6-磷酸葡萄糖酸脱氢酶的催化下再次脱氢、脱羧,生成 5-磷酸核酮糖,同时生成 NADPH 和 CO_2;5-磷酸核酮糖经异构化反应生成 5-磷酸核糖。

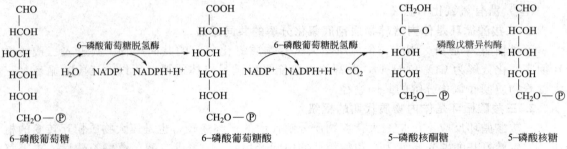

2. 基团移换反应

此阶段是在异构酶、转酮基酶、转醛基酶等一系列酶的作用下,各单糖之间进行的基团移换反应,最终生成 6-磷酸果糖和 3-磷酸甘油醛,进入糖酵解途径进行代谢。

磷酸戊糖途径总图见图 6-5。

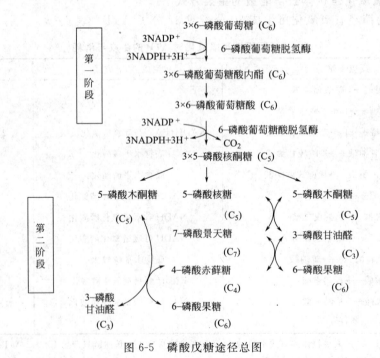

图 6-5 磷酸戊糖途径总图

(二)磷酸戊糖途径的意义

1. 5-磷酸核糖(R-5-P)的作用

磷酸戊糖途径是葡萄糖在体内生成 5-磷酸核糖的唯一途径。5-磷酸核糖是合成核苷酸及其衍生物的重要原料。

2. NADPH 的作用

① NADPH 是脂肪酸、胆固醇和类固醇激素等化合物合成的供氢体，所以在损伤后修复再生的组织、脂肪组织、泌乳期的乳腺和更新旺盛的组织，如肾上腺皮质、梗死后的心肌及部分切除后的肝等，此代谢途径都比较活跃。

② NADPH 是谷胱甘肽还原酶的辅酶，对维持细胞中还原型谷胱甘肽（GSH）的正常含量起着重要作用（图 6-6）。还原型谷胱甘肽是体内重要的抗氧化剂，可以保护一些含巯基的蛋白质或酶免受氧化剂尤其是过氧化物的氧化而丧失正常结构与功能，红细胞膜中还原型谷胱甘肽更具有重要作用，它可以保护红细胞膜蛋白完整性。

遗传性 6-磷酸葡萄糖脱氢酶缺陷的患者，磷酸戊糖途径不能正常进行，导致 NADPH 缺乏，不能有效维持 GSH 的还原状态，如进食蚕豆或服用氯喹、磺胺类药等药物后易发生急性溶血，造成溶血性黄疸。

③ NADPH 作为供氧体，是加单氧酶体系的组成成分，参与激素、药物、毒物的生物转化过程。

> **临床联系**
>
> 红细胞中先天缺乏 6-磷酸葡萄糖脱氢酶是世界上最常见的酶缺乏疾病之一。特别是在地中海地区的居民和黑人中最多。在美国有 10% 男性黑人的红细胞中是家族性地缺乏此酶，使磷酸戊糖途径停止，阻碍了 NADPH 的生成，而红细胞需要 NADPH 维持谷胱甘肽保持在还原状态，以保护红细胞不受氧化剂氧化。当 6-磷酸葡萄糖脱氢酶缺陷时，机体不能提供足够的 NADPH 以维持还原型谷胱甘肽（GSH），使红细胞膜被氧化，产生溶血反应。临床表现有恶寒、微热、头昏、食欲缺乏，腹痛。继之出现黄疸、肝脾大、贫血、血红蛋白尿等，严重者可见昏迷、惊厥和急性肾衰竭，若抢救不及时常于 1~2 日内死亡。某些 6-磷酸葡萄糖脱氢酶缺乏的患者，在服用了氧化性的药物如抗疟化合物伯胺喹或吃了蚕豆后会发生溶血性贫血。所以此病又称"蚕豆病"。

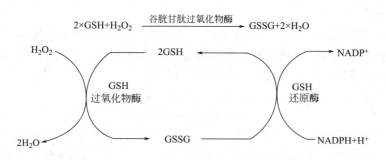

图 6-6 谷胱甘肽的还原及其抗氧化作用

第四节 糖的合成与分解

糖原（glycogen）是由许多葡萄糖分子聚合而成的具有多分支结构的大分子多糖，是动物体内糖的贮存形式。机体摄入的糖类只有一小部分以糖原形式贮存，以备机体急需葡萄糖时可以迅速被动用，而大部分糖类则转变成脂肪贮存在脂肪组织中。肝和肌肉是贮存糖原的主要场所。肝组织中的糖原称为肝糖原，占肝重 5%~7%，总量为 70~100g。肌肉组织中的糖原称为肌糖原，占肌肉总量的 1%~2%，总量为 250~400g。

一、糖原合成

由单糖（主要是葡萄糖）合成糖原的过程称为糖原合成（glycogenesis）。糖原合成反应在胞液中进行，消耗 ATP 和 UTP。

（一）反应过程

1. 葡萄糖（glucose）生成 6-磷酸葡萄糖（glucose-6-phosphate，G-6-P）

此反应是由己糖激酶（葡萄糖激酶）催化的，由 ATP 提供能量，为不可逆反应。

$$\text{葡萄糖} \xrightarrow[\text{ATP} \quad \text{ADP}]{\text{己糖激酶（葡萄糖激酶）} \atop Mg^{2+}} \text{6-磷酸葡萄糖}$$

2. 6-磷酸葡萄糖转变为 1-磷酸葡萄糖（glucose-1-phosphate，G-1-P）

此反应是磷酸葡萄糖变位酶催化的可逆反应。

$$\text{6-磷酸葡萄糖} \xrightleftharpoons{\text{磷酸葡萄糖变位酶}} \text{1-磷酸葡萄糖}$$

3. UDPG 的生成

在尿苷二磷酸葡萄糖焦磷酸化酶作用下，1-磷酸葡萄糖与 UTP 作用，生成尿苷二磷酸葡萄糖（uridine diphosphate glucose，UDPG），并释放焦磷酸。UDPG 被称为"活性葡萄糖"，是体内合成糖原时葡萄糖供体。

$$\text{1-磷酸葡萄糖} + \text{UTP} \xrightarrow{\text{UDPG 焦磷酸化酶}} \text{UDPG}$$

4. 糖原合成

UDPG 是葡萄糖的活化形式，其葡萄糖残基在糖原合酶作用下，转移到细胞内原有的小的糖原引物上，通过 α-1,4-糖苷键连接到糖原引物分子的非还原末端（nonreducing end）。每进行一次反应，糖原引物上即增加一个葡萄糖残基。

$$\text{UDPG} + \text{糖原}(G_n*) \xrightarrow{\text{糖原合酶}} \text{糖原}(G_n+1)$$

*糖原引物中葡萄糖残基数

糖原合酶只能延长糖链，不能形成分支。当链长增至 12~18 个葡萄糖单位时，分支酶就将链长 6~7 个葡萄糖单位的糖链转移到邻近的糖链上，以 α-1,6-糖苷键连接，从而形成糖原的分支（图 6-7）。

（二）糖原合成反应的特点

1. 引物

糖原合成反应不能从头开始将 2 个葡萄糖分子相互连接，而是需要一个至少含 4 个葡萄糖残基的 α-1,4-葡聚糖作为引物（primer），在此基础上使糖原分子逐渐延长。

2. 限速酶

糖原合酶是糖原合成的限速酶，受胰岛素的激活。因此，当餐后血糖浓度增高时，胰岛素分泌增多，糖原合成过程加强。

3. 糖原合成是耗能的过程

在糖原引物上每增加 1 个葡萄糖单位，需要消耗 2 个高能磷酸键。

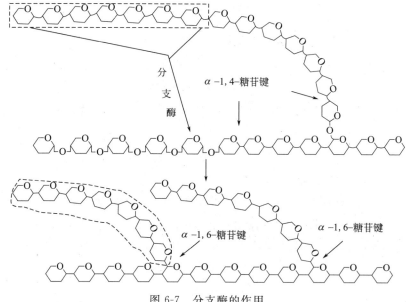

图 6-7 分支酶的作用

二、糖原分解

肝糖原分解为葡萄糖补充血糖的过程，称为糖原分解（glycogenlysis）。

（一）糖原分解过程

1. 糖原分解为 1-磷酸葡萄糖

在糖原磷酸化酶（glycogen phosphorylase）催化下从糖原分子的非还原端开始，α-1,4-糖苷键断裂，逐个分解下葡萄糖单位，并且磷酸化生成 1-磷酸葡萄糖。

2. 1-磷酸葡萄糖异构为 6-磷酸葡萄糖

1-磷酸葡萄糖在磷酸葡萄糖变位酶催化下转变生成 6-磷酸葡萄糖。

3. 6-磷酸葡萄糖在葡萄糖-6-磷酸酶（glucose-6-phosphatase）作用下转变为葡萄糖

葡萄糖-6-磷酸酶只存在于肝、肾中，而不存在于肌肉组织中，因此肝糖原可以直接补充血糖；而肌糖原不能直接分解为葡萄糖，只能进行糖酵解或有氧氧化。

（二）糖原分解的特点

1. 限速酶

糖原分解的限速酶是糖原磷酸化酶。

2. 葡萄糖-6-磷酸酶只存在于肝脏和肾脏中

肌肉组织中缺乏此酶，所以肌糖原不能直接分解为葡萄糖以补充血糖，而是进行糖酵解生成乳酸。

3. 脱支酶的作用

糖原磷酸化酶只催化糖原 α-1,4-糖苷键的断裂，即只能脱下糖原直链部分的葡萄糖残基，当糖原磷酸化酶沿糖链水解葡萄糖至距 α-1,6-糖苷键（分支点）4 个葡萄糖单位时就不再起作用。这时糖原的继续分解就需要有脱支酶（debranching enzyme）。脱支酶有两种酶的作用，第一种功能是糖原上 4 葡聚糖分支链上的 3 葡聚糖基转移到邻近的糖链末端上，以 α-1,4-糖苷键使其直链延长了 3 个葡萄糖单位。第二个功能是有 α-1,6-葡萄糖苷酶活性，将分支点剩下的一个葡萄糖单位水解，生成游离葡萄糖。如图 6-8 所示。

糖原合成与分解的过程见图 6-9。

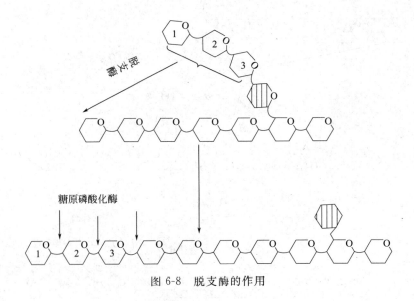

图 6-8 脱支酶的作用

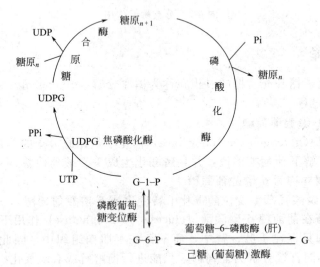

图 6-9 糖原合成与分解

第五节 糖 异 生

由非糖物质转变为葡萄糖或糖原的过程称为糖异生作用（gluconeogenesis）。能转变为糖的非糖物质主要是乳酸、丙酮酸、甘油和生糖氨基酸等。在生理情况下，糖异生主要是在肝中进行，肾的糖异生能力为肝的 1/10，但在长期饥饿时肾也成为糖异生的重要器官。

一、糖异生的途径

糖异生途径基本上是糖酵解的逆过程，但在糖酵解途径中由己糖激酶（葡萄糖激酶）、磷酸果糖激酶及丙酮酸激酶所催化的三个反应是不可逆的，都有相当大的能量变化，称为"能障"。所以糖异生过程必须通过另外不同的一组酶来催化，这些酶即为糖异生的限速酶。现以丙酮酸为例来说明糖异生的途径。

1. 丙酮酸羧化支路

丙酮酸不能直接逆转为磷酸烯醇式丙酮酸，但丙酮酸可以在丙酮酸羧化酶催化下生成草酰乙酸，然后在磷酸烯醇式丙酮酸羧激酶催化下脱羧基并从 GTP 获得磷酸生成磷酸烯醇式丙酮酸，此过程称为丙酮酸羧化支路，是一个消耗能量的循环过程（图 6-10）。

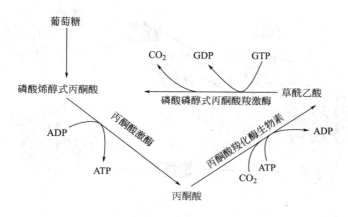

图 6-10 丙酮酸羧化支路

2. 1,6-二磷酸果糖转变为 6-磷酸果糖

在果糖-1,6-二磷酸酶催化下，1,6-二磷酸果糖水解，生成 6-磷酸果糖，完成糖酵解中磷酸果糖激酶催化反应的逆过程。

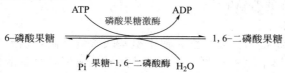

3. 6-磷酸葡萄糖转变为葡萄糖

在葡萄糖-6-磷酸酶催化下 6-磷酸葡萄糖水解生成葡萄糖，完成己糖激酶（葡萄糖激酶）催化反应的逆过程。

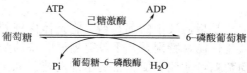

二、糖异生的意义

1. 维持血糖浓度相对恒定

糖异生最主要的意义是在体内糖来源不足的情况下，利用非糖物质转变为糖以维持血糖浓度。在禁食情况下，仅靠肝糖原分解维持血糖浓度，不到 12h 即被全部耗净。此后机体主要靠糖异生途径来维持血糖浓度。这对于保证脑细胞的葡萄糖供应十分必要。

2. 有利于乳酸的再利用

这一功能在某些生理和病理情况下有重要意义。例如在剧烈运动或某些原因导致缺氧时，肌糖原酵解产生大量乳酸，大部分可经血液运输到肝，通过糖异生作用合成肝糖原或葡萄糖，释放入血以补充血糖。葡萄糖可再被肌肉利用，这样就构成了乳酸循环（图 6-11），这一循环将不能直接分解为葡萄糖的肌糖原间接变成血糖，有利于乳酸的再利用。同时也利于糖原更新及补充肌肉消耗的糖原，有助于防止乳酸酸中毒的发生。

临床联系

降糖灵（苯乙双胍）是一种口服的降血糖药，临床上通常给高血糖的患者服用降糖灵（苯乙双胍）来降低患者的血糖，降糖灵降血糖的机制是它可促进无氧酵解，增加乳酸的产量，从而降低血糖。

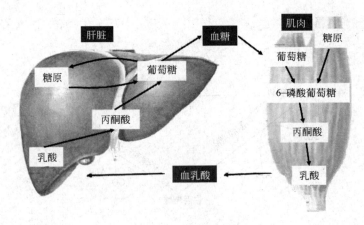

图 6-11 乳酸循环

3. 补充肝糖原

糖异生原是补充或恢复糖原贮备的重要途径。近年来发现，肝糖原摄取葡萄糖的能力低，而增加糖异生原料如酸、丙酮酸、甘油、谷氨酸等，则肝糖原迅速增加，即使在进食 2~3h 内，肝仍保持较高的糖异生活性。

4. 协助氨基酸代谢

禁食后期，由于组织蛋白分解增强，血中氨基酸含量升高，糖异生作用十分活跃，是饥饿时维持血糖的主要糖异生原料来源，因而氨基酸异生成糖是氨基酸代谢的重要途径。实验证明，进食蛋白质后，肝糖原的含量增加。

第六节 血 糖

血糖（blood sugar）主要是指血液中的葡萄糖。它是体内糖的运输形式。全身各组织都需要从血液中获取葡萄糖氧化供能，特别是几乎没有糖原贮备的脑组织和成熟红细胞等，必须随时可以从血液中摄取葡萄糖，才能完成正常的生理功能。如果血糖低于正常值的 1/3~1/2 时，即可引起脑组织机能障碍，甚至导致死亡。

正常情况下，血糖含量相对恒定，仅在较小的范围内波动，正常成人空腹静脉血糖含量为 3.89~6.11mmol/L。

一、血糖的来源和去路

1. 血糖的来源

① 食物中糖类经消化吸收入血的葡萄糖是血糖最主要的来源。

② 在空腹时，肝糖原分解生成葡萄糖释放入血，补充血糖浓度。肝糖原分解是空腹时血糖的重要来源。

③ 长期饥饿时，体内大量非糖物质通过糖异生转变为糖，来维持血糖的正常水平。

2. 血糖的去路

① 血液中的葡萄糖流经全身各组织时，即可被组织细胞摄取利用氧化分解，供应能量。

这是血糖最主要的去路。

② 葡萄糖可转变成糖原，贮存在肝脏和肌肉组织中。

③ 血糖可转变为脂肪及某些非必需氨基酸，还可转变为其他糖类及其衍生物，如核糖、氨基糖、葡萄糖醛酸等，以作为一些重要物质合成的原料。

④ 葡萄糖也可以转变成脂肪及某些氨基酸等非糖物质。

⑤ 当血糖浓度高于 8.89～10.0mmol/L 时，超过肾糖阈时，则糖从尿液中排出，出现糖尿现象。尿排糖是血糖的非正常去路。

血糖来源与去路见图 6-12。

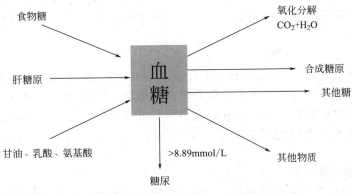

图 6-12 血糖来源与去路

二、血糖的调节

血糖浓度的相对恒定，是机体对血糖的来源和去路进行精细调节，使之维持动态平衡的结果。这种平衡的维持需要神经、激素及组织器官对糖代谢的调节作用。

1. 肝对血糖的调节

肝脏是稳定血糖浓度最重要的调节器官。一方面，当餐后血糖浓度增高时，肝糖原合成增加，避免进食后葡萄糖过量涌入体循环，从而使血糖水平不致过度升高。另一方面，空腹时肝糖原分解加强，用以补充血糖浓度；饥饿或禁食情况下，肝的糖异生作用加强，以有效地维持血糖浓度。

2. 激素对血糖的调节

调节血糖的激素有两类，一类是降低血糖的激素，如胰岛素；另一类是升高血糖的激素，如肾上腺素、胰高血糖素、肾上腺糖皮质激素和生长素等。这两类不同作用的激素相互协调，共同调节血糖的正常水平（表6-3）。

表 6-3 激素对血糖水平的调节

降低血糖的激素		升高血糖的激素	
胰岛素	1. 促进葡萄糖进入肌肉、脂肪等组织细胞 2. 加速葡萄糖在肝、肌肉组织 合成糖原 3. 促进糖的有氧氧化 4. 促进糖转变为脂肪 5. 抑制糖异生 6. 抑制肝糖原分解	肾上腺素	1. 促进肝糖原分解 2. 促进肌糖原酵解 3. 促进糖异生
		胰高血糖素	1. 抑制肝糖原合成 2. 促进糖异生
		肾上腺糖皮质激素	1. 促进糖异生 2. 促进肝外组织蛋白分解生成氨基酸

3. 神经对血糖的调节

中枢神经通过植物性神经系统对激素分泌的控制来调节血糖浓度。当迷走神经兴奋时，胰岛素分泌增加，使血糖浓度降低；当交感神经兴奋时，肾上腺素、去甲肾上腺素分泌增加，使血糖浓度升高，同时又抑制胰岛 β-细胞分泌胰岛素，减少葡萄糖的利用，使血糖浓度升高。

三、血糖水平异常

多种因素可以影响糖代谢，如神经系统、内分泌系统、酶系统及某些组织器官的功能紊乱，均可引起糖代谢障碍导致血糖浓度异常。临床上血糖水平改变主要有两种类型，即低血糖与高血糖。

（一）低血糖

空腹血糖浓度低于 3.33~3.89mmol/L 称为低血糖。脑细胞首先对低血糖出现反应，因为脑细胞中几乎不贮存糖原，又由于血脑屏障的限制，脑细胞难以利用脂肪酸，其所需能量主要靠摄取血中的葡萄糖进行氧化分解来供给。低血糖时，患者常表现出头晕、心悸、出冷汗、手颤、倦怠无力和饥饿感等症状，严重时出现昏迷，发生低血糖昏迷，甚至导致死亡。

低血糖的常见原因如下。

① 胰岛 β-细胞增生（如胰岛肿瘤），胰岛素分泌过多或治疗时使用胰岛素过多，引起低血糖。

② 垂体机能或肾上腺机能低下时糖皮质激素和生长素分泌不足，使对抗胰岛素的激素分泌减少，也会引起低血糖。

③ 严重肝疾患（如肝癌），肝功能普遍低下，使肝不能及时有效地调节血糖浓度，故易产生低血糖。

④ 饥饿或不能进食时，剧烈运动及高热等也能造成低血糖。

⑤ 空腹饮酒，由于乙醇在肝内氧化而使 NAD^+ 过多地转变为 $NADH+H^+$，进而过多地将丙酮酸还原成乳酸，不仅造成乳酸浓度升高，而且抑制其糖异生作用，减少了血糖来源，引起低血糖。

（二）高血糖与糖尿病

空腹血糖水平高于 7.22~7.78mmol/L 称为高血糖。如果血糖值高于肾糖阈值（8.89mmol/L）时，超过了肾小管对糖的最大重吸收能力，则尿中就会出现糖，此现象称为糖尿。高血糖及糖尿分为生理性和病理性 2 种。

1. 生理性高血糖和糖尿

由于糖的来源增加可引起生理性高血糖。如一次性进食或静脉输入大量葡萄糖（每小时每千克体重超过 22~28mmol/L）时，血糖浓度急剧增高，可引起饮食性高血糖；情绪激动，肾上腺素分泌增加，肝糖原分解为葡萄糖释放入血，使血糖浓度增高，可出现情感性高血糖。生理性高血糖和糖尿都是一时性的。

2. 病理性高血糖和糖尿

临床上常见的高血糖是糖尿病。由于胰岛素分泌障碍所引起的高血糖和糖尿，称为糖尿病。

糖尿病时，因缺乏胰岛素，血糖不易进入组织细胞；糖原合成减少，分解增强；组织细胞氧化利用葡萄糖的能力减弱；糖异生作用增强，肝糖原分解加强，因而出现高血糖。由于糖氧化发生障碍，能量供应不足，故患者感到饥饿而多食，多食进一步升高血糖浓度；血糖浓度升高超过肾糖阈即出现糖尿；排出大量糖就会带出大量水分，故引起多尿；多尿即失水过多，血液浓缩引起口渴，因而多饮；由于糖氧化供能发生障碍，就必须动用体内脂肪和蛋白质氧化供能，因消耗脂肪和蛋白质过多，就会引起体重减轻。出现持续性高血糖和糖尿，表现出多食、多饮、多尿、体重减少的"三多一少"症状。严重糖尿病病人还可发生酮症和酸中毒。

临床联系

糖尿病分为胰岛素依赖型（Ⅰ型）、非胰岛素依赖型（Ⅱ型）和妊娠期糖尿病。主要特点是血糖过高、糖尿多尿、多饮、多食、消瘦、疲乏。糖尿病是一个复杂的代谢紊乱性疾病。基本发病机制是胰岛素绝对或相对不足。发病原因不清楚。Ⅰ型糖尿病常见于青少年，占糖尿病发病的10%以上，胰岛素绝对缺乏，三多一少症状明显，发生酮症和酸中毒的概率高，必须依赖胰岛素治疗维持生命。Ⅱ型糖尿病好发于中、老年人，病因主要是机体对胰岛素不敏感，占糖尿病发病的90%以上，三多一少症状不明显。妊娠期糖尿病是因为细胞的胰岛素抵抗，一般在分娩后自愈。

复习思考题

一、选择题

A型题

1. 肌糖原不能直接补充血糖的原因是肌肉组织中缺乏（　　）。
   A. 葡萄糖激酶　　B. 葡萄糖-6-磷酸酶　　C. 脱支酶　　D. 磷酸化酶　　E. 糖原合酶
2. 糖酵解途径中最重要的限速酶是（　　）。
   A. 己糖激酶　　B. 6-磷酸果糖激酶-1　　C. 3-磷酸甘油醛脱氢酶
   D. 丙酮酸激酶　　E. 葡萄糖 6-磷酸酶
3. 使血糖浓度降低的激素是（　　）。
   A. 糖皮质激素　　B. 胰高血糖素　　C. 肾上腺素　　D. 生长素　　E. 胰岛素
4. 饥饿时血糖浓度的维持主要靠（　　）。
   A. 肝外节约葡萄糖　　B. 糖异生作用　　C. 肌糖原分解　　D. 肝糖原分解　　E. 脂肪动员
5. 在三羧酸循环中属于底物水平磷酸化反应的是（　　）。
   A. 柠檬酸→异柠檬酸　　　　　　B. 琥珀酰 CoA→琥珀酸
   C. 琥珀酸→延胡索酸　　　　　　D. 异柠檬酸→α 酮戊二酸
   E. 苹果酸→草酰乙酸
6. 正常情况下血糖最主要的来源为（　　）。
   A. 肝糖原分解　　B. 肌糖原酵解后经糖异生补充血糖　　C. 糖异生作用
   D. 食物消化吸收而来　　　　　E. 脂肪转变而来
7. 调节血糖浓度最主要的器官为（　　）。
   A. 心　　B. 肝　　C. 肾　　D. 脑　　E. 肺
8. 糖酵解、有氧氧化和磷酸戊糖途径共同的中间产物是（　　）。
   A. 丙酮酸　　B. 乙酰 CoA　　C. 磷酸核糖　　D. 3-磷酸甘油醛　　E. 乳酸

B型题

A. 糖酵解途径　　B. 糖有氧氧化途径　　C. 磷酸戊糖途径　　D. 糖异生途径　　E. 糖原合成途径

1. 人体所需能量主要来源于（　　）。
2. 无氧时葡萄糖氧化分解生成乳酸途径是（　　）。
3. 为体内多种物质合成提供 NADPH 的是（　　）。
4. 需将葡萄糖活化成 UDPG 才能进行的是（　　）。

5. 将乳酸、甘油、氨基酸转变为糖的途径是（　　）。
A. 2 分子　　　B. 4 分子　　　C. 6 分子　　　D. 12 分子　　　E. 15 分子
6. 1 分子乙酰 CoA 彻底氧化可生成（　　）ATP。
7. 1 分子葡萄糖无氧时分解可生成（　　）ATP。
8. 1 分子丙酮酸彻底氧化可生成（　　）ATP。
9. 1 分子葡萄糖转化成 1,6-双磷酸果糖消耗（　　）ATP。
10. 乳酸异生为 1 分子葡萄糖消耗（　　）ATP。

X 型题

1. 如摄入葡萄糖过多，在体内的去向是（　　）。
A. 补充血糖　B. 合成糖原储存　C. 转变为脂肪　D. 转变为唾液　E. 转变为非必需脂肪酸
2. 三羧酸循环中不可逆的反应有（　　）。
A. 柠檬酸→异柠檬酸　　　　　　　B. 异柠檬酸→α-酮戊二酸
C. α-酮戊二酸→琥珀酰 CoA　　　　D. 琥珀酸→延胡索酸 FAD
E. 丙酮酸氧化脱羧
3. 三羧酸循环中不可逆的反应有（　　）。
A. 柠檬酸→异柠檬酸　　　　　　　B. 异柠檬酸→α-酮戊二酸
C. α-酮戊二酸→琥珀酰 CoA　　　　D. 琥珀酸→延胡索酸
E. 苹果酸→草酰乙酸
4. 糖酵解的关键酶是（　　）。
A. 葡萄糖-6-磷酸酶　　　　　　　　B. 丙酮酸激酶
C. 3-磷酸甘油醛脱氢酶　　　　　　D. 磷酸果糖激酶-1　　　　E. 己糖激酶

二、名词解释

1. 糖酵解　2. 有氧氧化　3. 糖异生　4. 三羧酸循环　5. 血糖

三、问答题

1. 糖酵解的主要意义是什么？
2. 简述三羧酸循环的特点和生理意义。
3. 简述磷酸戊糖途径的生理意义、蚕豆病的病因及出现溶血性贫血的生化机制。
4. 血糖有哪些来源与去路？调节血糖的激素有哪些？
5. 在糖代谢过程中生成的丙酮酸可进入哪些代谢途径？
6. 血糖浓度如何保持动态平衡？肝在维持血糖浓度相对恒定中起何作用？
7. 试述丙氨酸如何异生为葡萄糖的。

第七章 脂类代谢

脂类（lipids）是脂肪及类脂的总称，是一类较难溶于水而易溶于有机溶剂的化合物。脂肪（fat）是一分子甘油和三分子脂肪酸组成的酯，故称三脂酰甘油（triacylglycerol，TG）或称甘油三酯（triglyceride），主要功能是贮存能量及氧化供能。类脂（lipoid）包括磷脂、糖脂、胆固醇及其酯等，是细胞膜结构重要组分，参与细胞识别及信息传递。

第一节 常见脂类结构与功能

脂类按组成不同，可分为简单脂和复合脂。简单脂是指脂肪酸和醇类所形成的酯，如甘油三酯；复合脂是指除脂肪酸和醇类化合物外，还含有其他物质，如甘油磷脂、鞘磷脂等。

一、甘油三酯的结构与功能

甘油三酯是中性脂，是由甘油中的三个羟基和三个脂肪酸形成的酯。其化学结构式如下：

甘油三酯分子的三个脂肪酸可以相同，也可不同。一般在常温下为固态的称为脂，在常温下为液态的称为油，有时也统称为油脂。常温下呈现不同状态，由它们脂肪酸组成不同所决定。在天然的三脂酰甘油中的脂肪酸，大多数是含偶数碳原子的长链脂肪酸，其中有饱和脂肪酸，也有不饱和脂肪酸。饱和脂肪酸中以软脂酸（16∶0）和硬脂酸（18∶0）最为常见；不饱和脂肪酸中以软油酸（16∶1，Δ^9）、油酸（18∶1，Δ^9）和亚油酸（18∶2，$\Delta^{9,12}$）最为常见。自然界存在的不饱和脂肪酸按含双键数目分为单不饱和脂肪酸及多不饱和脂肪酸。习惯上将含2个或2个以上双键的不饱和脂肪酸称为多不饱和脂肪酸。

不饱和脂肪酸命名，常用系统命名法以标示脂肪酸的碳原子数即碳链长度和双键的位置。如果从脂肪酸的羧基碳起计算碳原子的顺序，则这种编码体系为 Δ 编码体系；如果从脂肪酸的甲基碳起计算其碳原子顺序则为 ω 或 n 编码体系。按 ω 或 n 编码体系命名，哺乳动物体内的各种不饱和脂肪酸可分为四族，即 ω-7、ω-9、ω-6 和 ω-3（见表7-1）。多数脂肪酸在人体内能合成，但哺乳动物体内缺乏在脂肪酸 C9 碳原子处引入双键的去饱和酶系，因此不能合成 ω-6 族的亚油酸及 ω-3 族的 α-亚麻酸（18∶3，$\Delta^{9,12,15}$），这两种多不饱和脂肪酸必须由食物中植物油提供。只要供给亚油酸（ω-6），则动物即能合成 ω-6 族的花生四烯酸（20∶4，$\Delta^{5,8,11,14}$）及其衍生物。亚油酸、亚麻酸和花生四烯酸称为人体必需脂肪酸。

表 7-1　不饱和脂肪酸 ω 或 n 编码体系

族	母体脂肪酸
ω-7 (n-7)	软油酸(16:1, Δ^9)
ω-9 (n-9)	油酸(18:1, Δ^9)
ω-6 (n-6)	亚油酸(18:2, $\Delta^{9,12}$)
ω-3 (n-3)	α-亚麻酸(18:3, $\Delta^{9,12,15}$)

近十多年来的研究发现，长链多不饱和脂肪酸如二十碳五烯酸（eicosapentaenoic acid，EPA），二十二碳六烯酸（docosahexaenoic acid，DHA）在脑及睾丸中含量丰富，是脑及精子正常生长发育不可缺少的组分。在海水鱼油中亦含丰富的 EPA 及 DHA，属 ω-3 族多不饱和脂肪酸。这类脂肪酸具有降血脂、抗血小板聚集、延缓血栓形成、保护脑血管、抗癌等特殊生物效应，对心脑血管疾病的防治具有重要价值。常见不饱和脂肪酸见表 7-2。

表 7-2　常见不饱和脂肪酸

分类	习惯名称	系统名称	碳原子双键数	双键位置 Δ 系	双键位置 ω 系	族	分布
单不饱和脂肪酸	软油酸	十六碳一烯酸	16:1	9	7	ω-7	广泛存在
	油酸	十八碳一烯酸	18:1	9	9	ω-9	广泛存在
多不饱和脂肪酸	亚油酸	十八碳二烯酸	18:2	9,12	6,9	ω-6	植物油
	γ-亚麻酸	十八碳三烯酸	18:3	6,9,12	6,9,12		人乳及植物油
	花生四烯酸	二十碳四烯酸	20:4	5,8,11,14	6,9,12,15		植物油
	α-亚麻酸	十八碳三烯酸	18:3	9,12,15	3,6,9	ω-3	亚麻籽等植物油
	EPA	二十碳五烯酸	20:5	5,8,11,14,17	3,6,9,12,15		鱼油、脑
	DPA	二十二碳五烯酸	22:5	7,10,13,16,19	3,6,9,12,15		鱼油、脑
	DHA	二十二碳六烯酸	22:6	4,7,10,13,16,19	3,6,9,12,15,18		鱼油、脑

知识链接

多不饱和脂肪酸的重要衍生物——前列腺素、血栓噁烷及白三烯

20 世纪 30 年代瑞典 Von Euler 等发现人精液中含有一种可使平滑肌收缩的物质，认为来自前列腺，故称为前列腺素（prostaglandin，PG）。现知前列腺素来源广泛，种类繁多，但均为二十碳多不饱和脂肪酸的衍生物。1973 年 Hamberg 及 Samuelsson 从血小板提取了血栓噁烷（thromboxane A，TXA_2），证明也是二十碳多不饱和脂肪酸的衍生物。1979 年 Samuelsson 及 Borgreat 从白细胞分离出一类活性物质，具有三个共轭双键，也是二十碳多不饱和脂肪酸衍生而来，称之为白三烯（leukotrienes，LTs）。近年来发现，PG、TXA_2 及 LTs 几乎参与了所有细胞代谢活动，并且与炎症、免疫、过敏、心血管病等重要病理过程有关，在调节细胞代谢上具有重要作用。

二、类脂结构与功能

类脂主要有磷脂、糖脂、胆固醇及胆固醇酯等。

1. 磷脂

磷脂主要有甘油磷脂和神经磷脂等。甘油磷脂主要有卵磷脂、脑磷脂、磷脂酰丝氨酸和

磷脂酰肌醇等。神经磷脂又称鞘磷脂，其组成由神经氨基醇以酰胺键与脂肪酸连接，再以酯键与磷酸胆碱结合。其化学结构式如下：

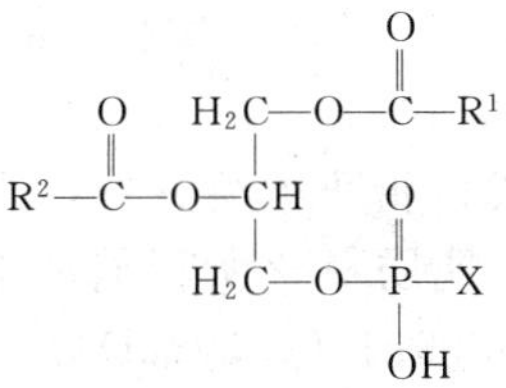

$$\begin{array}{c} O \\ \| \\ R^2-C-O-\overset{H_2C-O-C-R^1}{\underset{H_2C-O-P-X}{CH}} \\ \overset{\|}{O} \\ OH \end{array}$$

神经磷脂的极性部分为磷酸胆碱，非极性部分为脂肪酸和神经氨基醇的长碳链，因此，神经磷脂也是一种两性磷脂。在脑组织和神经组织中神经磷脂的含量较多。神经磷脂的结构式如下所示：

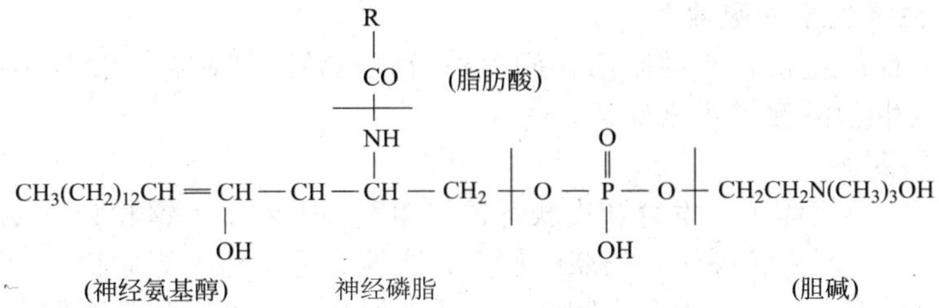

$$CH_3(CH_2)_{12}CH=CH-\underset{OH}{CH}-\underset{\underset{CO}{|}}{CH}-CH_2-O-\underset{\underset{OH}{|}}{\overset{\overset{O}{\|}}{P}}-O-CH_2CH_2N(CH_3)_3OH$$

（神经氨基醇） 神经磷脂 （胆碱）

2. 鞘糖脂

鞘糖脂的结构和鞘磷脂的结构非常相似，都是神经酰胺的衍生物。其分子结构中有神经氨基醇、脂肪酸和糖。其化学结构式如下：

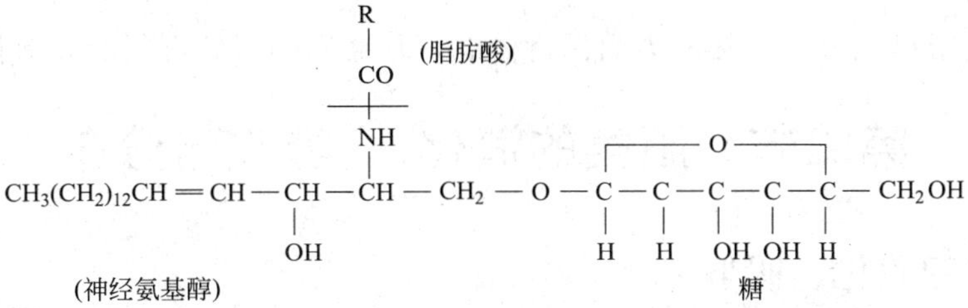

$$CH_3(CH_2)_{12}CH=CH-\underset{OH}{CH}-\underset{\underset{CO}{|}}{CH}-CH_2-O-\underset{H}{C}-\underset{H}{C}-\underset{OH}{C}-\underset{OH}{C}-\underset{H}{C}-CH_2OH$$

（神经氨基醇） 糖

糖脂是细胞膜的主要组成成分，其中糖的部分突出在质膜的表面，与细胞间的识别和免疫功能有关。神经末梢和一些神经递质受体部位的糖脂与神经传导过程相关。

3. 胆固醇及其酯

胆固醇及胆固醇酯是人体内重要的甾醇类化合物，它以环戊烷多氢化菲为基本结构。其结构式如下：

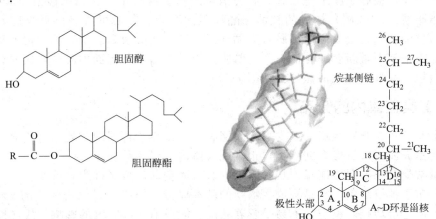

胆固醇多数以胆固醇酯的形式存在，是人体细胞主要的组成成分，在神经组织和肾上腺

等组织中含量尤其丰富,约占脑组织固体重量的17%。

三、脂类的生理功能

1. 贮能与功能

脂肪是体内贮存能量的主要形式,脂肪组织是贮存脂肪的重要场所。人在空腹时,50%以上的能量来源于贮存脂肪的氧化。脂肪氧化所释放的能量比等量的糖或蛋白质约高一倍,每克脂肪完全氧化分解释放能量约38.9kJ(9.3kcal)。

2. 构成细胞膜的成分

类脂是构成生物膜的重要成分,占膜重量的40%~70%,如细胞膜、线粒体膜、内质网膜、核膜和神经鞘膜等。磷脂对维持生物膜的正常结构和功能具有重要作用。

3. 促进脂溶性维生素的吸收

食物中的脂溶性维生素,常随脂肪在肠道被吸收、转运和贮存。食物中脂类缺乏或消化吸收障碍,往往发生脂溶性维生素缺乏。

4. 提供必需脂肪酸

必需脂肪酸是维持机体生长发育和皮肤正常代谢所必需的多不饱和脂肪酸,若食物中缺乏营养必需脂肪酸,可出现生长缓慢、皮肤鳞屑多、变薄、毛发稀疏等症状。如花生四烯酸是机体合成白三烯、前列腺素和血栓素等生物活性物质的原料。多不饱和脂肪酸在抗血栓、抗氧化与抗炎作用及增强机体免疫功能方面具有非常重要的作用。如二十碳五烯酸(EPA)、二十二碳六烯酸(DHA),临床用于降血脂、防治动脉粥样硬化等心脑血管疾病的治疗。

5. 其他作用

人体皮下脂肪组织可防止热散失而保持体温,脏器周围脂肪可固定和保护内脏。

第二节 脂类的消化、吸收与分布

一、脂类的消化、吸收

食物中的脂类主要为脂肪,还含少量磷脂和胆固醇等。脂类不溶于水,须在小肠经胆汁酸盐的乳化作用,才能被消化酶消化。小肠上段是脂类消化的主要场所。在胰脂酶、磷脂酶A_2、胆固醇酯酶及辅脂酶的共同作用下,脂肪和类脂被消化为2-甘油一酯、脂肪酸、胆固醇及溶血磷脂等,进一步与胆汁酸乳化成更细小、水溶性更强的混合微团,穿过小肠黏膜细胞表面的水屏障,被肠黏膜细胞吸收。脂类消化产物主要在十二指肠下段及空肠上段吸收。中、短链脂肪酸(2~4碳)构成的甘油三酯经胆汁酸盐乳化后可直接被吸收进入肠黏膜细胞,水解为甘油和脂肪酸后经门静脉入血循环。长链脂肪酸及2-甘油一酯、溶血磷脂、胆固醇等在肠黏膜细胞中重新合成甘油三酯、磷脂、胆固醇酯,与粗面内质网合成的载脂蛋白结合成乳糜微粒,经淋巴进入血循环(如图7-1)。

二、脂类在体内的分布

脂肪主要分布在脂肪组织,如皮下、大网膜、肠系膜、肾周围等处,这些部位通常称为脂库。脂肪是人体内含量最多的脂类,正常成人体内含量占体重的14%~19%,女性稍高。脂肪的含量常受营养状况、能量消耗等因素的影响而变动,故又称为"可变脂"。

类脂分布于各组织中,它是构成生物膜的基本成分。类脂总量约占体重的5%,在体内不断更新,但含量却相对恒定,不易受营养状况、能量消耗等因素的影响,故又称为"恒定脂"或"基本脂"。

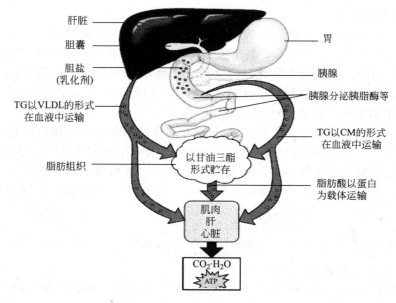

图 7-1 甘油三酯的消化与吸收

第三节 甘油三酯代谢

人体的脂肪是甘油三酯的混合物,分布于全身各组织、器官及体液中。体内的脂肪在不断的更新中,但是速度并不一样。脂肪组织及肝脏中的脂肪更新率较高,肠黏膜次之,肌肉、皮肤及神经组织的更新率最低。

一、甘油三酯的分解代谢

(一) 脂肪动员

贮存于脂肪细胞中的脂肪,被脂肪酶逐步水解为游离脂肪酸和甘油并释放入血,运输到其他组织氧化利用的过程,称脂肪动员。脂肪动员中的甘油三酯脂肪酶活力可受激素调节,故亦称激素敏感性脂肪酶,它是脂肪动员的限速酶。胰高血糖素、肾上腺素、去甲肾上腺素、肾上腺皮质激素、甲状腺素可激活此酶,促进脂肪动员,故称这些激素为脂解激素;相反,胰岛素使此酶活性降低,抑制脂肪的动员,故称胰岛素为抗脂解激素。

$$\text{甘油三酯} \xrightarrow[\text{甘油三酯脂肪酶}]{H_2O \quad FFA} \text{甘油二酯} \xrightarrow[\text{甘油二酯脂肪酶}]{H_2O \quad FFA} \text{甘油一酯} \xrightarrow[\text{甘油一酯脂肪酶}]{H_2O \quad FFA} \text{甘油}$$

(二) 甘油的代谢

由脂肪动员来的甘油主要在肝、肾、小肠黏膜细胞中被利用。肝细胞的甘油激酶活性最高,脂肪组织及骨骼肌因甘油激酶活性很低,不能直接利用甘油。利用时先激活甘油生成α-磷酸甘油并脱氢成磷酸二羟丙酮。后者可循糖的代谢途径,主要用于分解供能,亦可异生成糖。上述生成的α-磷酸甘油,亦可作为甘油三酯合成的原料。

$$\begin{matrix} CH_2-OH \\ CH-OH \\ CH_2-OH \end{matrix} \xrightarrow[\text{甘油激酶}]{ATP \quad ADP} \begin{matrix} CH_2-OH \\ CH-OH \\ CH_2-O-P-OH \\ \quad\quad\quad OH \end{matrix} \xrightarrow[\text{磷酸甘油脱氢酶}]{NAD^+ \quad NADH+H^+} \begin{matrix} CH_2-OH \\ C=O \\ CH_2-O-P-OH \\ \quad\quad\quad OH \end{matrix} \begin{matrix} \dashrightarrow 糖异生 \\ \\ \dashrightarrow CO_2+H_2O+能量 \end{matrix}$$

甘油   α-磷酸甘油   磷酸二羟丙酮

(三) 脂肪酸的氧化

在供氧充足的条件下，脂肪酸可在体内分解成 CO_2 和 H_2O 并释放大量能量。除脑组织和成熟的红细胞外，大多数组织均能氧化脂肪酸，以肝及肌肉组织最活跃。脂肪酸氧化的主要部位在细胞线粒体。脂肪酸的氧化过程大致分为脂肪酸的活化、脂酰CoA进入线粒体、β-氧化过程及乙酰CoA进入三羧酸循环彻底氧化四个阶段。

1. 脂肪酸的活化——脂酰CoA的生成

脂肪酸进入细胞后，首先被活化成脂酰CoA，然后再进入线粒体内氧化。内质网及线粒体外膜上的脂酰CoA合成酶在ATP、CoASH、Mg^{2+}存在的条件下，催化脂肪酸活化，生成脂酰CoA。脂肪酸活化后不仅含有高能硫酯键，而且增加了水溶性，从而提高了脂肪酸的代谢活性。此反应需消耗2个高能磷酸键，生成的PPi（焦磷酸）立即被细胞内的焦磷酸酶水解，阻止了逆向反应的进行。

$$RCH_2CH_2CH_2\overset{O}{\overset{\|}{C}}-OH + ATP + CoASH \xrightarrow[\text{脂酰CoA合成酶}]{Mg^{2+}} RCH_2CH_2CH_2\overset{O}{\overset{\|}{C}}-SCoA + AMP + PPi$$

2. 脂酰CoA进入线粒体

由于催化脂酰CoA氧化分解的酶存在于线粒体的基质中，因此活化的脂酰CoA必须进入线粒体才能氧化分解。脂酰CoA不能直接透过线粒体膜，需由位于线粒体内膜两侧的肉碱脂酰转移酶的催化作用，由肉碱携带将脂酰CoA转运进入线粒体内。

线粒体外膜存在着肉碱脂酰转移酶Ⅰ及线粒体内膜内侧存在着肉碱脂酰转移酶Ⅱ，催化脂酰CoA与肉碱间的脂酰基转移过程。位于线粒体外膜的肉碱脂酰转移酶Ⅰ催化脂酰CoA转化为脂酰肉碱，脂酰肉碱通过膜上肉碱转运蛋白（亦称变位酶或载体）的作用转移到膜内侧。进入膜内侧的脂酰肉碱又经肉碱脂酰转移酶Ⅱ催化而重新转变成脂酰CoA，并释放出肉碱。这样，线粒体外的脂酰基便转入线粒体基质（如图7-2）。

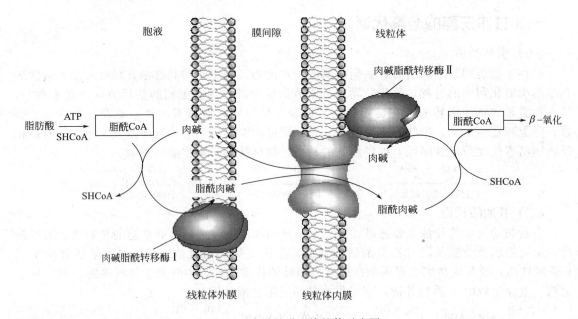

图7-2 脂酰基进入线粒体示意图

肉碱脂酰转移酶Ⅰ是脂肪酸氧化分解的限速酶，脂酰CoA进入线粒体是脂肪酸β-氧化的主要限速步骤。当饥饿、高脂低糖膳食或糖尿病时，机体不能利用糖，需要脂肪酸供能，这时肉碱脂酰转移酶Ⅰ活性增加,脂肪酸氧化增强。反之,饱食后,脂肪合成及丙二酰CoA增加,后者抑制肉碱脂酰转移酶Ⅰ的活性,因而脂肪酸的氧化被抑制。丙二酰CoA是脂肪酸合成过程中的第一个中间物,它对肉碱脂酰转移酶Ⅰ的抑制,阻止了脂肪酸同时被合成和降解这样的现象出现。

3. 脂肪酸的 β-氧化

在线粒体基质中,脂酰CoA在脂肪酸β-氧化多酶复合体的催化下,从脂酰基的β-碳原子开始,经过脱氢(辅酶为FAD)、加水、再脱氢(辅酶为NAD^+)、硫解四步连续反应,逐步氧化分解,生成1分子乙酰CoA和比原来少2个碳原子的脂酰CoA。因为氧化过程发生在脂酰基的β-碳原子上,故将此过程称为脂肪酸的β-氧化作用。

脂肪酸β-氧化的过程如下(如图7-3)。

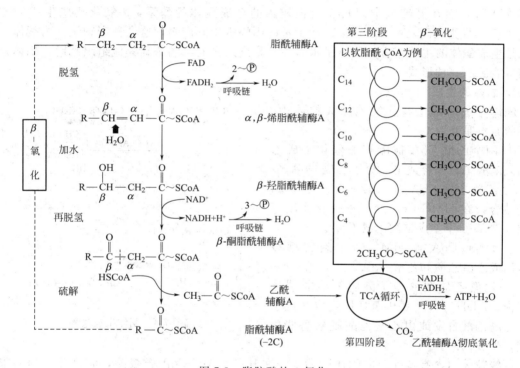

图 7-3 脂肪酸的 β-氧化

(1) 脱氢 在脂酰CoA脱氢酶的催化下脂酰CoA的α、β位碳原子上各脱一个氢,生成α,β-烯脂酰CoA,脱下的2H使FAD还原成$FADH_2$。

(2) 加水 α,β-烯脂酰CoA在水化酶的催化下,加1分子水生成β-羟脂酰CoA。

(3) 再脱氢 β-羟脂酰CoA在脱氢酶作用下,脱下2H生成β-酮脂酰CoA,脱下的2H由NAD^+接受生成$NADH + H^+$。

(4) 硫解 β-酮脂酰CoA在硫解酶催化下,加辅酶A,生成一分子乙酰CoA和一分子比原来少2个碳原子的脂酰CoA。

以上生成的比原来少2个碳原子的脂酰CoA,可再进行脱氢、加水、再脱氢及硫解反应。如此反复进行,直至最后生成丁酰CoA,后者再进行一次β-氧化,即完成脂肪酸的β-氧化。

脂肪酸经β-氧化后生成大量的乙酰CoA。乙酰CoA一部分在线粒体内通过三羧酸循环彻底氧化,一部分在线粒体中缩合生成酮体,通过血液运送至肝外组织氧化利用。

4. 乙酰 CoA 进入三羧酸循环彻底氧化

β-氧化生成的乙酰 CoA 通过三羧酸循环，可彻底氧化生成 CO_2 和 H_2O，并释放出大量的能量。释放的能量除一部分以热能形式释放外，其余部分以 ATP 形式贮存，供机体各种生命活动的需要。

脂肪酸氧化分解是体内能量的主要来源之一。以 16 碳的软脂酸彻底氧化为例，共进行 7 次 β-氧化，生成 7 分子 $FADH_2$、7 分子 $NADH + H^+$ 和 8 分子乙酰 CoA。因此，共产生 $7×1.5+7×2.5+8×10=108$ 分子 ATP。减去活化阶段消耗 2 分子 ATP，净生成 106 分子 ATP。可见，脂肪酸和葡萄糖都是机体的重要能源物质。

（四）酮体的生成和利用

脂肪酸在心肌、骨骼肌等组织中经 β-氧化生成的乙酰 CoA，能彻底氧化成 CO_2 和 H_2O，并释放 ATP。而在肝细胞中因具有活性较强的合成酮体的酶系，β-氧化反应生成的乙酰 CoA 大都转变为乙酰乙酸、β-羟丁酸和少量的丙酮等中间产物，这三种产物统称为酮体。故肝脏是生成酮体的主要器官。酮体呈水溶性，易进入血液，输送到其他组织利用，酮体是肝脏输出能源的一种形式。

1. 酮体的生成

酮体合成的部位在肝细胞的线粒体中，合成的原料是乙酰 CoA（如图 7-4）。

① 两个乙酰 CoA 被硫解酶催化生成乙酰乙酰辅酶 A，并释放出一分子乙酰 CoA。

② 乙酰乙酰 CoA 再与第三个乙酰 CoA 分子结合，在 HMG-CoA 合成酶催化作用下生成 β-羟基-β-甲基戊二酸单酰 CoA。

③ HMG-CoA 被 HMG-CoA 裂解酶裂解，形成乙酰乙酸和乙酰 CoA。

④ 乙酰乙酸在 β-羟丁酸脱氢酶的催化下，由 $NADH + H^+$ 提供氢还原生成 β-羟丁酸。乙酰乙酸自发或由乙酰乙酸脱羧酶催化脱羧，生成丙酮。

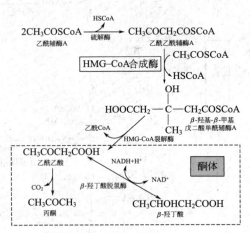

图 7-4 酮体生成过程

肝线粒体内含有各种合成酮体的酶类，尤其是 HMG-CoA 合成酶，它是此过程的限速酶。β-羟基-β-甲基戊二酸单酰 CoA 是酮体生成的中间产物，它也是合成胆固醇的中间产物。由于上述反应都是可逆的，因此 β-羟基-β-甲基戊二酸单酰 CoA 是脂肪酸、酮体及胆固醇代谢的共同中间产物，故在脂肪代谢中具有重要意义。

2. 酮体的利用

因肝内缺乏利用酮体的酶，故酮体的利用在肝外组织，尤其是肌肉和大脑组织。当糖供应不足时，酮体是脑组织的主要能源。

β-羟丁酸由 β-羟丁酸脱氢酶催化，重新脱氢生成乙酰乙酸，在不同肝外组织中乙酰乙酸可在琥珀酰 CoA 转硫酶或乙酰乙酸硫激酶作用下转变为乙酰乙酰 CoA，然后裂解为 2 分子乙酰 CoA，进入三羧酸循环彻底氧化。丙酮可经肾、肺排出，或在酶的作用下转变为丙酮酸或乳酸，进而异生成糖（如图 7-5）。

3. 生理意义

酮体是脂肪酸在肝内正常的中间代谢产物，是肝输出能源的一种形式。酮体溶于水，分子小，能通过血脑屏障及肌肉毛细血管细胞壁，是肌肉尤其是脑组织的重要能源。脑组织不能氧化脂肪酸，却能利用酮体。长期饥饿、糖供应不足时酮体可以代替葡萄糖成为脑组织及

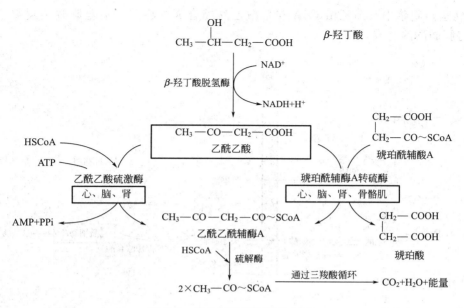

图 7-5 肝外组织对酮体的利用

肌肉的主要能源。

正常情况下,血中仅含有少量酮体,为 0.03～0.5mmol/L（0.3～5mg/dl）。在饥饿、高脂低糖膳食及糖尿病时,脂肪酸动员加强,酮体生成增加。酮体生成超过肝外组织利用的能力时,引起血中酮体含量升高,因乙酰乙酸、β-羟丁酸为较强的有机酸,在血中堆积超过机体的缓冲能力时,可导致酮症酸中毒,并随尿排出,引起酮尿。

临床联系

糖尿病患者由于胰岛素绝对或相对不足,机体氧化利用葡萄糖障碍,必须依赖脂肪酸氧化供能。此时,脂肪动员加强,酮体生成增加,血液酮体的含量可高出正常情况的数十倍,可导致酮症酸中毒,出现酮尿,此时丙酮含量大量增加,呼吸会出现烂苹果气味。

二、甘油三酯的合成代谢

甘油三酯的合成原料主要是脂肪酸和甘油。合成脂肪酸的直接原料是乙酰辅酶 A 和 NADPH+H$^+$；合成所需的甘油是 α-磷酸甘油。

(一) 脂肪酸的合成

人体内脂肪酸可来自食物,除必需脂肪酸外,非必需脂肪酸都可在体内合成。脂肪酸的合成以乙酰 CoA 为主要原料,合成最长含 16 个碳的软脂酸,其他的脂肪酸以软脂酸为母体,通过碳链的延长、缩短以及脱饱和作用,生成碳链长度不同、饱和度不同的脂肪酸。

1. 合成部位

脂肪酸合成酶系存在于肝、肾、脑、肺、乳腺及脂肪等组织,位于线粒体外胞液中。肝是人体合成脂肪酸的主要场所。

2. 合成原料

乙酰 CoA 是脂肪酸合成的主要原料,主要来自糖代谢的丙酮酸氧化脱羧,某些氨基酸分解也可提供部分乙酰 CoA。细胞内的乙酰 CoA 都是在线粒体内生成的,而脂肪酸合成的有关酶系却存在于细胞液中。线粒体内的乙酰 CoA 必须进入胞液才能成为合成脂肪酸的原料。实验证明,乙酰 CoA 不能自由透过线粒体内膜,主要通过柠檬酸-丙酮酸循环（如图 7-

6）机制转运至胞浆中，即乙酰CoA与草酰乙酸缩合成柠檬酸转运至胞浆再裂解生成乙酰CoA参与脂肪酸的合成。

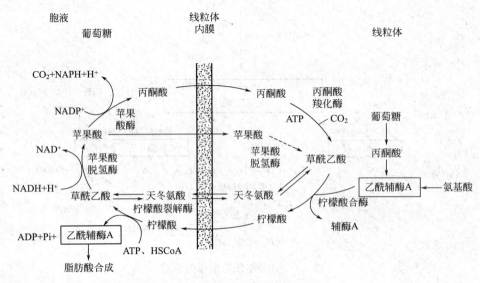

图7-6 柠檬酸-丙酮酸循环

脂肪酸的合成除需乙酰CoA外，还需ATP、NADPH、HCO_3^-（CO_2）及Mn^{2+}等。脂肪酸的合成为还原性合成，所需的氢全部由NADPH提供。NADPH主要来自磷酸戊糖途径，亦可来自胞浆中苹果酸酶及异柠檬酸脱氢酶所催化的反应。

3. 软脂酸的合成过程

在胞浆内脂肪酸的合成分两步进行。

(1) 丙二酸单酰辅酶A的生成　由乙酰CoA合成软脂酸的过程并不是β-氧化的可逆过程，而是以丙二酸单酰辅酶A的形式连续缩合的过程。所以乙酰CoA要先在乙酰CoA羧化酶的催化下，加上CO_2变成丙二酸单酰辅酶A，反应需要ATP供能。

$$CH_3-CO\sim SCoA + HC_3O^- + H^+ + ATP \xrightarrow[\text{生物素,}Mn^{2+}]{\text{乙酰CoA羧化酶}} \underset{\text{丙二酸单酰CoA}}{\begin{array}{c}CH_2-CO\sim SCoA\\|\\COOH\end{array}} + ADP + Pi$$

乙酰CoA　　　　　　　　　　　　　　　丙二酸单酰CoA

乙酰CoA羧化酶是脂肪酸合成的限速酶，辅基为生物素，受到别构调节和共价修饰调节。柠檬酸、异柠檬酸为别构激活剂；而长链脂酰CoA则为别构抑制剂。胰高血糖素等可通过依赖于AMP的蛋白激酶使乙酰CoA羧化酶磷酸化而失活；胰岛素的作用则相反。

(2) 软脂酸的合成过程　1分子乙酰CoA和7分子丙二酸单酰辅酶A在脂肪酸合成酶体系的催化下合成软脂酸。

$$CH_3-\overset{O}{\overset{\|}{C}}\sim SCoA + 7HOOC-CH_2-\overset{O}{\overset{\|}{C}}\sim SCoA + 14(NADPH+H^+) \xrightarrow{\text{脂肪酸合成酶体系}}$$

乙酰CoA　　　　　　　　丙二酸单酰辅酶A

$$CH_3(-CH_2)_{14}-COOH + 14NADP^+ + 8HSCoA + 7CO_2 + 6H_2O$$

软脂酸

催化此过程的脂肪酸合成酶体系是由一个酰基载体蛋白（ACP）和围绕在其周围的多种酶组成。ACP将底物传送给各个酶活性位点上，使脂肪酸合成有序进行。经过缩合、加氢、脱水、再加氢等7步不断重复进行的加成过程，由NADPH提供还原力，每次延长2个碳原子，最终生成16碳的软脂酸。哺乳动物胞浆中的脂肪酸合成酶体系是具有8种酶活性的多功能酶。

4. 软脂酸合成后的加工

胞浆中脂肪酸合成酶体系合成的脂肪酸为软脂酸,但组成人体的脂肪酸其碳链长短不一,各占一定的比例,因此根据生物的需要,要对胞浆中合成的软脂酸做进一步的加工和改造。

(1) 碳链的延长或缩短　碳链的缩短可通过 β-氧化机制,而碳链的加长可通过下列两种方法进行。

① 在线粒体脂肪酸延长酶体系的催化下,软脂酰辅酶 A 与乙酰 CoA 缩合,生成 18 碳的 β-酮硬脂酰辅酶 A,然后进行加氢、脱水、再加氢等过程生成硬脂酰辅酶 A。其过程与 β-氧化的逆过程基本相似,但需 β-酮脂酰还原酶、α,β-烯酰还原酶及需要 NADPH+H^+ 作为供氢体。通过此种方式,每一循环可加上两个碳原子,一般可延长碳链至 24～26 碳。

② 利用丙二酸单酰辅酶 A 为原料来加长脂酰辅酶 A 的碳链,以 NADPH+H^+ 来供氢,其中间过程与软脂酸的合成反应相似,但没有脂肪酸合成酶体系参加,并且也不是以 ACP 为载体,而是以 CoASH 为酰基载体。

(2) 不饱和脂酸的合成　人体内所含不饱和脂肪酸主要有软油酸 (16:1, Δ^9)、油酸 (18:1, Δ^9)、亚油酸 (18:2, $\Delta^{9,12}$)、亚麻酸 (18:3, $\Delta^{9,12,15}$) 和花生四烯酸 (20:4, $\Delta^{5,8,11,14}$) 等。前两种单不饱和脂肪酸机体通过脱饱和作用能合成,脱饱和作用主要在肝微粒体内由 Δ^9 去饱和酶(一种混合功能氧化酶)催化完成。而亚油酸、亚麻酸及花生四烯酸在人体内不能合成,必须由食物供给,这是因为动物只有 Δ^4、Δ^8 及 Δ^9 去饱和酶,缺乏 Δ^9 以上的去饱和酶,而植物则含有 Δ^9、Δ^{12} 及 Δ^{15} 去饱和酶。

(二) 甘油的合成

α-磷酸甘油的来源主要有两条途径。

1. 糖代谢提供

糖分解代谢的中间产物磷酸二羟丙酮,在 α-磷酸甘油脱氢酶催化下还原生成 α-磷酸甘油。此反应存在于人体内各组织中,是 α-磷酸甘油的主要来源。

2. 细胞内的甘油磷酸化

在甘油激酶的催化下,甘油消耗 ATP,由甘油磷酸化形成 α-磷酸甘油。此反应在肝、肾、哺乳期的乳腺及小肠黏膜比较活跃,而肌肉和脂肪组织由于甘油激酶活性较低,所以不能利用甘油合成甘油三酯。

(三) 甘油三酯的合成

脂肪是机体的能量贮存形式,摄入的糖、脂肪等食物均可在肝脏、脂肪组织及小肠内合成脂肪,其中以肝脏合成能力最强。合成的脂肪可贮存于脂肪组织中,机体需要时这些脂肪可被分解利用。肝、脂肪组织及小肠黏膜细胞,以肝脏合成能力最强。

(1) 甘油一酯途径　小肠黏膜细胞主要利用消化吸收的甘油一酯及脂肪酸合成甘油三酯,以乳糜微粒的形式经淋巴进入血循环。

(2) 甘油二酯途径　存在于肝细胞及脂肪细胞。葡萄糖经糖酵解途径生成 α-磷酸甘油,加上 2 分子脂酰 CoA 生成磷脂酸,后者脱磷酸生成 1,2-甘油二酯,再加上 1 分子脂酰基即生成甘油三酯(如图 7-7)。肝细胞可合成脂肪,但不能贮存脂肪,TG 合成后,与 PL、CE、Ch 及 apoB$_{100}$、apoC 等结合生成极低密度脂蛋白(VLDL)而分泌入血,运输至肝外组织利用。脂肪组织则可以利用 CM、VLDL 中的脂肪酸(但主要是以葡萄糖为原料合成的脂肪酸)大量合成并贮存脂肪。

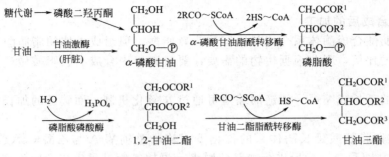

图 7-7 甘油三酯的合成过程

临床联系

脂肪代谢障碍

脂肪代谢障碍也叫脂肪重新分布，是身体生产、利用和贮存脂肪的一种紊乱。有两种不同的脂肪转移。一种是脂肪流失也叫肌肉萎缩，脂肪从身体的某个部位丢失，特别是胳膊、腿、脸和臀部。另一种是脂肪堆积，也叫过度肥胖。脂肪堆积在身体的特殊部位，特别是肚子、胸部和后颈部。脂肪代谢障碍常常还伴随有高血脂、高血糖等代谢紊乱，极少数人可能出现乳酸酸中毒。

第四节 磷脂代谢和胆固醇代谢

一、甘油磷脂的代谢

磷脂是一类含磷酸的类脂，按其化学组成不同可分为甘油磷脂与鞘磷脂两大类，前者以甘油为基本骨架，后者以鞘氨醇为基本骨架。体内含量最多的磷脂是甘油磷脂，而且分布广。鞘磷脂主要分布于大脑和神经髓鞘中。磷脂是脂类中极性最大的一类化合物，是构成生物膜、血浆脂蛋白的主要成分。下面主要介绍甘油磷脂的代谢。

（一）**甘油磷脂的合成代谢**

1. 合成部位

全身各组织的内质网都含能合成甘油磷脂的酶，所以各组织均可合成甘油磷脂，肝、肾及小肠等组织细胞是合成甘油磷脂的主要场所。

2. 合成原料

甘油磷脂的合成原料主要包括甘油、脂肪酸、磷酸盐、胆碱、乙醇胺、丝氨酸及肌醇等物质。甘油和脂肪酸主要由糖代谢提供，胆碱和乙醇胺可由食物提供，也可以由丝氨酸在体内转变而来。

3. 合成过程

几种甘油磷脂的合成过程非常相似，下面以磷脂酰胆碱和磷脂酰乙醇胺为例进行简述。

在体内一系列酶的作用下，乙醇胺和胆碱通过不同激酶的作用，活化生成磷酸乙醇胺和磷酸胆碱，再与 CTP 作用，释放出焦磷酸而最终生成 CDP-乙醇胺和 CDP-胆碱。

CDP-乙醇胺和 CDP-胆碱与甘油二酯反应生成磷脂酰乙醇胺和磷脂酰胆碱，磷脂酰乙醇胺也可通过甲基化而生成磷脂酰胆碱（如图7-8）。

（二）**甘油磷脂的分解代谢**

人体肝肾等组织存在多种磷脂酶类，可分别作用于甘油磷脂分子中不同的酯键，使甘

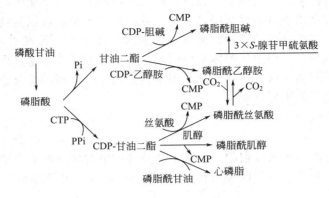

图 7-8 磷脂合成示意图

油磷脂水解。其中磷脂酶 A_1 及 A_2 分别作用于 1、2 位酯键，产生相应的溶血磷脂；作用于溶血磷脂 1、2 位的是磷脂酶 B_1 及 B_2；磷脂酶 C 作用于 3 位酯键；而磷脂酶 D 则作用于磷酸与取代基间的酯键。最终甘油磷脂水解为甘油、脂肪酸、磷酸及各种含氮化合物如胆碱、乙醇胺和丝氨酸等（如图 7-9）。

甘油磷脂在磷脂酶 A_2 的作用下可水解 2 位酯键，生成相应的溶血磷脂，溶血磷脂是一种较强的表面活性物质，能破坏细胞膜引起溶血或细胞坏死。有种观点认为，急性胰腺炎的发病机制与磷脂酶 A_2 对胰腺细胞膜的破坏作用有密切的关系。动物组织的溶酶体中、蛇毒及某些细菌中含有的磷脂酶 A_1 能够水解 1 位酯键产生大量的相应溶血磷脂，而引起溶血。

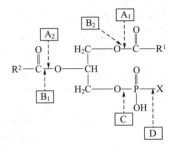

图 7-9 磷脂分解示意图

> **知识链接：甘油磷脂与脂肪肝**
>
> 　　正常肝脏的脂肪含量很低，因为肝脏能将脂肪与磷酸及胆碱结合，转变成磷脂，转运到体内其他部位。肝功能减弱时，肝脏转变脂肪为磷脂的能力也随之减弱，脂肪不能转移，便在肝脏内积聚，成为"脂肪肝"。脂肪积聚过多时，更可能发展为肝硬化，产生一系列症状。

二、胆固醇的代谢

胆固醇是构成生物膜的重要成分，人体内胆固醇总量约 140g 左右，广泛分布于全身各组织，大约四分之一分布在脑及神经组织中，约占脑组织的 2%。肝、肾、肠等内脏以及皮肤、脂肪组织胆固醇的含量也较多。胆固醇可调节生物膜的流动性，同时它是合成胆汁酸、类固醇激素及维生素 D_3 等生理活性物质的前体。

人体内的胆固醇主要通过两种途径获得，即外源性和内源性。外源性胆固醇是指来自于食物的胆固醇，主要来自于动物性食物，如肝、脑、肉类、蛋黄、奶油等。植物性食物不含胆固醇，而是含有植物固醇，以谷固醇含量最多，酵母中含有麦角固醇。植物固醇不易被人体吸收，摄入较多时还可以抑制胆固醇的吸收。内源性胆固醇是指由机体自身合成的胆固醇。

胆固醇是生物膜的重要组成成分，在维持膜的流动性和正常功能中起着重要作用。它可阻止膜磷脂在相变温度以下时转变成结晶状态，从而保证了膜在较低温度时的流动性及正常功能。胆固醇又是合成胆汁酸、类固醇激素（肾上腺皮质激素、性激素）及维生素 D_3 等重要生理活性物质的原料。胆固醇代谢障碍可引起血浆胆固醇增高，这是形成动脉粥样硬化的一种危险因素，可引起脑血管、冠状动脉和周围血管病变，故胆固醇代谢紊乱与这些疾病的关系是当前医学界瞩目的重要问题。

（一）胆固醇的合成代谢

1. 合成部位

除成年动物脑组织和成熟红细胞外，几乎全身各组织细胞的胞浆及滑面内质网膜上存在胆固醇合成酶系，可催化合成胆固醇，但体内 70%～80% 的胆固醇由肝脏合成，10% 由小肠合成。

2. 合成原料

乙酰CoA是合成胆固醇的直接原料，来自于糖代谢、氨基酸代谢和脂肪酸代谢。合成胆固醇还需要由 $NADPH+H^+$ 供氢，ATP供能。乙酰CoA及ATP大多来自于糖的有氧氧化，$NADPH+H^+$ 主要来自于糖的磷酸戊糖途径，因此，糖是胆固醇合成原料的主要来源。

3. 合成过程

胆固醇的合成比较复杂，有近30步酶促反应，大体分三个阶段（如图7-10）。

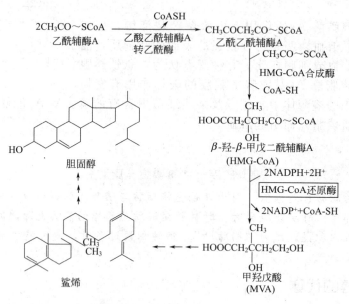

图7-10　胆固醇生成示意图

（1）甲羟戊酸的合成　在胞浆中，首先由2分子乙酰CoA缩合为乙酰乙酰CoA，然后再与另一分子乙酰CoA缩合生成HMG-CoA，后者在内质网膜HMG-CoA还原酶的催化下，由NADPH供氢，还原生成甲羟戊酸（MVA）。HMG-CoA是合成胆固醇及酮体的重要中间产物，在线粒体中裂解生成酮体，而在胞液中则还原为MVA。

（2）鲨烯的合成　MVA由ATP提供能量，在胞浆内一系列酶的催化下，经过脱羧、磷酸化、缩合、还原等过程，即生成30碳的多烯烃——鲨烯。

（3）胆固醇的合成　鲨烯在多种酶的催化下，经羟化、环化、脱羧、还原等一系列反应，脱去3个甲基最终生成27碳的胆固醇。

(二) 胆固醇的酯化

细胞内及血浆中的游离胆固醇都可以酯化成胆固醇酯，但不同的部位催化胆固醇酯化的酶不同。

1. 细胞内胆固醇的酯化

组织细胞内的游离胆固醇在胆固醇脂酰转移酶（ACAT）的催化下，接受脂酰 CoA 的脂酰基形成胆固醇酯。

$$脂酰 CoA + 胆固醇 \xrightarrow{ACAT} 胆固醇酯 + HSCoA$$

2. 血浆胆固醇的酯化

血浆中的胆固醇在卵磷脂-胆固醇脂酰转移酶（LCAT）的催化下，卵磷脂第 2 位碳原子上的脂酰基转移到胆固醇的第 3 位碳原子上，生成胆固醇酯及溶血卵磷脂。

$$卵磷脂 + 胆固醇 \xrightarrow{LCAT} 胆固醇酯 + 溶血卵磷脂$$

(三) 胆固醇的转化与排泄

人体中的胆固醇不能彻底氧化生成 CO_2 和 H_2O，主要的去路是在体内转化为一些具有重要生理功能的类固醇生理活性物质，参与代谢调节或从粪便排泄。

1. 胆固醇在体内的转变

（1）转变为胆汁酸　胆固醇在肝细胞中转化成胆汁酸，随胆汁经胆管排入十二指肠，这是体内胆固醇的主要代谢去路。正常人体内合成的胆固醇约 40% 在肝脏转变成胆汁酸。

（2）转化为类固醇激素　胆固醇是类固醇激素的前体物质。以胆固醇为原料，在肾上腺皮质的球状带细胞合成醛固酮，在束状带细胞合成皮质醇，在网状带细胞合成雄激素，在性腺合成性激素。

（3）转变为维生素 D_3　胆固醇在肝脏转化为 7-脱氢胆固醇，通过血液运输至皮下贮存，经阳光中紫外线的照射，7-脱氢胆固醇即转变为维生素 D_3，后者经肝、肾羟化酶的作用最终生成具有活性的 1,25-$(OH)_2$-维生素 D_3。

2. 胆固醇的排泄

部分胆固醇可随胆汁进入肠道，进入肠道的胆固醇，一部分被重吸收，另一部分受肠道细菌的作用还原成粪固醇随粪便排出体外。

第五节　血脂与血浆脂蛋白

一、血脂

血浆所含的脂类统称血脂。主要包括甘油三酯（TG）、磷脂（PL）、胆固醇（Ch）及其酯（CE）、游离脂肪酸（FFA）等。血脂的来源包括外源性（食物脂类的消化吸收）以及内源性（各组织合成后释放入血），其含量不如血糖恒定，受膳食、年龄、性别、职业以及代谢等影响，波动较大。但无论外源性还是内源性脂类物质都经过血液运转于各组织之间。因此，血脂含量可以反映体内脂类代谢的基本概况。正常成年人空腹 12~14h 血脂的组成及含量见表 7-3。

表 7-3　正常成人空腹血脂的组成及含量

成分	正常参考值/(mmol/L)(mg/100mL)	成分	正常参考值/(mmol/L)(mg/100mL)
甘油三酯	1.1~1.7(10~150)	游离胆固醇	1.0~1.8(40~70)
总胆固醇	2.6~6.5(100~250)	磷脂	48.4~80.7(150~250)
胆固醇酯	1.85~2(70~200)	游离脂肪酸	0.195~0.805(5~20)

血脂的含量决定于其来源与去路。血脂的主要来源有：①食物消化吸收的脂类；②脂库甘油三酯动员释放的脂类；③体内合成的脂类。去路为：①氧化分解；②进入脂库贮存；③构成生物膜；④转变为其他物质。正常情况下，血脂的来源和去路保持动态平衡，但这种平衡受许多因素的影响。血脂的来源与去路如图 7-11。

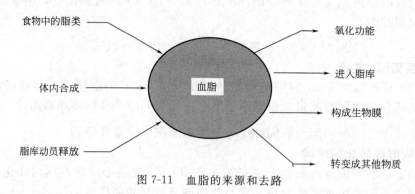

图 7-11　血脂的来源和去路

二、血浆脂蛋白

脂类不溶于水，而正常人的血浆中脂类含量虽多，却仍然清澈透明，这主要是由于血浆脂类物质与载脂蛋白等结合形成脂蛋白而增大了溶解度。人体内的血脂主要是以脂蛋白的形式运输的。

（一）血浆脂蛋白的分类

1. 超速离心法

由于各种脂蛋白的脂类及蛋白质的所占比例不同，故其密度不同。故血浆在一定密度的盐溶液中进行超速离心，可将血浆脂蛋白按密度大小分离。可将血浆脂蛋白分为乳糜微粒（CM）、极低密度脂蛋白（VLDL）、低密度脂蛋白（LDL）、高密度脂蛋白（HDL）四类。

此外，一种中间密度脂蛋白（intermediate density lipoprotein，IDL），它是 VLDL 在血浆中代谢的中间产物，其组成、颗粒大小和相对密度（1.006～1.019）介于 VLDL 和 LDL 之间。

2. 电泳法

由于各种脂蛋白及载脂蛋白的种类不同，其表面电荷数量也不同，在电场中电泳时具有不同的迁移率。按照在电场中电泳的快慢可分为 α-脂蛋白、前 β-脂蛋白、β-脂蛋白及乳糜微粒（CM）四类（如图 7-12）。

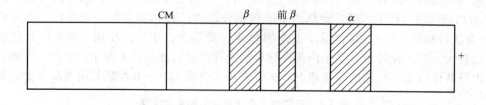

图 7-12　血浆脂蛋白琼脂凝胶电泳图

（二）血浆脂蛋白的组成

各类血浆脂蛋白均含蛋白质及 TG、PL、Ch、CE 等脂质，但其组成比例及含量却不同。其中 CM 颗粒最大，含 TG 可达 80%~95%，含蛋白质最少，密度最小，血浆静置即可漂浮；VLDL 含 TG 达 50%~70%，蛋白质含量高于 CM，密度较 CM 大；LDL 含 Ch 及 CE 最多，达 40%~50%；HDL 含蛋白质最多，可达 50%，密度最高，颗粒最小。血浆脂蛋白的分类、组成及功能见表 7-4。

表 7-4 血浆脂蛋白的分类、性质、组成、合成部位及功能

分类		CM	VLDL	LDL	HDL
	密度法	CM	VLDL	LDL	HDL
	电泳法	CM	前 β-脂蛋白	β-脂蛋白	α-脂蛋白
性质	相对密度	<0.95	0.95~1.006	1.006~1.063	1.063~1.210
	颗粒直径/nm	80~500	25~80	20~25	5~17
组成/%	蛋白质	0.5~2	5~10	20~25	50
	脂类	98~99	90~95	75~80	50
	甘油三酯	80~95	50~70	10	5
	胆固醇及其酯	4~5	15~19	48~50	20~22
	磷脂	5~7	15	20	25
半衰期		5~15min	6~12h	2~4 天	3~5 天
合成部位		小肠黏膜细胞	肝细胞	血浆	肝、肠、血浆
功能		转运外源性 TG 及 Ch	转运内源性 TG 及 Ch	转运内源性 Ch（肝→→全身）	逆向转运 Ch（肝外→肝脏）

（三）血浆脂蛋白的代谢

1. CM 的代谢

CM 是运输外源性 TG 及 CE 的主要形式。食物脂肪消化吸收后在小肠黏膜细胞内再合成 TG、PL 及 CE 等，加上载脂蛋白形成新生的 CM，经淋巴进入血液，并与 HDL 进行脂蛋白交换，形成成熟的 CM。在肌肉等组织毛细血管内皮细胞表面的脂蛋白脂肪酶（LPL）的催化下，CM 中的 TG 逐步水解生成甘油及脂肪酸而被摄取利用。最终 CM 转变为 CM 残粒，被肝细胞膜摄取代谢。正常人 CM 在血浆中代谢迅速，空腹 12h 时以后血浆中不含 CM。

2. VLDL 的代谢

VLDL 是运输内源性 TG 的主要形式。肝细胞内合成的 TG、PL、CE 及 Ch，加上载脂蛋白形成的 VLDL 释放入血，与乳糜微粒相似，在 LPL 的作用下 VLDL 中 TG 逐步水解，同时不断接受 HDL 的 CE，体积逐渐变小，密度逐渐增高，转变为中间密度脂蛋白（IDL），一部分 IDL 被肝细胞膜受体结合而代谢，另一部分 IDL 则在 LPL 及 HDL 的进一步作用下最终转变为 LDL。

3. LDL 的代谢

LDL 是由血浆中的 VLDL 转变而来，正常人空腹血浆脂蛋白主要是 LDL，约占血浆脂蛋白总量的三分之二。在肝脏等全身各组织细胞膜表面均存在 LDL 受体，其中以肝脏、肾上腺、性腺等组织含量最为丰富。当血浆中 LDL 与 LDL 受体结合后，受体聚集成簇，内吞入细胞与溶酶体融合。LDL 的主要功能是将肝合成的胆固醇运至肝外组织。血浆 LDL 增高者易发生动脉粥样硬化。

4. HDL 的代谢

HDL 主要由肝脏合成，小肠也可合成，另外，CM 及 VLDL 代谢时，其表面的载脂蛋白以及磷脂、胆固醇等可脱离下来形成新生的 HDL。新生 HDL 呈盘状，进入血液后，在血浆 LCAT 的催化下，其表面磷脂的 2 位脂酰基转移至胆固醇 3 位羟基上生成溶血卵磷脂及胆固醇酯，后者转运进入 HDL 内核。LCAT 由肝细胞合成分泌入血而发挥作用，血浆中

的胆固醇酯主要由该酶催化合成，若肝功能障碍，则血浆中胆固醇酯水平下降。成熟 HDL 可与肝细胞膜 HDL 受体结合而被降解。HDL 可将胆固醇从肝外组织转运到肝脏进行代谢，此过程称为胆固醇的逆向转运。机体通过这种机制，可将外周组织衰老细胞膜中的胆固醇转运至肝脏代谢并排出体外。

第六节　常见的脂类代谢障碍

一、高脂血症

血脂高于正常人上限即为高脂血症。由于血脂在血中以脂蛋白形式运输，实际上高脂血症也可以认为是高脂蛋白血症。正常人上限标准因地区、膳食、年龄、劳动状况、职业以及测定方法不同而有差异。一般以成人空腹 12~14h 血甘油三酯超过 2.26mmol/L（200mg/100mL），胆固醇超过 6.21mmol/L（240mg/100mL），儿童胆固醇超过 4.14mmol/L（160mg/100mL）为高脂血症标准。

高脂血症的分类如下。

（1）按照是否继发于全身系统性疾病分类　继发性高脂血症：继发于其他疾病如糖尿病等；原发性高脂血症：原因不明的高脂血症，有些是遗传缺陷，如 LDL 受体缺陷可导致家族性高胆固醇血症。

（2）按表型分类　1970 年世界卫生组织（WHO）建议将高脂血症分为六型，其脂蛋白及血脂变化见表 7-5。

表 7-5　高脂蛋白血症分型

分型	脂蛋白变化	血脂变化	发生率	易发疾病
Ⅰ	CM↑	TG↑↑↑ Ch↑	罕见	胰腺炎
Ⅱa	LDL↑	Ch↑↑	常见	冠心病
Ⅱb	LDL↑ VLDL↑	Ch↑↑ TG↑↑	常见	冠心病
Ⅲ	IDL↑	Ch↑↑ TG↑↑	少见	冠心病
Ⅳ	VLDL↑	TG↑↑	常见	冠心病
Ⅴ	VLDL↑ CM↑	TG↑↑↑ Ch↑	少见	胰腺炎

二、脂肪肝

脂肪肝是由多种原因引起的脂类代谢障碍，使肝细胞中脂肪含量异常增加的一种疾病，正常人的肝内总脂肪量约占肝重的 5%，其中磷脂约占 3%，甘油三酯约占 2%。脂肪量超过 5% 为轻度脂肪肝，超过 10% 为中度脂肪肝，超过 25% 为重度脂肪肝。而脂肪肝患者，总脂肪量可达 40%~50%，有些达 60% 以上，其中以甘油三酯堆积最为多见。形成脂肪肝常见的原因：①肝细胞内甘油三酯来源过多，如长期食用高脂低糖或高糖高热量饮食；②肝细胞内脑磷脂和卵磷脂的合成原料缺乏时，导致 VLDL 的合成障碍，导致肝细胞内的甘油三酯因不能运出而使其含量升高；③肝功能障碍，影响前 β-脂蛋白的合成与释放。以上这些因素都可以导致脂肪肝的形成，影响肝脏的正常功能。

三、动脉粥样硬化

高脂蛋白血症的异常而出现的异常脂蛋白在动脉粥样硬化斑块形成中有极其重要的作

用。在人体血液循环中，由于粥样硬化斑块使通过该动脉的血流量减少，远端组织或器官发生缺血性损伤，从而相应的临床症状和体征陆续出现。主动脉受累最严重，尤其是腹主动脉，但因管腔粗，不易引起阻塞症状。冠状动脉与脑动脉则因管腔较细，由于激发条件而引起斑块表面溃疡和内出血，血小板进一步凝集、血栓形成、动脉管腔狭窄或阻塞，从而导致冠心病与缺血性脑卒中的发生等。这也是中老年人最常见的死亡原因。动脉粥样硬化血管与正常血管的比较见图 7-13。

 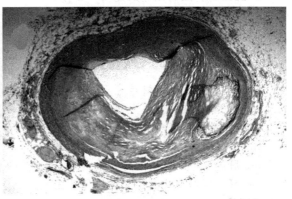

(a) 正常血管　　　　　　　　　　　　　　(b) 动脉粥样硬化血管

图 7-13　动脉粥样硬化血管与正常血管的比较

目前的研究发现，动脉粥样硬化与血浆胆固醇及 LDL 的浓度升高呈正相关。另外有研究表明，人们公认血 HDL 水平与动脉粥样硬化导致的心脑血管疾病的发病率呈负相关，主要通过参与体内胆固醇酯逆转运起到抗动脉粥样硬化作用，包括对 LDL 氧化抑制、中和修饰 LDL 配基活性以及抑制内皮细胞黏附分子的表达等功能。

复习思考题

一、选择题

A 型题

1. 下列脂肪酸中属必需脂肪酸的是（　　）。
A. 软脂酸　　　B. 油酸　　　C. 亚油酸　　　D. 二十碳酸　　　E. 硬脂酸
2. 血浆中运输内源性胆固醇的脂蛋白是（　　）。
A. CM　　　B. VLDL　　　C. LDL　　　D. HDL　　　E. IDL
3. 能促进脂肪动员的激素有（　　）。
A. 肾上腺素　　　B. 胰高血糖素　　　C. 促甲状腺素　　　D. ACTH　　　E. 以上都是
4. 关于脂肪酸 β-氧化的叙述，错误的是（　　）。
A. 酶系存在于线粒体中　　　　　　　　B. 不发生脱水反应
C. 需要 FAD 及 NAD^+ 为受氢体　　　　D. 脂肪酸的活化是必要的步骤
E. 每进行一次 β-氧化产生 2 分子乙酰 CoA
5. 脂肪酸合成过程中，脂酰基的载体是（　　）。
A. CoASH　　　B. 肉碱　　　C. ACP　　　D. 丙二酰 CoA　　　E. 草酰乙酸
6. 下列脂蛋白形成障碍与脂肪肝的形成密切相关的是（　　）。
A. CM　　　B. VLDL　　　C. LDL　　　D. HDL　　　E. IDL
7. 酮体是指（　　）。
A. 草酰乙酸，β-羟丁酸，丙酮　　　　　　B. 乙酰乙酸，β-羟丁酸，丙酮酸

C. 乙酰乙酸，β-氨基丁酸，丙酮酸   D. 乙酰乙酸，γ-羟丁酸，丙酮
E. 乙酰乙酸，β-羟丁酸，丙酮

B 型题

A. HMG-CoA 合酶   B. HMG-CoA 裂解酶   C. HMG-CoA 还原酶
D. 乙酰乙酸硫激酶   E. 乙酰 CoA 羧化酶

1. 脂肪酸合成的限速酶是（　　）。
2. 胆固醇合成的限速酶是（　　）。
3. 只与酮体生成有关的酶是（　　）。
4. 催化酮体氧化利用的酶是（　　）。
5. 与胆固醇及酮体的合成都相关的酶是（　　）。

A. 胞液   B. 线粒体   C. 胞液和线粒体   D. 胞液和内质网   E. 内质网和线粒体

6. 脂肪酸 β-氧化的酶存在于（　　）。
7. 脂肪酸合成酶体系主要存在于（　　）。
8. 软脂酸碳链延长的酶存在于（　　）。
9. 胆固醇合成酶存在于（　　）。
10. 肝内合成酮体的酶存在于（　　）。
11. 肝外组织氧化利用酮体的酶存在于（　　）。

X 型题

1. 脂解激素是（　　）。
   A. 肾上腺素   B. 胰高血糖素   C. 胰岛素   D. 促甲状腺素   E. 甲状腺素
2. 可引起酮症的生理或病理因素是（　　）。
   A. 饥饿   B. 高脂低糖膳食   C. 糖尿病   D. 过量饮酒   E. 高糖低脂膳食
3. 胆固醇在体内可以转变为（　　）。
   A. 维生素 D_2 B. 睾酮   C. 胆红素   D. 醛固酮   E. 鹅胆酸

二、名词解释

1. 脂类   2. 血脂   3. 脂肪动员   4. 酮体   5. 酮症酸中毒

三、问答题

1. 脂肪酸氧化的四个大阶段都是什么？
2. 血脂包括哪些？试述其来源和去路。
3. 简述脂肪的贮存和动员。
4. 何谓脂肪酸 β-氧化？包括哪几步反应？每次 β-氧化脱下的二碳化合物是什么？
5. 试述人体胆固醇的来源与去路。
6. 简述饥饿或糖尿病患者出现酮症的原因。

第八章 蛋白质分解代谢

蛋白质是生命的物质基础，在生命活动中起着非常重要的作用，如维持细胞、组织的生长、更新、修补；催化调节、转运贮存作用，能量供给等，每1g蛋白质在体内氧化分解可释放17.19kJ（4.1 kCal）的能量。虽种类繁多、功能各异，但它们的基本单位都是氨基酸。蛋白质分解代谢时，首先分解成氨基酸，才能进一步代谢，所以氨基酸代谢是蛋白质分解代谢的中心内容。人体的氨基酸主要来自食物蛋白质的消化吸收，各种蛋白质由于含的氨基酸种类和数量不同，其营养价值也不同。本章在简述蛋白质的营养作用及消化吸收之后将重点介绍氨基酸的分解代谢。

第一节 蛋白质的营养作用及消化吸收

一、蛋白质的需要量

新陈代谢是生命的基本特征，体内蛋白质不断进行自我更新，需要不断从外界摄取蛋白质，以维持组织细胞生长、更新和修复的需要。成人每日最低需要30～50g蛋白质，我国营养学会推荐成人每日蛋白质需要量80g。

> **知识链接**
>
> "大头娃娃"事件
>
> 在安徽阜阳农村，很多出生不久的婴儿陆续患上一种怪病，头脸肥大、四肢细短、全身浮肿，成了畸形的"大头娃娃"。 根据医院的诊断，这些婴儿所患的都是营养不良综合征，而扼杀这些幼小生命的"元凶"，正是蛋白质等营养元素指标严重低于国家标准的劣质婴儿奶粉。据统计，2003年5月以来，因食用劣质奶粉出现营养不良综合征的共171例，死亡13例，在社会上影响极深，后又在淮安等地发现类似的"大头娃娃"。按照国家标准，婴儿一段配方奶粉，蛋白质含量不应低于18%；二段、三段奶粉的蛋白质含量也应在12%～18%。而劣质奶粉的蛋白质含量低的只有1.7%，最高的也就3.7%，远远低于国家标准。

氮平衡是测定摄入氮量和排出氮量来了解蛋白质在体内代谢和利用的一种方法。氮的平衡有三种类型。

1. 氮的总平衡

摄入氮＝排出氮，即摄入蛋白质的量等于蛋白质的排出量反映正常成人的蛋白质代谢情况，即氮的"收支"平衡，常见于正常成人。

2. 氮的正平衡

摄入氮＞排出氮，此种氮平衡情况常见于婴幼儿、青少年、孕妇、乳母及疾病恢复期的患者等。

3. 氮的负平衡

摄入氮＜排出氮，反映摄入食物的蛋白质量不足或体内蛋白分解增强。常见于营养不良、饥饿、消耗性疾病、大面积烧伤等情况。

二、蛋白质的营养作用

膳食中必须提供足够质和量的蛋白质，才能维持机体需要。食物蛋白质的营养主要是提供人体蛋白质合成所需的必需氨基酸，其营养价值高低取决于这种食物蛋白质所含的必需氨基酸的种类、数量和比例。种类齐全，比例与人体需要接近，数量大，其营养价值就高。一般来说，动物蛋白的营养价值高于植物蛋白。为了满足人体合成蛋白质的需要，可以把几种营养价值低的蛋白质混合食用，必需氨基酸可以相互补充，从而提高蛋白质的营养价值，称为蛋白质的互补作用。例如豆类食物富含赖氨酸，但色氨酸较少；而谷类食物富含色氨酸，但赖氨酸较少。将这2种食物混合食用，可明显提高蛋白质的营养价值。动植物蛋白混合食用，蛋白质的互补作用更明显，如在小麦、小米和大豆中加入10%的牛肉干，可使蛋白质营养价值超过单独食用牛奶或肉类。因此，提倡摄入食物种类多样化、合理化，这对于提高蛋白质的营养价值具有重要的科学意义。

三、蛋白质的消化吸收和腐败

食物蛋白质的消化、吸收是人体氨基酸的主要来源。口腔中没有水解蛋白质的酶类，故蛋白质的消化从胃开始，主要在小肠进行。由于食物在胃中停留时间不长，胃蛋白酶对蛋白质的消化不完全，主要产物是多肽和少量氨基酸。胰液蛋白酶消化蛋白质产生寡肽和少量氨基酸；小肠黏膜细胞的消化酶（氨基肽酶和二肽酶）水解寡肽为氨基酸。氨基酸的吸收过程是一个耗能的主动转运过程。食物蛋白质平均约有95%左右被消化吸收。未被消化的蛋白质和未被吸收的氨基酸，在结肠下部受到细菌作用进行发酵和腐败，该过程称蛋白质的腐败作用。腐败作用实质上是细菌本身对蛋白质的代谢过程，其产物除少数（如维生素K、维生素B_6、维生素B_{12}、叶酸及某些少量脂肪酸等）具有一定营养作用外，大部分是对人体有害的胺类、氨、酚类、吲哚、硫化氢及甲烷等。正常情况下，有害物质大部分随粪便排出，只有小部分被吸收，经体内转化后排出体外。

四、氨基酸静脉营养与临床应用

氨基酸静脉营养是指通过静脉输入含必需氨基酸制剂的方式，满足机体合成蛋白质及其他含氮化合物的需要。临床上氨基酸制剂分为两大类：一类是普通营养性氨基酸制剂；另一类是特殊用途氨基酸制剂。这两类氨基酸制剂都是以各种结晶氨基酸为原料按特定的含量配制而成的氨基酸混合液。

静脉补充氨基酸虽然直接、快速，但对氨基酸制剂的要求高，制作成本高，不如口服方便，一般胃肠功能正常、能进行胃肠吸收的病人，多不采用静脉营养。临床上，凡属下列情况之一者，均可考虑给予氨基酸静脉营养：患有不能从胃肠道摄入营养的疾病，如高位肠瘘、食管瘘、食管胃肠先天畸形、肠大部切除等；手术前后的危重病人、化疗期间胃肠反应严重的病人；体质虚弱、消耗性疾病和分解代谢亢进病人，如大面积烧伤、严重创伤、感染等；胃肠需休息的病人，如溃疡性结肠炎、长期腹泻、胃肠道出血等。临床上使用氨基酸制剂，应根据病人情况选用不同类型的制剂，真正做到缺什么补什么，恰如其分，满足机体需要。

第二节 氨基酸的一般代谢

生物体内的各种蛋白质经常处于动态更新之中，蛋白质的更新包括蛋白质的分解代谢和蛋白质的合成代谢本章主要是蛋白质分解为氨基酸及氨基酸继续分解为含氮的代谢产物、二氧化碳和水并释放出能量的过程。体液中的氨基酸主要来于蛋白质消化吸收、体内组织蛋白质的分解以及体内的合成。不同来源的氨基酸混在一起，通过血液循环在各组织参与代谢，称为氨基酸代谢库。氨基酸在体内的代谢概况归纳如图 8-1。

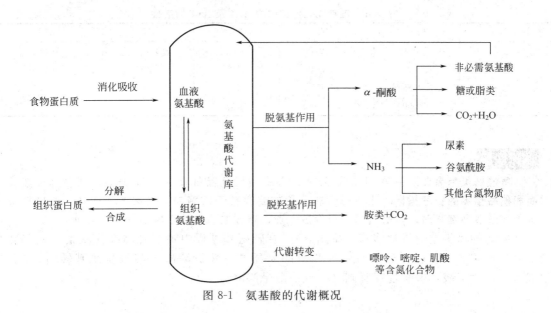

图 8-1 氨基酸的代谢概况

一、氨基酸的脱氨基作用

氨基酸一般代谢首先要进行脱氨基代谢生成 α-酮酸和氨。在肝、肌肉、脑组织中都有催化氨基酸脱氨基代谢的酶。氨基酸脱氨基的方式有转氨基作用、氧化脱氨基作用和联合脱氨基作用。组织细胞中氨基酸脱氨基主要通过联合脱氨基作用。

（一）转氨基作用

在转氨酶的催化下，α-氨基酸与 α-酮酸进行氨基和酮基的转移交换，生成新的 α-酮酸和 α-氨基酸的过程称为转氨基作用。

$$\begin{array}{c} R_1 \\ | \\ H-C-NH_2 \\ | \\ COOH \end{array} + \begin{array}{c} R_2 \\ | \\ C=O \\ | \\ COOH \end{array} \xrightleftharpoons[\text{磷酸吡哆醛}]{\text{转氨酶}} \begin{array}{c} R_1 \\ | \\ C=O \\ | \\ COOH \end{array} + \begin{array}{c} R_2 \\ | \\ H-C-NH_2 \\ | \\ COOH \end{array}$$

转氨酶催化的反应是可逆的，实质是氨基转移，形成新的氨基酸，没有真正脱去氨基。转氨酶又称氨基转移酶，它既可作用于氨基酸的分解又可作用于氨基酸的生物合成。

体内存在多种转氨酶，不同氨基酸与 α-酮酸之间的转氨基作用只能由专一的转氨酶催化。体内有两种重要的转氨酶，一种是谷氨酸转氨酶，另一种是丙氨酸转氨酶。谷氨酸转氨酶催化氨基转移至 α-酮戊二酸生成谷氨酸。

这个反应能从不同的氨基酸收集氨基合成谷氨酸，谷氨酸再作为合成途径的氨基供体或在排泄途径中将含氮废物排出体外。体内的谷丙转氨酶（glutamic pyruvic transaminase，GPT 或 ALT）和谷草转氨酶（glutamic oxaloacetic transaminase，GOT 或 AST）在体内广泛存在，但各组织细胞的含量不同（表 8-1）。

$$\text{谷氨酸}+\text{丙酮酸} \xrightleftharpoons{\text{ALT 或 GPT}} \alpha\text{-酮戊二酸}+\text{丙氨酸}$$

$$\text{谷氨酸}+\text{草酰乙酸} \xrightleftharpoons{\text{AST 或 GOT}} \alpha\text{-酮戊二酸}+\text{天冬氨酸}$$

表 8-1 正常成人各组织中 ALT 及 AST 的活性　　　　　　　　　　u/g 湿组织

组织	ALT	AST	组织	ALT	AST
心	7 100	156 000	胰腺	2 000	28 000
肝脏	44 000	142 000	脾脏	1 200	14 000
骨骼肌	4 800	99 000	肺	700	10 000
肾	19 000	91 000	血清	16	20

临床联系

急性肝炎患者血清中 ALT 活性升高，心肌梗死患者血清中 AST 升高，可作为临床诊断和预后预测的参考指标。正常时，转氨酶主要存在于细胞内。当某些原因使细胞破坏或细胞膜通透性增高时，转氨酶可大量释放入血，造成血清中转氨酶活性明显升高。

转氨酶的辅酶是磷酸吡哆醛，见图 8-2，在转氨基过程中磷酸吡哆醛先从某一氨基酸接受氨基生成磷酸吡哆胺，氨基酸生成相应的 α-酮酸，然后磷酸吡哆胺将氨基转给 α-酮酸，生成另一种氨基酸，磷酸吡哆胺则又生成磷酸吡哆醛。

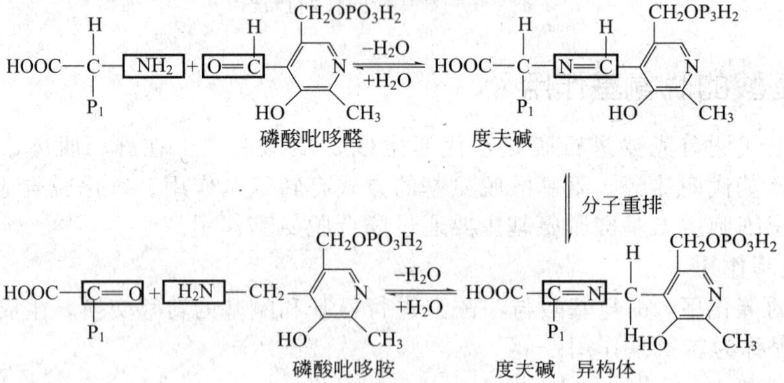

图 8-2 转氨基作用的机制

（二）氧化脱氨基作用

氨基酸在酶的催化下，脱氢的同时伴有脱氨基的反应过程称为氧化脱氨基作用。L-谷氨酸脱氢酶和氨基酸氧化酶类催化的反应都属于氧化脱氨基作用，其中以 L-谷氨酸脱氢酶催化的反应最为重要。L-谷氨酸脱氢酶的辅酶是 NAD^+ 或 $NADP^+$，是一种由 6 个相同的亚基构成的一种变构酶，ADP 和 GDP 是该酶的变构激活剂，ATP 和 GTP 是该酶的变构抑制剂，该酶广泛分布在肝、肾、脑等组织中，活性高，催化 L-谷氨酸氧化脱氨生成 α-酮戊二酸，其反应式如下：

$$\begin{array}{c}\text{H}\;\text{NH} \\ \text{H}-\text{C}-\text{COOH} \\ (\text{CH}_2)_2\text{COOH} \\ \text{L-谷氨酸}\end{array} \xrightleftharpoons[\text{L-谷氨酸脱氢酶}]{\text{NAD}^+ \quad \text{NADH+H}^+} \begin{array}{c}\text{NH} \\ \text{C}-\text{COOH} \\ (\text{CH}_2)_2\text{COOH} \\ \alpha\text{-亚氨基戊二酸}\end{array} \xrightleftharpoons[-\text{H}_2\text{O}]{+\text{H}_2\text{O}} \begin{array}{c}\text{O} \\ \text{C}-\text{COOH} \\ (\text{CH}_2)_2\text{COOH} \\ \alpha\text{-酮戊二酸}\end{array} + \text{NH}_3$$

（三）联合脱氨基作用

谷氨酸脱氢酶只能催化谷氨酸脱氨基，要使其他氨基酸都能脱氨基，则要靠联合脱氨基作用。转氨基作用与氧化脱氨基作用偶联进行的脱氨基作用称为联合脱氨基作用。联合脱氨基作用根据其过程不同，分为以下两种形式。

1. 转氨酶与谷氨酸脱氢酶催化的联合脱氨基作用

这种方式是指通过转氨基作用，把氨基酸的氨基转给 α-酮戊二酸，生成谷氨酸，然后谷氨酸在谷氨酸脱氢酶作用下脱下氨（图 8-3）。目前认为这种方式是肝、脑、肾组织脱氨基的主要方式。

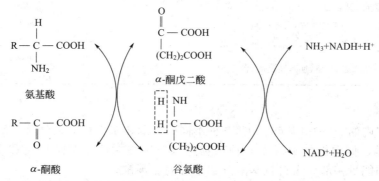

图 8-3 转氨酶和谷氨酸脱氢酶催化的联合脱氨基作用

2. 嘌呤核苷酸循环

在骨骼肌和心肌组织中，L-谷氨酸脱氢酶活性很低。研究证实，在肌肉组织中存在另一

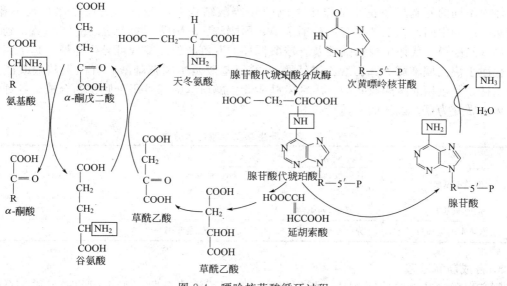

图 8-4 嘌呤核苷酸循环过程

种联合脱氨基作用，即嘌呤核苷酸循环。氨基酸通过转氨基作用，把氨基转给草酰乙酸，生成天冬氨酸；天冬氨酸通过次黄嘌呤核苷酸循环反应过程脱下氨。天冬氨酸与次黄嘌呤核苷酸在腺苷酸代琥珀酸合成酶催化作用下，生成腺苷酸代琥珀酸，进而在裂解酶催化作用下，生成延胡索酸和腺苷酸，延胡索酸加水生成苹果酸，苹果酸脱氢生成草酰乙酸，而腺苷酸在腺苷脱氨酶催化下，加水脱氨生成次黄嘌呤核苷酸，见图8-4。

二、α-酮酸的代谢

氨基酸脱氨基产生的α-酮酸（见表8-2），可用于氧化供能，也可异生为糖、合成脂肪，还可经联合脱氨基作用的逆过程再合成氨基酸。

表8-2　氨基酸降解中产生的α-酮酸

氨基酸	α-酮酸
丙氨酸,丝氨酸,半胱氨酸,胱氨酸,甘氨酸,苏氨酸	丙酮酸
蛋氨酸,异亮氨酸,缬氨酸	琥珀酰CoA
苯丙氨酸,酪氨酸	延胡索酸
精氨酸,脯氨酸,组氨酸,谷氨酰胺,谷氨酸	α-酮戊二酸
天冬酰胺,天冬氨酸	草酰乙酸
亮氨酸,色氨酸,苏氨酸,异亮氨酸	乙酰CoA
苯丙氨酸,酪氨酸,亮氨酸,色氨酸	乙酰乙酸（或乙酰乙酰CoA）

1. 氧化供能

脊椎动物体内的20种氨基酸，由20种不同的多酶体系进行氧化分解。虽然氨基酸的氧化分解途径各异，但它们集中形成5种产物进入三羧酸循环，生成CO_2和H_2O并释放能量。人体所需的能量一部分来自氨基酸分解生成的α-酮酸。

2. 转变成糖或脂肪

实验证明，用各种不同的氨基酸饲养人工造成糖尿病的犬时，大多数氨基酸可使犬尿中排出葡萄糖增加，少数可使犬尿中排出葡萄糖及酮体同时增加，只有亮氨酸和赖氨酸使酮体排出增加。

体内不同的氨基酸经脱氨基作用生成的α-酮酸结构互不相同，其代谢途径也不相同，但代谢生成的中间产物不外乎有乙酰辅酶A、丙酮酸、α-酮戊二酸、琥珀酰辅酶A、延胡索酸、草酰乙酸等。代谢生成丙酮酸及三羧酸循环的有机酸的氨基酸可异生为糖，是生糖氨基酸；代谢生成乙酰辅酶A、乙酰乙酰辅酶A的氨基酸是生酮氨基酸。有的氨基酸既能生酮又能生糖，是生糖兼生酮氨基酸。生糖氨基酸和生酮氨基酸都可用于脂肪的合成。各种氨基酸在体内转变为糖、酮体的性质见表8-3。

表8-3　氨基酸生糖及生酮性质分类

类别	氨基酸
生糖氨基酸	甘氨酸、丝氨酸、缬氨酸、组氨酸、精氨酸、半胱氨酸、脯氨酸、羟脯氨酸、丙氨酸、谷氨酸、谷氨酰胺、天冬氨酸、天冬酰胺、蛋氨酸
生酮氨基酸	亮氨酸、赖氨酸
生糖兼生酮氨基酸	异亮氨酸、苯丙氨酸、酪氨酸、苏氨酸、色氨酸

3. 合成新氨基酸

氨基酸脱氨基生成的α-酮酸，根据机体需要，可沿联合脱氨基作用的逆反应，合成新的氨基酸，用于蛋白质的生物合成。

第三节 氨的代谢

氨是机体正常代谢产物，具有毒性。正常人血氨浓度一般不超过 $60\mu mol/L$，体内有一系列清除氨的机制，使氨的来源与去路之间保持动态平衡。

一、体内氨的来源

1. 体内氨基酸脱氨基作用和胺类的分解

氨基酸脱氨基产生的氨是体内氨的主要来源。胺类分解也可产生氨。

2. 肾小管上皮细胞分泌的氨主要来自谷氨酰胺

谷氨酰胺在谷氨酰胺酶的作用下，分解产生的 NH_3，其中绝大多数分泌入肾小管腔，与 H^+ 结合生成 NH_4^+，以铵盐的形式随尿排出；也有少量进入血液，这对机体的酸碱平衡起着重要的作用。酸性尿有利于肾小管细胞中的氨扩散入尿，但碱性尿则妨碍肾小管细胞中 NH_3 的分泌。氨被吸收入血成为血氨的另一个来源。

3. 肠道细菌作用腐败产生氨

肠道产氨较多，每日大约有 4g 氨吸收入血，进入体内。肠道氨的吸收与肠道 pH 有关，NH_3 比 NH_4^+ 容易吸收。碱性肠液，NH_4^+ 转变为 NH_3，有利于氨的吸收。

> **临床联系**
>
> 临床对肝硬化腹水的病人不能用碱性利尿药，以免血氨升高。对高血氨病人采用弱酸性透析液灌肠，减少氨的吸收，促进氨的排泄；禁用碱性肥皂水灌肠。

二、氨在体内的转运

氨有毒性，组织中产生的氨经血液运输到肝脏合成尿素，或运至肾脏以铵盐排出体外，主要有下列两条途径。

1. 谷氨酰胺将氨从脑和肌肉运到肝或肾

在脑和肌肉等组织中，谷氨酰胺合成酶将谷氨酸合成谷氨酰胺，并由血液运送到肝或肾，再经谷氨酰胺酶水解成谷氨酸和氨。谷氨酰胺既是氨的解毒产物，也是氨的贮存及运输形式。谷氨酰胺在脑中固定和转运氨的过程中起了重要的作用。临床上对氨中毒病人服用或输入谷氨酸，可降低血氨浓度。

$$\underset{\text{谷氨酸}}{\begin{array}{c}COOH\\|\\H_2N-C-H\\|\\(CH_2)_2COOH\end{array}} \quad \boxed{NH_3}\cdot ATP \underset{\text{谷氨酰胺酶}}{\overset{\text{谷氨酰胺合成酶}}{\rightleftharpoons}} \overset{ADP+Pi}{\underset{H_2O}{\boxed{NH_3}}} \quad \underset{\text{谷氨酰胺}}{\begin{array}{c}COOH\\|\\H_2N-C-H\\|\\(CH_2)_2CO-NH_2\end{array}}$$

2. 丙氨酸-葡萄糖循环将氨从肌肉运输到肝脏

在肌肉组织中，氨基酸通过转氨基作用，将氨转给糖分解产生的丙酮酸生成丙氨酸解除毒性，随血液循环运输到肝；在肝中丙氨酸经转氨基作用生成丙酮酸，氨用于合成尿素，而丙酮酸则可在肝异生为葡萄糖，葡萄糖随血液循环运输到肌肉组织中，经糖酵解途径又可生成丙酮酸，丙酮酸再与氨结合生成丙氨酸发挥运氨作用，将肌肉组织中的氨运到肝，这就构成了丙酮酸-葡萄糖循环（图 8-5）。这一循环既使肌肉组织的氨以无毒的丙氨酸运输到肝，又使肌肉获得了能源物质葡萄糖。

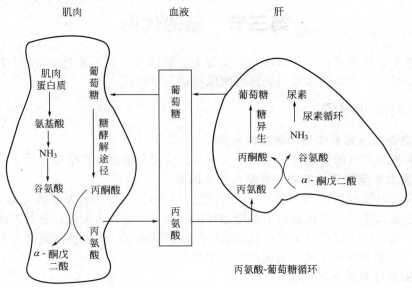

图 8-5　肌肉中丙氨酸的运氨作用

三、氨在体内的去路

肝可以把氨基酸分解产生的氨及其他组织运输来的氨合成尿素，尿素随血液循环运输到肾，随尿排出体外。实验证明，肝是尿素合成的器官，肾是尿素排泄的器官。实验中将狗的肝切除后，血液和尿中尿素含量逐渐降低，而血氨浓度会逐渐升高；如果保肝切肾，血中尿素含量升高，血氨不升高。临床上急性肝坏死病人，血中不含尿素，而氨含量多。

肝是如何合成尿素呢？早在 1932 年，德国学者 Hans Krebs 和 Kurt Henseleit 根据一系列实验就提出了尿素合成的鸟氨酸循环学说，又称尿素循环。他们将大鼠肝的切片在有氧的条件下加铵盐保温，数小时后，铵盐含量减少，同时尿素含量增多；若在此切片中加入鸟氨酸、瓜氨酸或精氨酸，则会大大加速尿素的合成。

知识链接

1931 年 7 月 26 日，德国生物化学教授克雷布斯 H. A.（Hans Adolf Krebs，1900—1981 年）成功地进行了最早的尿素生物合成实验。在肝脏切片的尿素合成中，他注意到氨和二氧化碳结合可以形成瓜氨酸，再加上氨又可以形成精氨酸，而精氨酸又可以分解为尿素和鸟氨酸的这个循环反应。这一结果发表在 9 个月之后的《临床医学周报》（1932 年 4 月 30 日）上，这就是著名的鸟氨酸循环。1937 年，他又发现了第二个循环，即柠檬酸循环。这两项研究是近代生物化学发展的里程碑。为此，1953 年他和李普曼 F. A. 共同获得诺贝尔生理学或医学奖。另外他还获得美国公共卫生协会颁发的拉斯克奖；1954 年获得皇家学会皇家勋章；1958 年获得荷兰物理、医学和外科学会金质奖章，同年被授以爵士称号。

实验证明尿素合成的过程如下。

1. 氨甲酰磷酸的合成

在肝细胞的线粒体中，NH_3、CO_2、ATP 在氨甲酰磷酸合成酶 Ⅰ（CPS-Ⅰ）作用下生成氨甲酰磷酸。CPS-Ⅰ是尿素合成的限速酶，催化不可逆反应。这个调节酶只有在变构激活剂 N-乙酰谷氨酸存在时才能被激活。人体内有两种氨甲酰磷酸合成酶。CPS-Ⅰ参与尿素合成；CPS-Ⅱ存在胞浆中，催化嘧啶合成。

$$\boxed{NH_3} + CO_2 + 2ATP + H_2O \xrightarrow[\text{氨甲酰磷酸合成酶 I}]{Mg^{2+}、N-乙酰谷氨酸} H_2N-\overset{O}{\underset{\|}{C}}-O\sim PO_3H_2 + 2ADP + Pi$$
氨甲酰磷酸

2. 瓜氨酸的合成

氨甲酰磷酸在线粒体中进一步与鸟氨酸反应合成瓜氨酸，催化该反应的酶是鸟氨酸氨甲酰基转移酶，反应不可逆，生成的瓜氨酸要出线粒体，进入胞液。

$$H_2N-\overset{O}{\underset{\|}{C}}-O\sim PO_3H_2 + H_2N-(CH_2)_3-\underset{\underset{COOH}{|}}{\overset{\overset{NH_2}{|}}{CH}} \xrightarrow{\text{鸟氨酸氨甲酰基转移酶}} HN-(CH_2)_3-\underset{\underset{COOH}{|}}{\overset{\overset{CONH_2}{|}}{CH}} + Pi$$
鸟氨酸　　　　　　　　　　　瓜氨酸

3. 精氨酸代琥珀酸的生成

在线粒体生成的瓜氨酸转运到胞液中，瓜氨酸与天冬氨酸在精氨酸代琥珀酸合成酶的催化下，消耗ATP生成精氨酸代琥珀酸。天冬氨酸提供了第二个氮。精氨酸代琥珀酸合成酶是鸟氨酸循环的关键酶。

4. 精氨酸的生成

精氨酸代琥珀酸在精氨酸代琥珀酸裂解酶的催化下，生成精氨酸和延胡索酸。延胡索酸可通过代谢转变为草酰乙酸与三羧酸循环连接起来，草酰乙酸通过转氨基反应又可接受氨基，生成天冬氨酸，进入下一次的尿素合成的鸟氨酸循环。

5. 精氨酸水解生成尿素

胞液中，精氨酸在精氨酸酶的作用下，水解生成尿素和鸟氨酸。尿素分泌入血，随血液循环运输到肾，随尿排出；鸟氨酸则通过线粒体内膜上的载体转运入线粒体，参与下一次的尿素合成的鸟氨酸循环。肝是尿素合成的唯一器官，每合成1分子尿素，要消耗3分子ATP，相当于4个高能键，其总反应为：

$$2NH_3 + CO_2 + 3ATP + 3H_2O \longrightarrow H_2N-\overset{O}{\underset{\|}{C}}-NH_2 + 2ADP + AMP + 4Pi$$

尿素合成的中间步骤、亚细胞定位及与其他代谢的联系总结见图8-6。

氨在体内的其他去路：合成非必需氨基酸，再被机体利用；用于合成某些含氮化合物，例如体内嘌呤、嘧啶核苷酸的合成。

氨的代谢归纳如表8-4。

表8-4　氨的代谢

氨的来源	氨的运输	氨的去路
氨基酸脱氨基（主要）	丙氨酸-葡萄糖循环（肌肉→肝）	在肝脏合成尿素（主要）
肠道吸收的氨		在脑、肌肉合成谷氨酰胺
肾小管分泌的氨	谷氨酰胺（脑、肌肉→肝、肾）	合成非必需氨基酸及含氮物

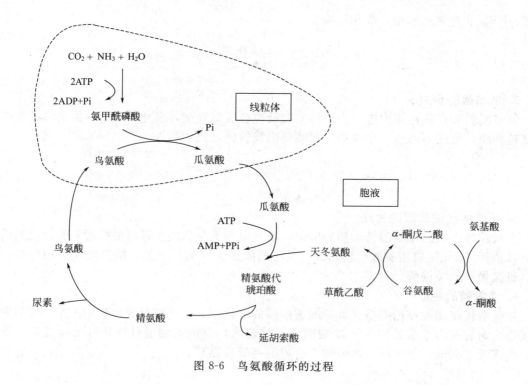

图 8-6 鸟氨酸循环的过程

四、高氨血症与氨中毒

NH_3对生物机体是有毒物质，特别是高等动物的脑对NH_3极为敏感，正常情况下血氨浓度处于较低水平，当肝功能严重受损时，尿素合成障碍，血氨浓度增高，称为高氨血症。大量的氨进入脑细胞，干扰了脑细胞的代谢，引起功能紊乱，机体出现一系列精神神经症状，甚至昏迷或死亡，称为肝性脑病。目前认为高血氨引起肝性脑病或肝昏迷是因为氨进入脑组织，与其中的α-酮戊二酸结合生成谷氨酸，谷氨酸进而与氨生成谷氨酰胺，导致脑细胞中α-酮戊二酸减少，三羧酸循环减弱，从而使脑组织ATP生成减少，引起大脑功能障碍。这就是肝昏迷的氨中毒学说。

第四节 个别氨基酸的代谢

一、氨基酸的脱羧基作用

氨基酸在脱羧酶作用下，进行脱羧反应生成胺类化合物。有些胺类化合物具有重要的生理作用。但大多数胺类对机体是有毒的。体内有胺氧化酶，能将胺氧化为醛和氨。醛可进一步氧化成脂肪酸。

1. 组氨酸在组氨酸脱羧酶的作用下生成组胺

肝、肾和肌肉、肺、乳腺等的肥大细胞及嗜碱性细胞在过敏反应、创伤等情况下产生组胺。组胺是一种强烈的血管扩张剂，使毛细血管通透性增加，血压下降，甚至休克。组胺可使平滑肌收缩，与支气管哮喘的发生有关；组胺还可刺激胃酸、胃蛋白酶分泌，可用于胃分泌机能的检查。组胺经氧化或甲基化而灭活。

$$\text{组氨酸} \xrightarrow[CO_2]{\text{组氨酸脱羧酶}} \text{组胺}$$

2. 色氨酸在色氨酸羟化酶的作用下生成 5-羟色氨酸

5-羟色胺（5-HT）主要分布于脑、胃肠、血小板及乳腺细胞中。脑内的 5-羟色胺是一种抑制性神经介质，外周组织的 5-羟色胺具有强烈收缩血管的作用。5-HT 经单胺氧化酶作用，生成 5-羟色醛，进一步氧化生成 5-羟吲哚乙酸等随尿排出体外。

$$\text{色氨酸} \xrightarrow{\text{色氨酸羟化酶}} \text{5-羟色氨酸} \xrightarrow[CO_2]{\text{5-羟色氨酸脱羧酶}} \text{5-羟色胺}$$

3. 谷氨酸在脱羧酶的作用下生成 γ-氨基丁酸（γ-aminobutyric，GABA）

谷氨酸脱羧酶的辅酶是磷酸吡哆醛（维生素 B_6），谷氨酸脱羧酶在脑和肾组织活性很高，γ-氨基丁酸是脑组织中的抑制性神经递质。临床上可用维生素 B_6 治疗妊娠呕吐和小儿高热抽搐。γ-氨基丁酸与 α-酮戊二酸转氨基，生成琥珀酸半醛，琥珀酸半醛氧化成琥珀酸入三羧酸循环进行代谢。

$$\text{L-谷氨酸} \xrightleftharpoons[CO_2]{\text{L-谷氨酸脱羧酶}} \text{γ-氨基丁酸}$$

4. 半胱氨酸生成牛磺酸

在肝细胞中半胱氨酸氧化生成磺酸丙氨酸，再脱羧生成牛磺酸。牛磺酸是结合胆汁酸的组成成分。目前发现脑组织中也含有牛磺酸，可能具有重要的生理功能。

$$\text{L-半胱氨酸} \xrightarrow{3[O]} \text{磺酸丙氨酸} \xrightarrow{CO_2} \text{牛磺酸}$$

5. 鸟氨酸在鸟氨酸脱羧酶作用下生成多胺

鸟氨酸在一些生长旺盛的组织脱羧生成腐胺，再在 S-腺苷甲硫氨酸参与下，经丙胺转移酶反应，生成精脒、精胺。腐胺、精脒、精胺都是多胺。在体内多胺少部分氧化为 NH_3 及 CO_2，大部分与乙酰基结合由尿排出。

> **临床联系**
>
> 多胺是调节细胞生长的重要物质，有促进核酸和蛋白质合成的作用，因而可促进细胞分裂增殖。其在生长旺盛的组织（如胚胎、再生肝、肿瘤组织）含量较高，其限速酶鸟氨

酸脱羧酶活性较强。临床上测定病人血浆或尿液中多胺的含量,可作为肿瘤病人的辅助诊断及病情变化的生化指标之一。

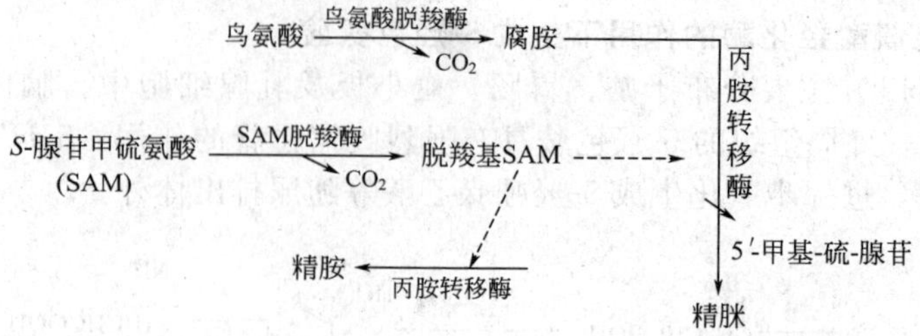

```
                     乌氨酸脱羧酶
       乌氨酸 ─────────────→ 腐胺 ──┐
                   ↘ CO₂              │丙
                                       │胺
                                       │转
    S-腺苷甲硫氨酸    SAM脱羧酶          │移
       (SAM)    ─────────→ 脱羧基SAM --┤酶
                   ↘ CO₂                │
                                       ↓ 5'-甲基-硫-腺苷
       精胺 ←──────── 丙胺转移酶        精脒
```

二、一碳单位代谢

一碳单位是指某些氨基酸在分解代谢过程中产生的含一个碳原子的基团。包括甲基（—CH_3）、亚甲基（—CH_2—）、次甲基（=CH—）、亚氨甲基（—CH=NH）、甲酰基

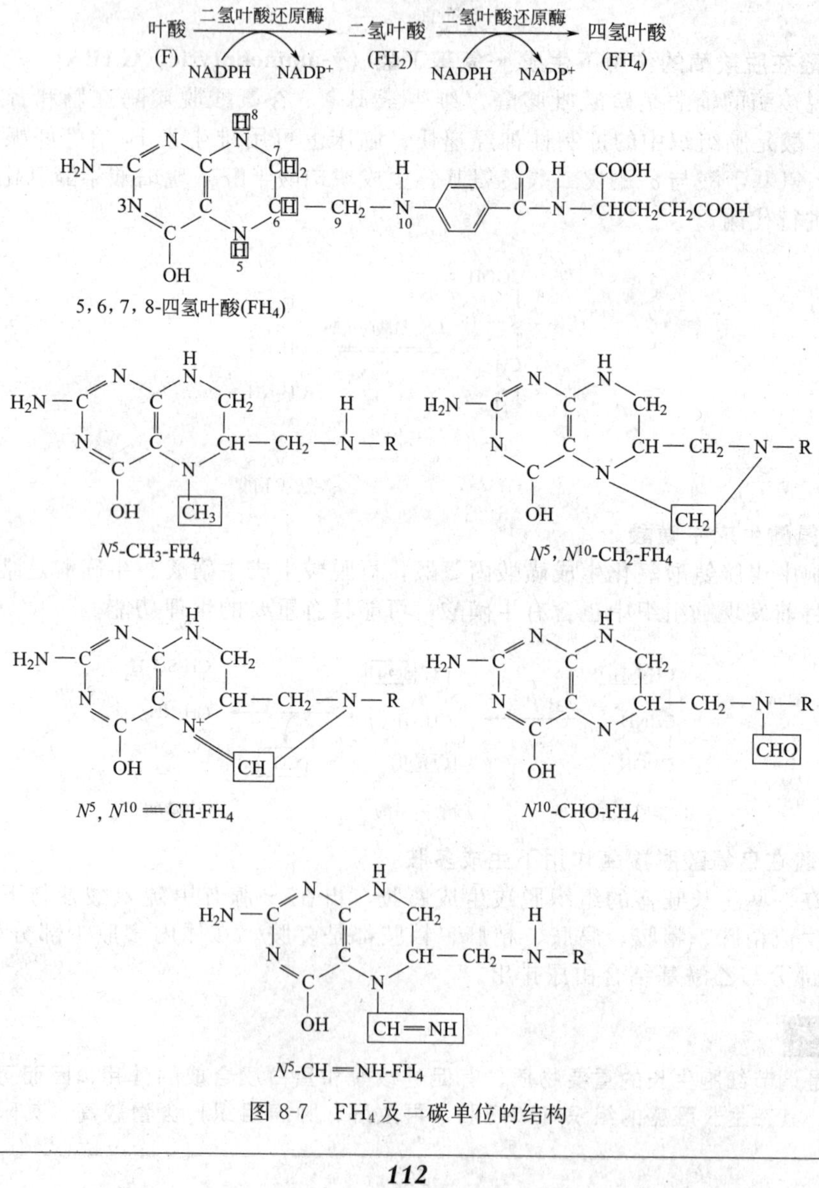

$$\text{叶酸(F)} \xrightarrow[NADPH \to NADP^+]{\text{二氢叶酸还原酶}} \text{二氢叶酸}(FH_2) \xrightarrow[NADPH \to NADP^+]{\text{二氢叶酸还原酶}} \text{四氢叶酸}(FH_4)$$

5,6,7,8-四氢叶酸(FH_4)

N^5-CH_3-FH_4

N^5,N^{10}-CH_2-FH_4

N^5,N^{10}=CH-FH_4

N^{10}-CHO-FH_4

N^5-CH=NH-FH_4

图 8-7 FH_4 及一碳单位的结构

(—CHO)等。CO_2、CO 不是一碳单位。

(一)一碳单位与四氢叶酸

一碳单位不能游离存在,总是由四氢叶酸运载参与代谢。四氢叶酸是一碳单位的载体,也可以说四氢叶酸是一碳单位代谢的辅酶。氨基酸分解代谢产生的一碳单位与四氢叶酸(FH_4)结合可生成 N^5-甲基四氢叶酸(N^5-CH_3-FH_4)、N^{10}-甲酰基四氢叶酸(N^{10}-CHO-FH_4)、N^5-亚氨甲基四氢叶酸(N^5-CH=NH-FH_4)、N^5,N^{10}-次甲基四氢叶酸(N^5,N^{10}=CH-FH_4)和 N^5,N^{10}-亚甲基四氢叶酸(N^5,N^{10}-CH_2-FH_4)。四氢叶酸由叶酸经二氢叶酸还原酶催化还原而生成。FH_4 及一碳单位的结构如图8-7所示。

(二)一碳单位的生成及相互转化

人体内有甘氨酸、丝氨酸、组氨酸和色氨酸可以产生一碳单位。有些一碳单位可以相互转化,在体内 N^{10}-甲酰基四氢叶酸、N^5-亚氨甲基四氢叶酸、N^5,N^{10}-次甲基四氢叶酸、N^5,N^{10}-亚甲基四氢叶酸这些一碳单位可互相转化(见图8-8)。N^5,N^{10}-亚甲基四氢叶酸还原生成 N^5-甲基四氢叶酸,此反应不可逆,生成的 N^5-甲基四氢叶酸在维生素 B_{12} 为辅酶的转甲基酶作用下生成蛋氨酸,蛋氨酸进入蛋氨酸循环,参与体内物质的甲基化反应。

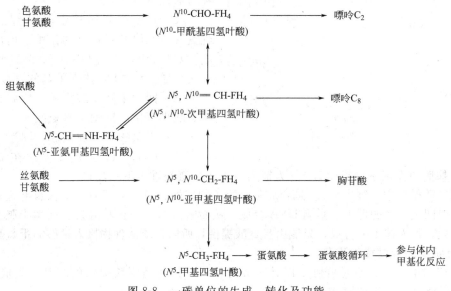

图8-8 一碳单位的生成、转化及功能

(三)一碳单位的生理功能

1. 是嘌呤和嘧啶的合成原料

一碳单位是嘌呤、嘧啶的合成原料(见图8-8),在核酸的生物合成中起到重要作用。

> **临床联系**
>
> 一碳单位代谢与组织细胞的分裂增殖及机体的生长发育密切相关,一碳单位代谢发生障碍,就会引起疾病。如叶酸、维生素 B_{12} 缺乏引起巨幼红细胞性贫血。维生素 B_{12} 缺乏──→FH_4 不能再生──→一碳单位转运障碍──→核酸合成障碍──→细胞分裂障碍──→巨幼红细胞性贫血。基于此,临床上利用磺胺类药物干扰细菌 FH_4 的合成而抑菌;应用叶酸类似物甲氨蝶呤(TMX)等抑制 FH_4 的生成,从而抑制核酸生成达到抗癌目的。

2. 用于体内的甲基化反应

N^5-甲基四氢叶酸进入蛋氨酸循环,用于体内物质甲基化反应(参见含硫氨基酸的代谢)。

三、含硫氨基酸的代谢

含硫氨基酸有蛋氨酸、半胱氨酸和胱氨酸。蛋氨酸可转变为半胱氨酸和胱氨酸，半胱氨酸和胱氨酸可以互变，但二者不能转变为蛋氨酸，所以蛋氨酸是必需氨基酸。

（一）蛋氨酸代谢

1. 蛋氨酸循环与转甲基作用

蛋氨酸除参与蛋白质的合成外，最主要的代谢途径是转甲基作用，提供甲基参与甲基化反应。蛋氨酸分子中与硫原子相连的甲基可参与多种物质的甲基化反应，合成许多重要的含甲基的化合物，如肾上腺素、肌酸、肉毒碱等，而转甲基作用与蛋氨酸循环有关。其循环过程如下（图8-9）。

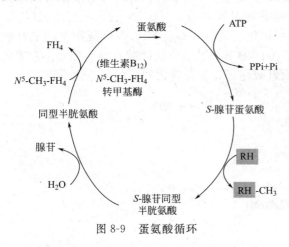

图 8-9 蛋氨酸循环

（1）合成 S-腺苷蛋氨酸 蛋氨酸首先在腺苷转移酶的催化下与 ATP 反应，生成 S-腺苷蛋氨酸（S-adenosyl methionine, SAM; 亦称活性蛋氨酸），SAM 中的甲基称为活性甲基。

（2）进行甲基转移生成 S-腺苷同型半胱氨酸 在甲基转移酶的作用下提供甲基合成甲基化合物。体内约有 50 多种物质需甲基化合成。SAM 是体内甲基的直接供体。

（3）同型半胱氨酸生成 S-腺苷同型半胱氨酸水解生成同型半胱氨酸。

（4）蛋氨酸的重新生成 同型半胱氨酸接受 N^5-CH_3-FH_4 上的甲基，在 N^5-CH_3-FH_4 转甲基酶的作用下，维生素 B_{12} 为辅酶，生成蛋氨酸进入下一轮循环。

在蛋氨酸循环中，维生素 B_{12} 是合成蛋氨酸酶的辅酶。当其缺乏时，不仅影响蛋氨酸的合成，也妨碍四氢叶酸的再生，影响 DNA 合成，从而阻碍细胞的正常分裂。同型半胱氨酸在循环中不消耗，但人体不能合成，只能由蛋氨酸提供，所以必须从食物摄入足够的蛋氨酸。

2. 为肌酸的合成提供甲基

合成肌酸的主要器官是肝脏。以甘氨酸为骨架，接受精氨酸提供的脒基，生成胍乙酸，再由 SAM 提供甲基生成肌酸。

肌酸被磷酸化生成磷酸肌酸，是肌肉和脑组织中能量的贮存形式。肌酸和磷酸肌酸代谢的终产物是肌酐，经肾随尿排出。当肾功能严重障碍时，肌酐排出受阻，血中肌酐浓度增加。故测定血中肌酐的含量有助于肾功能不全的诊断。

（二）半胱氨酸和胱氨酸代谢

1. 半胱氨酸与胱氨酸的相互转变

半胱氨酸含有巯基。在蛋白质分子中两个半胱氨酸之间可以形成二硫键，在维持蛋白质空间结构中起重要作用。有些酶发挥其催化作用依赖半胱氨酸巯基的存在，故有巯基酶之称。如巯基丧失，则酶活性也丧失。半胱氨酸与胱氨酸之间可相互转变，其反应式如下：

$$2 \begin{array}{c} CH_2SH \\ | \\ CHNH_2 \\ | \\ COOH \end{array} \underset{+2H}{\overset{-2H}{\rightleftharpoons}} \begin{array}{c} CH_2-S-S-CH_2 \\ | \qquad\qquad | \\ CHNH_2 \quad CHNH_2 \\ | \qquad\qquad | \\ COOH \quad\;\; COOH \end{array}$$

半胱氨酸　　　　胱氨酸

2. 半胱氨酸参与合成谷胱甘肽

谷胱甘肽是由谷氨酸、半胱氨酸和甘氨酸组成的三肽，是一种非常重要的物质。还原型谷胱甘肽具有保护巯基蛋白、巯基酶和细胞膜上的磷脂不被氧化的作用。

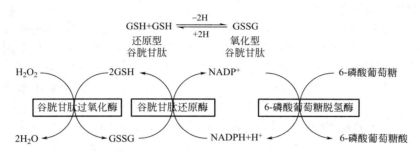

3. 牛磺酸的生成

半胱氨酸氧化脱羧可生成牛磺酸（如前述），牛磺酸与初级游离胆汁酸（胆酸、鹅脱氧胆酸）结合，生成初级结合胆汁酸，参与胆汁酸代谢。

4. 半胱氨酸生成活性硫酸根

含硫氨基酸分解均会产生硫酸根，半胱氨酸是体内硫酸根的主要来源。半胱氨酸分解代谢产生丙酮酸、NH_3、H_2S，H_2S 迅速氧化生成硫酸根。体内的硫酸根一部分可以随尿排出，一部分在体内转变为有活性的 3′-磷酸腺苷-5′-磷酰硫酸（3′-phospho-adenosine-5′-phospho-sulfate，PAPS）。PAPS 是硫酸根的活性形式，可参与生物转化和某些含硫酸基团化合物的合成。其反应过程如下：

$$SO_4^{2-} + ATP \xrightarrow[PPi]{\text{硫酸化酶} \atop ATP} \text{腺苷-5′-磷酰硫酸} \xrightarrow[ATP \quad ADP]{\text{腺苷酰硫酸磷酸激酶}} \text{3′-磷酸腺苷-5′-磷酰硫酸 (PAPS)}$$

四、芳香族氨基酸的代谢

人体内芳香族氨基酸有苯丙氨酸、酪氨酸、色氨酸。苯丙氨酸、色氨酸是必需氨基酸。

1. 苯丙氨酸经羟化反应生成酪氨酸

正常情况下，苯丙氨酸主要代谢途径是在苯丙氨酸羟化酶的作用下，生成酪氨酸（苯丙氨酸羟化酶的辅酶是四氢生物蝶呤，该酶是一种加单氧酶，催化的反应不可逆），次要途径

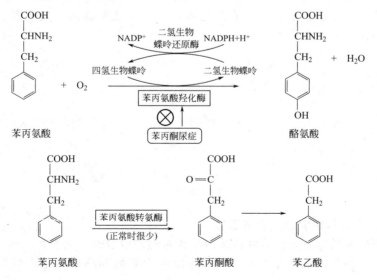

是脱氨基转变为苯丙酮酸。若苯丙氨酸羟化酶先天性缺乏，苯丙氨酸经转氨基作用生成苯丙酮酸，苯丙酮酸进一步转变为苯乙酸等产物，此时尿液中出现大量苯丙酮酸及其代谢产物，称为苯丙酮酸尿症（见本章第五节）。

2. 酪氨酸转变为儿茶酚胺

酪氨酸在酪氨酸羟化酶的催化作用下，生成3,4-二羟苯丙氨酸（3,4-dihydroxyphenyla-lanine，DOPA；多巴），经多巴脱羧酶催化转变生成多巴胺，多巴胺是脑组织中的一种神经递质，帕金森病（见本章第五节）与脑组织中多巴胺的生成减少有关。多巴胺在肾上腺的髓质其侧链β-碳原子再被羟化，生成去甲肾上腺素，去甲肾上腺素由SAM提供甲基经甲基化合成肾上腺素。多巴胺、去甲肾上腺素、肾上腺素统称为儿茶酚胺（catecholamine），酪氨酸羟化酶是儿茶酚胺合成的限速酶，与苯丙氨酸羟化酶相似，是一种以四氢生物蝶呤为辅酶的加单氧酶。

3. 酪氨酸转变为黑色素

在黑色素细胞内，酪氨酸在酪氨酸酶的作用下，生成多巴，多巴进一步转变为多巴醌，多巴醌可生成吲哚-5,6-醌，后者聚合成黑色素。若酪氨酸酶缺乏，黑色素合成障碍，毛发呈白色，称为白化病（见本章第五节）。

4. 酪氨酸转变为延胡索酸、乙酰乙酸

苯丙氨酸和酪氨酸经一般代谢脱氨基后生成对羟苯丙酮酸，后者再生成尿黑酸，又经尿黑酸氧化酶作用变为延胡索酸和乙酰乙酸（所以苯丙氨酸和酪氨酸是生糖兼生酮氨基酸）。

若缺乏尿黑酸氧化酶，大量尿黑酸随尿排出，称为尿黑酸尿症（见本章第五节）。这种病人的结缔组织有不正常的色素沉着。

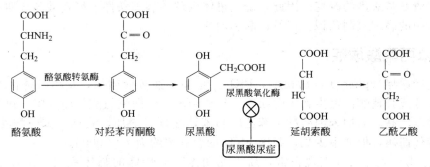

苯丙氨酸和酪氨酸的代谢过程与代谢缺陷症见图 8-10。

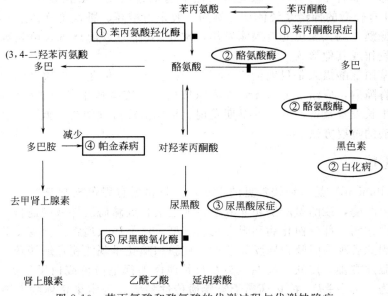

图 8-10　苯丙氨酸和酪氨酸的代谢过程与代谢缺陷症

五、支链氨基酸代谢

缬氨酸、亮氨酸、异亮氨酸属支链氨基酸，分解代谢主要在骨骼肌组织中进行，先经转氨基作用生成相应的 α-酮酸，然后转变为可利用的能源物质。缬氨酸分解产生琥珀酸单酰辅酶 A，是生糖氨基酸；亮氨酸分解产生乙酰辅酶 A 及乙酰乙酰辅酶 A，是生酮氨基酸；异亮氨酸分解产生乙酰辅酶 A、琥珀酸单酰辅酶 A，是生糖兼生酮氨基酸。

```
缬氨酸                                                      琥珀酸单酰辅酶 A
亮氨酸  ──转氨基──→ 相应的 ──-CO₂──→ 相应的脂 ──β-氧化──→ 相应的 α,β- ──→ 乙酰辅酶 A ＋ 乙酰乙酰辅酶 A
异亮氨酸            α-酮酸           酰辅酶 A           烯脂酰辅酶 A     乙酰辅酶 A ＋ 琥珀酸单酰辅酶 A
```

第五节　氨基酸代谢与临床

氨基酸的正常代谢是生命活动的一个重要基础。全身组织细胞都能进行氨基酸代谢，包括脱氨、脱羧、氨代谢和氧化分解产能等一般代谢和个别氨基酸代谢，以及参与蛋白质的合成等。肝脏、肾脏和肌肉等是氨基酸代谢的重要组织器官，对体内氨基酸代谢库发挥着重要影响。氨基酸代谢相关蛋白和酶发生缺陷，或者各种病理状态都会导致氨基酸代谢、氨基酸代谢库和血清氨基酸谱的改变。因此，研究机体生理和病理条件下氨基酸的代谢规律，有助于对各种疾病的病理机制认识，以及诊断和治疗。

一、苯丙酮酸尿症

苯丙酮酸尿症（phenyl ketonuria，PKU）是一种遗传代谢病，是由于体内苯丙氨酸羟化酶活性降低或其辅酶四氢生物蝶呤缺乏，导致苯丙氨酸向酪氨酸代谢受阻，血液和组织中苯丙氨酸浓度增高，尿中苯丙酮酸、苯乙酸和苯乳酸显著增加，故称"苯丙酮酸尿症"。本病虽为遗传代谢病，但并不少见，我国PKU的患病率约为1∶10000。

PKU患儿出生时大多表现正常，新生儿期无明显特殊的临床症状。未经治疗的患儿3~4个月后逐渐表现出智力、运动发育落后，头发由黑变黄，皮肤白，全身和尿液有特殊鼠臭味，常有湿疹。随着年龄增长，患儿智力低下越来越明显，年长儿约60%有严重的智能障碍。2/3患儿有轻微的神经系统体征，例如，肌张力增高、腱反射亢进、小头畸形等，严重者可有脑性瘫痪。约1/4患儿有癫痫发作，常在18个月以前出现，可表现为婴儿痉挛性发作、点头样发作或其他形式。

饮食限制苯丙氨酸摄入是目前治疗PKU的唯一方法，但是单靠饮食限制，易导致患儿营养及生长发育障碍，应给予低（无）苯丙氨酸奶方，维持血中苯丙氨酸浓度，减少摄入。定期评价小儿生长发育及智能发育，早期发现、早期治疗可预防智力低下。新生儿筛查已成为早期诊断该病的重要方法。

二、白化病

白化病（albinism）是一种较常见的皮肤及其附属器官黑色素缺乏所引起的疾病，由于先天性缺乏酪氨酸酶，或酪氨酸酶功能减退，黑色素合成障碍所导致的遗传性白斑病。临床上分为泛发型白化病、部分白化病和眼白化病三型。这类病人通常是全身皮肤、毛发、眼睛缺乏黑色素，因此表现为眼睛视网膜无色素，虹膜和瞳孔呈现淡粉色或淡灰，怕光，视物模糊，喜眯眼，眼球震颤，皮肤、眉毛、头发及其他体毛都呈白色或白里带黄，易患皮肤癌。这类病人俗称为"羊白头"。白化病属于家族遗传性疾病，为常染色体隐性遗传，常发生于近亲结婚的人群中。

白化病的诊断主要依据眼部的症状与体征，各类亚型的鉴别诊断很关键，酪氨酸酶活性测定有助于其分类诊断。基因诊断是目前鉴别诊断和产前诊断中最可靠的方法，某些白化病亚型因为其致病机理未阐明，其基因诊断尚难进行。白化病目前仅能通过物理方法，如遮光等以减轻患者不适症状，还可以通过使用光敏性药物、激素等治疗，使白斑减弱甚至消失。除对症治疗外，尚无根治办法，因此应以预防为主，即通过遗传咨询禁止近亲结婚是重要的预防措施之一，同时产前基因诊断也是预防此病患儿出生的重要保障措施。

三、帕金森病

帕金森病（Parkinson disease）又称震颤麻痹、巴金森症或柏金逊症，是一种中老年人常见的中枢神经系统变性疾病，多在50岁以后发病，居于老年疾病第四位。随着中国老龄人数的增加，目前帕金森病病人已经高达200万左右，占老年人口的1‰左右。预计每年新增病患10万人。本病也可在儿童期或青春期发病。

帕金森病主要表现为静止时肢体不自主地震颤，肌强直、运动迟缓以及姿势平衡障碍等，晚期会导致患者生活不能自理。与此同时，病人的非运动症状，如心理方面的问题如抑郁、焦虑等也给病人及家属带来较大负担。而长期、大剂量使用左旋多巴诱发的运动并发症，也使得疾病的治疗更加复杂。

目前帕金森病的治疗以药物为主，复方左旋多巴制剂是常用的药物之一，早期临床效果较好。左旋多巴能有效地减轻帕金森病患者的运动症状，然而这类药物使用3~5年后，本身的一些局限性就会出现，会给患者带来运动并发症，表现为"剂末现象""开关现象"异动症等。同时，左旋多巴治疗也会产生神经精神症状，其表现形式多样，如抑郁、焦虑、幻觉、欣快、精神错乱、轻度躁狂等。

四、尿黑酸尿症

尿黑酸尿症（alcaptonuria）是先天性代谢缺陷症，因尿黑酸氧化酶缺乏，由酪氨酸分解而来的尿黑酸不能进一步分解为乙酰乙酸，过多的尿黑酸由尿排出，并在空气中氧化为黑色而得名。由于代谢的补偿作用，该病不会造成对神经系统的伤害。新生儿和儿童期，尿黑酸尿是唯一的特点；成人期除了尿黑酸尿以外，由于尿黑酸增多，并在结缔组织中沉着，而导致褐黄病。若累及关节则进展为褐黄病性关节炎。目前尚无特效疗法，骨关节症状可对症处理。低酪氨酸、低苯丙氨酸饮食对该病有一定帮助。

第六节　氨基酸、糖与脂肪代谢的联系

物质代谢是生物体与外界环境不断进行物质交换的过程，它是生命现象的基本特征之一。体内进行的物质代谢是极其复杂的，各种物质都具有各自的代谢途径，但各个代谢途径之间又是相互联系、相互制约的，构成一个统一的整体（图8-11），并受严格的调节控制，以适应不断变化的内外环境，力求在动态中维持相对的稳态，以协调整体的生命活动。

一、在能量代谢上的相互联系

乙酰CoA是糖、脂类及蛋白质三大营养物共同的中间代谢物，三羧酸循环、生物氧化及氧化磷酸化是它们最后分解的共同代谢通路，释出的能量均以ATP形式贮存。从能量供应上看，这三大营养物可以互相代替，并互相制约。一般情况下，糖是主要供能物质（50%~70%）；脂类供能较少（10%~40%），主要是贮能；蛋白质几乎不供能。而饥饿或某些病理状态时，糖供能减少，脂类和蛋白质分解供能增加。当任一供能物质的代谢占优势时，常能抑制和节约其他物质的降解。例如脂肪酸代谢旺盛，其生成的ATP增多（ATP/ADP值增高），可变构抑制糖分解代谢的关键酶——6-磷酸果糖激酶-1，从而抑制糖的分解代谢。相反若供能物质不足，体内能量匮乏，ADP积存增多，则变构激活6-磷酸果糖激酶-1，加速体内糖的分解代谢。

二、糖、脂类和蛋白质代谢之间的相互联系

三羧酸循环是联系糖、脂类和氨基酸代谢的纽带，循环中的许多中间产物可以分别转化成糖、脂类和氨基酸，联系和沟通了几条不同的代谢通路。

（一）糖代谢与脂类代谢的相互联系

1. 糖可以转变为脂肪

葡萄糖代谢产生乙酰CoA，羧化成丙二酰CoA，进一步合成脂肪酸；糖分解也可产生甘油，与脂肪酸结合成脂肪；糖代谢产生的柠檬酸，ATP可变构激活乙酰CoA羧化酶，故糖代谢可为脂肪酸合成提供原料，促进这一过程进行。

2. 脂肪大部分不能变为糖

脂肪分解产生甘油和脂肪酸。脂肪酸分解生成乙酰 CoA，但乙酰 CoA 不能逆行生成丙酮酸，从而不能循糖异生途径转变为糖。甘油可以在肝、肾等组织变为磷酸甘油，进而转化为糖，但甘油与大量由脂肪酸分解产生的乙酰 CoA 相比是微不足道的，故脂肪绝大部分不能转变为糖。

(二) 糖代谢与氨基酸代谢的相互联系

1. 大部分氨基酸可变为糖

除生酮氨基酸（亮氨酸、赖氨酸）外，其余 18 种氨基酸都可脱氨基生成相应的 α-酮酸，这些酮酸再转化为丙酮酸，即可生成糖。

2. 糖只能转化为非必需氨基酸

糖代谢的中间产物如丙酮酸等可通过转氨基作用合成非必需氨基酸，但体内 8 种必需氨基酸体内不能转化合成。

(三) 脂类代谢与氨基酸代谢的相互联系

1. 蛋白质可以变为脂肪

各种氨基酸经代谢都可生成乙酰 CoA，由乙酰 CoA 可合成脂肪酸和胆固醇，脂肪酸可进一步合成脂肪。

2. 脂肪绝大部分不能变为氨基酸

脂肪分解成为甘油、脂肪酸，甘油可转化为糖代谢中间产物，再转化为非必需氨基酸；脂肪酸分解成乙酰 CoA，不能转变为糖，也不能转化为非必需氨基酸。脂肪分解产生甘油与大量乙酰 CoA 相比含量太少，所以脂肪也大部分不能变为氨基酸。所以食物中的蛋白质不能为糖、脂类代替，蛋白质却可代替糖、脂类。

(四) 核酸与氨基酸代谢、糖代谢的相互关系

氨基酸及其代谢产生的一碳单位，糖代谢磷酸戊糖途径产生的磷酸核糖是体内合成核苷酸的重要原料，可见核酸代谢与氨基酸及糖代谢关系密切。

复习思考题

一、选择题

A 型题

1. 一巨幼红细胞贫血患者经叶酸补充治疗效果不佳，改用维生素 B_{12} 治疗效果良好，其可能的原因是由于维生素 B_{12} 促进（　　）中 FH_4 的重新利用。
   A. N^5, N^{10}=CH-FH_4 　　B. N^5, N^{10}-CH$_2$-FH_4 　　C. N^5, -CH$_3$-FH_4
   D. N^{10}-CHO-FH_4 　　E. N^5-CH=NH-FH_4

2. 调节鸟氨酸循环的关键酶是（　　）。
   A. 精氨酸酶 　　B. 氨基甲酰磷酸合成酶 I 　　C. 尿素酶
   D. 精氨酸代琥珀酸裂解酶 　　E. 鸟氨酸氨基甲酰转移酶

3. 三羧酸循环和尿素循环的共同代谢中间产物是（　　）。
   A. 草酰乙酸 　　B. 延胡索酸 　　C. 柠檬酸 　　D. 琥珀酸 　　E. α-酮戊二酸

4. 苯丙酮酸尿症是由于先天缺乏（　　）。
   A. 酪氨酸酶 　　B. 酪氨酸羟化酶 　　C. 酪氨酸转氨酶
   D. 苯丙氨酸转氨酶 　　E. 苯丙氨酸羟化酶

5. 临床上对肝硬化伴有高血氨患者禁用碱性肥皂液灌肠，这是因为（　　）。
   A. 肥皂液使肠道 pH 值升高，促进氨的吸收　　B. 可能导致碱中毒
   C. 可能严重损伤肾功能　　D. 可能严重损伤肝功能

6. 急性肝炎患者血清酶活性显著升高的是（   ）。
A. GOT   B. GPT   C. LDH   D. CPS-Ⅰ   E. CPS-Ⅱ

B型题

A. 白化病   B. 苯丙酮酸尿症   C. 尿黑酸尿症   D. 巨幼红细胞贫血   E. 缺铁性贫血

1. 缺乏苯丙氨酸羟化酶导致（   ）。
2. 缺乏四氢叶酸导致（   ）。
3. 缺乏酪氨酸酶导致（   ）。

A. SAM   B. PAPS   C. NADP$^+$ D. FAD   E. FMN

4. 可提供硫酸基团的是（   ）。
5. 谷氨酸脱氢酶的辅酶是（   ）。
6. 可提供甲基的是（   ）。

X型题

1. 消除血氨的方式有（   ）。
A. 合成氨基酸   B. 合成尿素   C. 合成谷氨酰胺   D. 合成含氮化合物   E. 合成肌酸
2. 谷氨酰胺是（   ）。
A. 氨的解毒产物   B. 氨的储存形式   C. 氨的运输形式
D. 必需氨基酸   E. 以上答案都不是
3. 一碳单位主要来源于（   ）。
A. Ser   B. Gly   C. His   D. Ala   E. Trp
4. 生糖兼生酮氨基酸有（   ）。
A. 亮氨酸   B. 苏氨酸   C. 色氨酸   D. 酪氨酸   E. 丙氨酸

二、名词解释

1. 氮平衡   2. 蛋白质互补作用   3. 联合脱氨基   4. 转氨基作用   5. 一碳单位

三、问答题

1. 能直接生成游离氨的氨基酸脱氨基方式有哪些？各有何特点？
2. 简述体内氨基酸代谢概况。
3. 氨基酸脱氨后产生的氨和 α-酮酸有哪些主要的去路？
4. 简述一碳单位的概念、载体、来源和生理意义。
5. 从蛋白质、氨基酸代谢角度分析严重肝功能障碍时肝昏迷的成因。
6. 哪些维生素与氨基酸的代谢有关？为什么缺乏叶酸和维生素 B_{12} 会导致巨幼红细胞贫血？

第九章 核酸化学与核苷酸代谢

第一节 核酸的分子组成

生物大分子核酸（nucleic acid）分为脱氧核糖核酸（deoxyribonucleic acid，DNA）和核糖核酸（ribonucleic acid，RNA）两类。DNA主要分布在细胞核，贮存遗传信息，决定人体的主要性状。RNA主要分布在细胞质，参与遗传信息的传递。

知识链接

遗传物质的发现

在发现核酸之前，人们认为"生命是蛋白质存在的形式，蛋白质是生命的基础"。1868年，瑞士青年科学家F. Miescher从脓细胞分离提取出一种含磷量很高的酸性化合物，Miescher被认为是细胞核化学的创始人和DNA的发现者。1944年O. T. Avery的细菌转化实验和1952年M. Delbruck和S. Luria等的噬菌体标记感染实验证实了DNA是遗传物质，后来又发现了以RNA作为遗传物质的病毒。这些都证实了核酸才是遗传物质，没有核酸就没有蛋白质，也就没有生命。

一、元素组成

组成核酸的主要元素有C、H、O、N、P等。含P是核酸的元素组成特点，且在核酸分子中含量相对恒定，占9%~10%，可通过生物样品中P含量的测定来推算核酸的含量。

二、基本组成单位——核苷酸

用酸、碱或核酸酶水解核酸，可得到核苷酸（nucleotide）。核苷酸是核酸的基本组成单位。在酶的作用下，继续水解核苷酸成为核苷和磷酸，核苷进一步水解可得到戊糖和含氮碱基（如图9-1，表9-1）。磷酸、戊糖和碱基被称为核酸的组成成分，是核酸水解的最终产物。

表 9-1 核酸的分子组成

组成成分	碱基		戊糖	酸
	嘌呤碱	嘧啶碱		
DNA	腺嘌呤(A) 鸟嘌呤(G)	胞嘧啶(C) 胸腺嘧啶(T)	D-2-脱氧核糖	磷酸
RNA	腺嘌呤(A) 鸟嘌呤(G)	胞嘧啶(C) 尿嘧啶(U)	D-核糖	磷酸

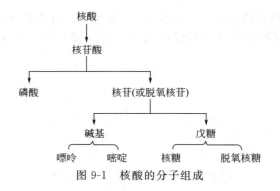

图 9-1 核酸的分子组成

(一) 含氮碱基

碱基是含氮杂环化合物，分为嘌呤碱（嘌呤的衍生物）和嘧啶碱（嘧啶的衍生物）两大类。其中嘌呤碱主要有两种：腺嘌呤（adenine，A）和鸟嘌呤（guanine，G）。嘧啶碱主要有三种：胞嘧啶（cytosine，C）、尿嘧啶（uracil，U）和胸腺嘧啶（thymine，T）。含氮碱基结构如图 9-2。A、G 和 C 三种是 RNA 和 DNA 共有的，U 只存在于 RNA 中，T 只存在于 DNA 中。

另外，某些核酸，特别是 tRNA 中还含有一些稀有碱基，如黄嘌呤、次黄嘌呤、二氢尿嘧啶和 5-甲基胞嘧啶等。

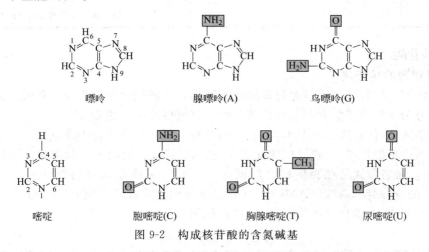

图 9-2 构成核苷酸的含氮碱基

(二) 戊糖

构成 DNA 和 RNA 的戊糖不同：RNA 含的是 D-核糖，DNA 含的是 D-2-脱氧核糖（结构如图 9-3）。戊糖的碳原子编号都加上"′"，是为了与碱基上的原子编号相区别，例如 C-3′表示戊糖的第三位碳原子。

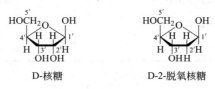

图 9-3 构成核苷酸的两种戊糖

(三) 核苷

碱基与戊糖通过糖苷键相连，形成的化合物为核苷。根据戊糖不同分为核糖核苷和脱氧核糖核苷两类。命名如腺嘌呤核苷（简称腺苷）、胞嘧啶脱氧核苷（简称脱氧胞苷）。糖苷键由戊糖的 C-1'的羟基与嘧啶的 N-1 或嘌呤的 N-9 上的氢脱水缩合而成（如图 9-4）。常见核苷见表 9-2。

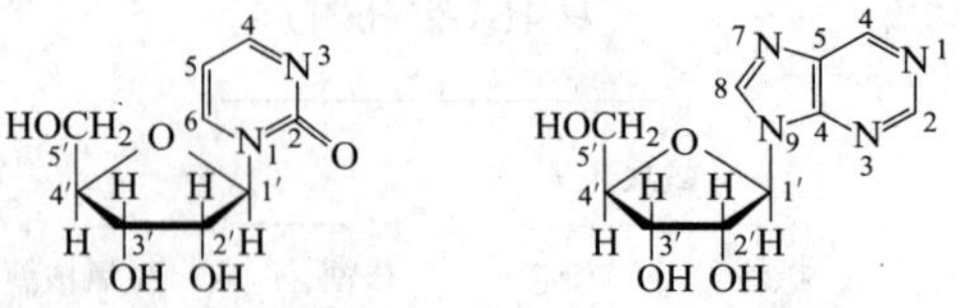

图 9-4 核苷

表 9-2 常见的核苷

碱基	核糖核苷	脱氧核糖核苷
A	腺嘌呤核苷（AR）	腺嘌呤脱氧核苷（dAR）
G	鸟嘌呤核苷（GR）	鸟嘌呤脱氧核苷（dGR）
C	胞嘧啶核苷（CR）	胞嘧啶脱氧核苷（dCR）
U	尿嘧啶核苷（UR）	—
T	—	胸腺嘧啶脱氧核苷（dTR）

（四）核苷酸

1. 构成核酸的核苷酸

核苷中戊糖上的羟基与磷酸通过磷酸酯键连接，生成的化合物称为核苷酸。根据戊糖不同核苷酸可分为核糖核苷酸和脱氧核糖核苷酸。核糖核苷中的戊糖 2'、3'、5'位上有自由羟基，可分别形成 2'-核苷酸、3'-核苷酸或 5'-核苷酸；脱氧核糖核苷中的戊糖在 3'、5'位上有自由羟基，所以只能形成 3'-脱氧核苷酸或 5'-脱氧核苷酸。生物体内游离存在的核苷酸大多为 5'-核苷酸，命名方式是在相应核苷后面加上"酸"字或在相应的核苷后面加上"×磷酸"。如腺苷酸或腺苷一磷酸（AMP），胞嘧啶脱氧核苷酸或脱氧胞苷一磷酸（dCMP）。参与构成 DNA 或 RNA 的核苷酸如表 9-3，结构如图 9-5。

表 9-3 常见的核苷酸

碱基	核糖核苷酸	脱氧核糖核苷酸
A	腺嘌呤核苷酸（AMP）	腺嘌呤脱氧核苷酸（dAMP）
G	鸟嘌呤核苷酸（GMP）	鸟嘌呤脱氧核苷酸（dGMP）
C	胞嘧啶核苷酸（CMP）	胞嘧啶脱氧核苷酸（dCMP）
U	尿嘧啶核苷酸（UMP）	—
T	—	胸腺嘧啶脱氧核苷酸（dTMP）

2. 多磷酸核苷酸

构成核酸基本单位的核苷酸只含有一个磷酸基团，在此基础上再加一个或两个磷酸基团，即为多磷酸核苷酸。最常见的多磷酸核苷酸是腺苷二磷酸（ADP）和腺苷三磷酸（ATP），见表 9-4。

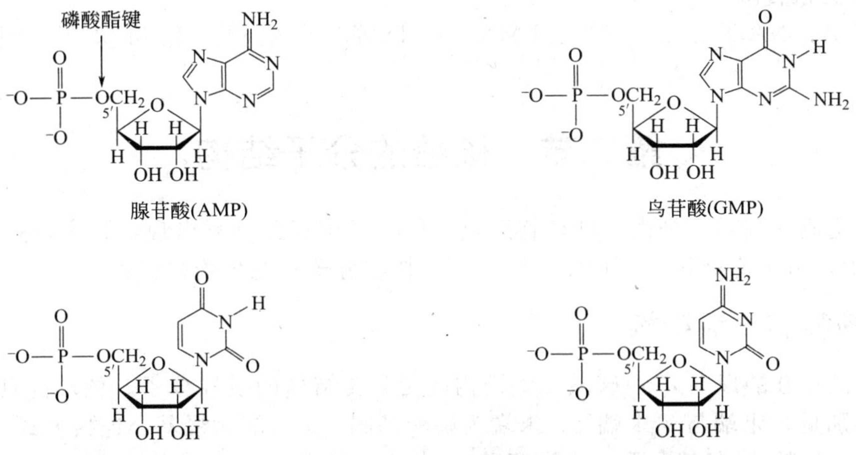

腺苷酸(AMP)　鸟苷酸(GMP)

尿苷酸(UMP)　胞苷酸(CMP)

图 9-5　核苷酸结构式

表 9-4　常见的多磷酸核苷酸

碱基	核糖核苷酸			脱氧核糖核苷酸		
	NMP	NDP	NTP	dNMP	dNDP	dNTP
A	AMP	ADP	ATP	dAMP	dADP	dATP
G	GMP	GDP	GTP	dGMP	dGDP	dGTP
C	CMP	CDP	CTP	dCMP	dCDP	dCTP
U	UMP	UDP	UTP	—	—	—
T	—	—	—	dTMP	dTDP	dTTP

ATP（如图 9-6）在细胞的能量代谢中可以作为直接供能体；CTP、GTP、UTP 分别参与磷脂、蛋白质、糖原等物质的合成；四种核苷三磷酸（ATP、UTP、GTP、CTP）和四种脱氧核苷三磷酸（dATP、dTTP、dGTP、dCTP）分别是合成 RNA 和 DNA 的原料。

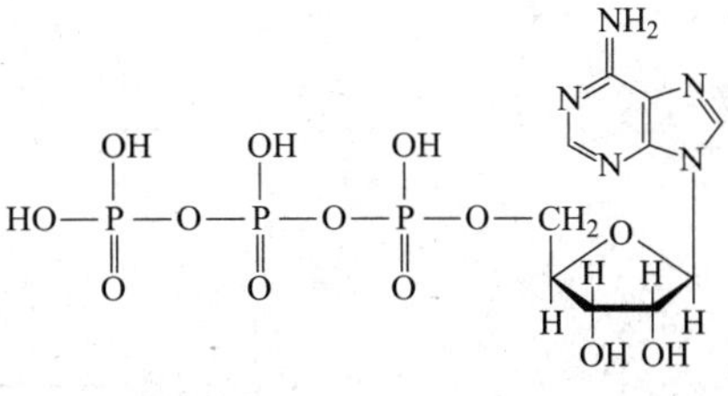

图 9-6　ATP 的结构

3. 环化核苷酸

核苷酸 C-5′磷酸上的羟基与 C-3′上的羟基脱水缩合，通过酯键形成内环，称为 3′，5′-环化核苷酸。如 3′，5′-环化腺苷酸（cAMP）、3′，5′-环化鸟苷酸（cGMP）（如图 9-7），广泛存在于组织细胞中，作为第二信使在信息传递中起重要作用。

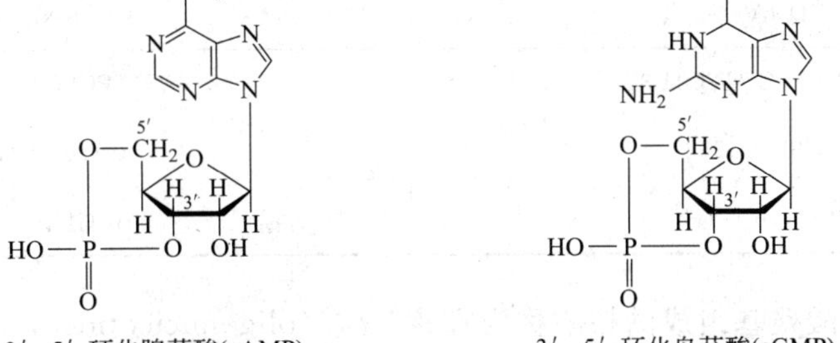

3′，5′-环化腺苷酸(cAMP)　3′，5′-环化鸟苷酸(cGMP)

图 9-7　环化核苷酸

4. 辅酶类核苷酸

如辅酶 A、NAD$^+$、NADP$^+$、FMN、FAD 等，在生物氧化和物质代谢中起重要作用。

第二节　核酸的分子结构

核苷酸构成核酸时，是由 4 种核苷酸或 4 种脱氧核苷酸反复出现，顺序排列在 RNA 或 DNA 序列中，由于比例和排列顺序不同，使得核酸分子存在生物多样性。

一、核酸的一级结构

核酸中的核苷酸以 3′，5′-磷酸二酯键构成无分支结构的线性分子。核酸链具有方向性，两个末端分别是 5′末端与 3′末端。5′末端为磷酸基团，3′末端为羟基。连接方式（如图 9-8）为前一个核苷酸的 3′-羟基和下一个核苷酸的 5′-磷酸形成 3′，5′-磷酸二酯键，核酸中的核苷酸称为核苷酸残基。简化式如图 9-8，书写形式见表 9-5。

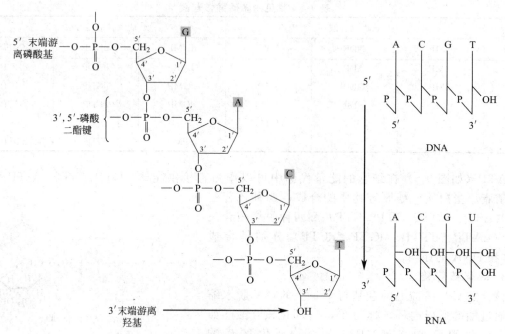

图 9-8　核苷酸的连接方式

表 9-5　核苷酸链的书写方式

DNA	RNA
5′PdAPdCPdGPdTOH 3′	5′PAPCPGPUOH 3′
5′ACGTGCGT 3′	5′ACGUAUGU 3′
ACGTGCGT	ACGUAUGU

小于 50 个核苷酸残基组成的核酸称为寡核苷酸（oligonucleotide），大于 50 个核苷酸残基组成的核酸称为多核苷酸（polynucleotide）。

二、核酸的空间结构

(一) DNA 的空间结构

1. DNA 的二级结构

DNA 的二级结构即双螺旋结构（double helix structure）（如图 9-9）。其特点如下：①两条 DNA 链反向互补平行。②脱氧核糖和磷酸间隔相连形成的亲水骨架在螺旋外侧，疏水碱基对在螺旋内侧，碱基平面与螺旋轴垂直，旋转一周为 10 个碱基对，螺距为 3.4nm，即相邻碱基平面间隔为 0.34nm，夹角 36°。③DNA 双螺旋表面形成一个大沟（major groove）和一个小沟（minor groove），蛋白质分子通过这两个沟识别碱基。④两条 DNA 链靠碱基对之间的氢键结合在一起。嘌呤与嘧啶配对，即 A 与 T 相配对，形成 2 个氢键（A=T）；G 与 C 相配对，形成 3 个氢键（G≡C）。因此 G 与 C 之间的连接较为稳定（图 9-10）。⑤DNA 双螺旋结构比较稳定，主要靠碱基对之间的氢键和碱基堆积力（stacking force）。

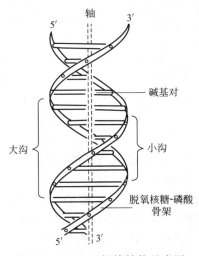

图 9-9 DNA 双螺旋结构示意图

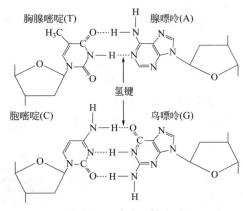

图 9-10 碱基互补配对

知识链接

DNA 双螺旋结构的发现

1953 年，美国生物学家沃森（J. Watson，1928—）和英国生物物理学家克里克（F. Crick，1916—2004），在英国女生物学家富兰克琳（R. Franklin，1920—1958）和英国生物物理学家威尔金斯（M. Wilkins，1916—2004）对 DNA 晶体所做 X 射线衍射分析的基础上，构建出了 DNA 分子的双螺旋结构模型，揭示出遗传信息是贮存在 DNA 分子中的，并能够在世代之间传递。这一成果标志着分子生物学成为了一门独立的学科。沃森、克里克和威尔金斯共享了 1962 年的诺贝尔生理学或医学奖。

92% 相对湿度在生理盐水中提取的 DNA 大多以 B 型双螺旋形式存在。右手双螺旋还有 A 型、C 型、D 型、E 型等，左手双螺旋为 Z 型 DNA（如图 9-11）。

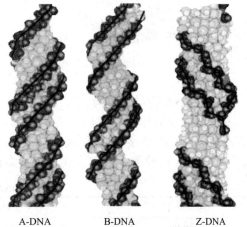

图 9-11 不同类型的 DNA 双螺旋结构

2. DNA 的三级结构——超螺旋

线粒体 DNA 是环状的，环状 DNA 分子在 DNA 双螺旋结构基础上，可进一步扭曲形成超螺旋形（super helical form）（如图 9-12）。根据方向可分为正超螺旋和负超螺旋。正超螺旋使双螺旋结构更紧密，双螺旋圈数增加；负超螺旋减少双螺旋圈数。几乎所有天然 DNA 中都存在负超螺旋结构。

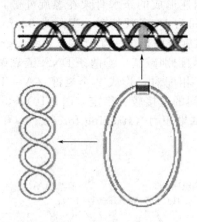

图 9-12 环状 DNA 与超螺旋

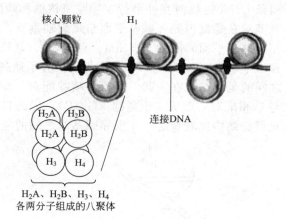

图 9-13 核小体

3. DNA 的超级结构

因为真核生物基因组比原核生物大得多，所以通常与蛋白质结合，经过多层次反复折叠，压缩近 10000 倍，以染色体形式存在于细胞核中。线性双螺旋 DNA 首先折叠形成核小体（nucleosome），如图 9-13 念珠状结构。核小体由直径为 11nm × 5.5nm 的组蛋白核心和盘绕其上的 DNA 构成，核心由组蛋白 H_2A、H_2B、H_3 和 H_4 各 2 分子组成八聚体，146bp 长的 DNA 以左手螺旋盘绕组蛋白核心 1.75 圈，形成核小体的核心颗粒，核心颗粒之间的连接区由 60bp DNA 双螺旋和 1 分子组蛋白 H_1 构成。平均每个核小体约占 DNA 200bp。DNA 组装成核小体其长度缩短。在此基础上核小体又进一步盘绕折叠，最后形成染色体（如图 9-14）。

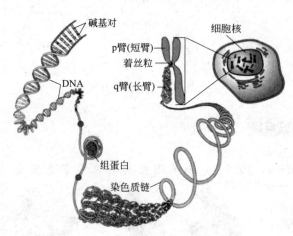

图 9-14 DNA 的结构

（二）RNA 的空间结构

RAN 在生命体内同样具有重要作用，例如在蛋白质生物合成中参与基因表达与调控。RNA 比 DNA 小得多，从数十个核苷酸到数千个核苷酸长度不等，两者的主要区别如表 9-6。RNA 的种类、结构多样，与其多种功能密切相关，主要类型如表 9-7。

表 9-6 DNA 与 RNA 的主要区别

项 目	RNA	DNA
碱基	A,G,C,U	A,G,C,T
戊糖	β-D-核糖	β-D-2-脱氧核糖

续表

项　目	RNA	DNA
碱基含量	A 与 U 的含量不一定相同；G 与 C 的含量也不一定相同	A＝T G≡C
碱基互补配对	A＝U，G≡C	A＝T，G≡C
分子大小	不等,从几十至数千个核苷酸	因物种不同而异,但较 RNA 大得多
结构	单链,局部互补配对形成双螺旋	双链,形成双螺旋结构
功能	多样,涉及遗传信息表达的各个方面	携带遗传信息

表 9-7　RNA 的分类

项　目	细胞核与细胞质	线粒体	功　　能
核糖体 RNA	rRNA	mt rRNA	核糖体组成成分
信使 RNA	mRNA	mt mRNA	蛋白质合成模板
转运 RNA	tRNA	mt tRNA	转运氨基酸
核不均一 RNA	hnRNA		成熟 mRNA 的前体
核小 RNA	snRNA		参与 hnRNA 的剪接、转运
核仁小 RNA	snoRNA		参与 rRNA 的加工、修饰
胞浆小 RNA	scRNA/7SL-RNA		蛋白质内质网定位合成的信号识别体的组分

RNA 分子大都是线状单链，RNA 分子内的某些区域可自身回折碱基互补配对（A＝U，G≡C）形成局部双螺旋；另外还存在非标准配对，如 G 与 U 配对，RNA 分子中的双螺旋与 A 型 DNA 双螺旋相似。非互补区膨胀形成凸出（bulge）或者环（loop）。这种短的双螺旋区域和环称为发夹结构（hairpin）。发夹结构是 RNA 中最常见的二级结构形式，进一步折叠形成三级结构，具有了三级结构时 RNA 才能成为活性分子。RNA 也能与蛋白质形成核蛋白复合物，即四级结构。

1. mRNA 的结构

原核生物 mRNA 转录后不需加工，直接进行蛋白质翻译，即转录和翻译同步进行。真核细胞成熟 mRNA 由其前体核不均一 RNA（heterogeneous nuclear RNA，hnRNA）剪接加工后，进入细胞质参与蛋白质合成。

（1）原核生物 mRNA 的结构　原核生物 mRNA 往往含有几个功能相关的蛋白质的编码序列，可翻译出几种蛋白质，称为多顺反子。在编码序列之间有间隔序列，在 5′端与 3′端有与翻译起始和终止有关的非编码序列。原核生物 mRNA 中没有修饰碱基，5′端没有帽子结构，3′端没有多聚腺苷酸的尾巴（polyadenylate tail，polyA 尾巴），所以半衰期比真核生物的要短得多，一般认为转录后 1min，mRNA 就开始降解。

（2）真核生物 mRNA 的结构　真核生物 mRNA 为单顺反子结构，即一个 mRNA 分子只包含一条多肽链信息。在真核生物成熟 mRNA 中，5′端有 m^7GpppN 的帽子结构（如图 9-15），可保护 mRNA 不被核酸外切酶水解，还能与帽结合蛋白结合，识别核糖体并与之结合，与翻译起始有关。3′端有 polyA 尾巴，长度为 20～250 个腺苷酸，可能与 mRNA 的稳定性有关。

2. tRNA 的结构

tRNA 的二级结构为三叶草形 [图 9-16(a)]，由 4 臂 4 环组成。①氨基酸臂由 7 对碱基组成，3′末端为 4 个碱基的单链区-NCCA-OH 3′，腺苷酸残基的羟基可与氨基酸 α-羧基结合而携带氨基酸。②二氢尿嘧啶环因含有 2 个稀有碱基二氢尿嘧啶（DHU）得名，不同 tRNA 大小不恒定，8～14 个碱基。③二氢尿嘧啶臂一般由 3～4 对碱基组成。④反密码子

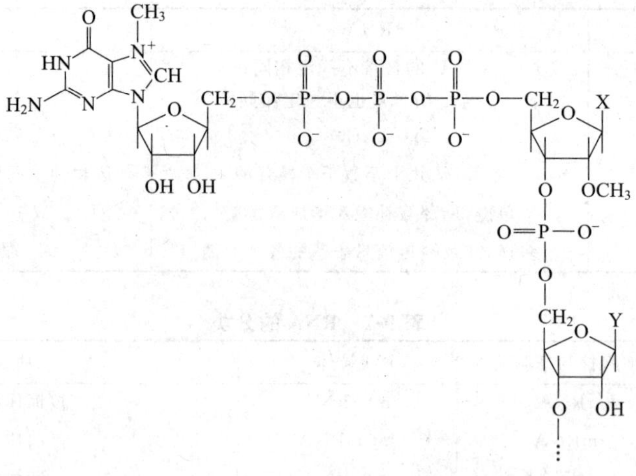

图 9-15 真核生物 mRNA 5′-帽子结构

环由 7 个碱基组成，大小相对恒定，底部 3 个核苷酸组成反密码子（anticodon），在蛋白质生物合成时可与 mRNA 上相应的密码子配对。⑤反密码子臂由 5 对碱基组成。⑥额外环在不同 tRNA 分子中变化较大，4~21 个碱基，又称可变环，其大小往往是 tRNA 分类的重要指标。⑦TΨC 环含有 7 个碱基，大小相对恒定，几乎所有的 tRNA 在此环中都含 TΨC 序列。⑧TΨC 臂由 5 对碱基组成。

tRNA 的三级结构呈倒 L 形［图 9-16(b)］。其特点是氨基酸臂与 TΨC 臂构成 L 的一横，-CCA-OH 3′末端就在这一横的端点上，是结合氨基酸的部位；而二氢尿嘧啶臂与反密码子臂及反密码子环共同构成 L 的一竖，反密码子环在一竖的端点上，能与 mRNA 上对应的密码子识别；二氢尿嘧啶环与 TΨC 环在 L 的拐角上。形成三级结构的很多氢键与 tRNA 中不变的核苷酸密切有关，这就使得各种 tRNA 三级结构都呈倒 L 形。在 tRNA 中碱基堆积力是稳定 tRNA 构型的主要因素。

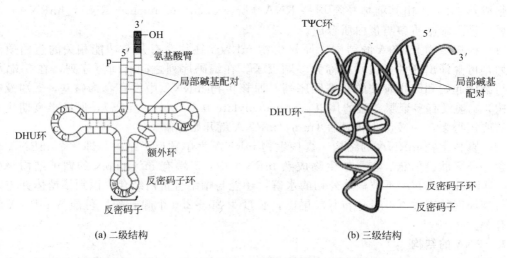

图 9-16 tRNA 结构

tRNA 中含有 10%~20% 的稀有碱基（rare bases），如：假尿嘧啶、次黄嘌呤、二氢尿嘧啶、甲基化的嘌呤 mG 和 mA 等，如图 9-17。

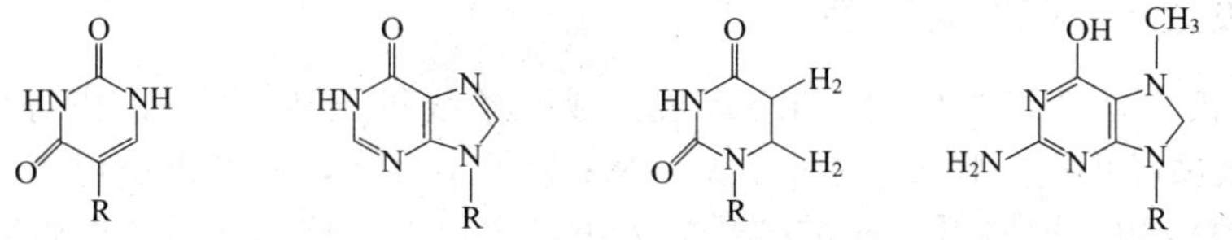

假尿嘧啶(Ψ)　　次黄嘌呤(I)　　二氢尿嘧啶(DHU)　　甲基鸟嘌呤(mG)

图 9-17　稀有碱基

3. rRNA 的结构

rRNA 占细胞总 RNA 的 80% 左右，具有复杂的空间结构。原核生物主要的 rRNA 有 5S、16S 和 23S rRNA 3 种，如大肠杆菌的这三种 rRNA 分别由 120、1542 和 2904 个核苷酸组成。真核生物有 5S、5.8S、18S 和 28S rRNA 4 种，如小鼠分别含 121、158、1874 和 4718 个核苷酸。rRNA 分子作为骨架与多种核糖体蛋白 (ribosomal protein) 装配成核糖体，作为蛋白质合成的场所。

所有生物体的核糖体都由大小不同的两个亚基所组成。原核生物核糖体为 70S，由 50S 和 30S 两个大小亚基组成。30S 小亚基含 16S 的 rRNA 和 21 种蛋白质（如图 9-18），50S 大亚基含 23S 和 5S 两种 rRNA 及 34 种蛋白质。真核生物核糖体为 80S，是由 60S 和 40S 两个大小亚基组成。40S 的小亚基含 18S rRNA 及 33 种蛋白质，60S 大亚基则由 28S、5.8S 和 5S 3 种 rRNA 及 49 种蛋白质组成。

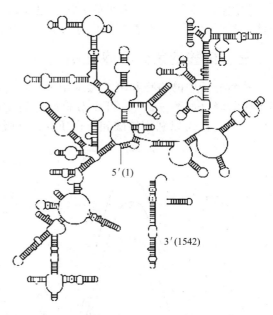

图 9-18　原核生物 16S rRNA 的二级结构

第三节　核酸的理化性质

一、核酸的溶解度

核酸是极性化合物，微溶于水，不溶于乙醇、乙醚和氯仿等有机溶剂。酸性磷酸基和碱性的嘌呤、嘧啶碱基共存，因此也是两性电解质。因磷酸酸性较强，故常表现为酸性。

DNA 是白色纤维状固体，RNA 是白色粉末状固体，都微溶于水，其钠盐在水中的溶解度较大。核酸可溶于 2-甲氧乙醇，但不溶于乙醇、乙醚和氯仿等一般有机溶剂，因此常用乙醇从溶液中沉淀核酸。当乙醇浓度达 50% 时，DNA 就沉淀出来；当乙醇浓度达 75% 时，RNA 也沉淀出来。DNA 和 RNA 在细胞内常与蛋白质结合成核蛋白，两种核蛋白在盐溶液中的溶解度不同。DNA 核蛋白难溶于 0.14mol/L 的 NaCl 溶液，可溶于高浓度 (1～2mol/L) 的 NaCl 溶液；而 RNA 核蛋白则易溶于 0.14mol/L 的 NaCl 溶液。因此常用不同浓度的盐溶液分离两种核蛋白。

二、核酸分子大小及黏度

DNA 分子极大,人细胞核内的 DNA 展开成一条线可长达 1.7m,相对分子质量为 3×10^{12},因此溶液黏度很高;RNA 的分子比 DNA 分子小得多,黏度也小得多。核酸若发生变性或降解,其溶液的黏度降低。核酸分子的大小可用长度、核苷酸对(或碱基对)数目、沉降系数(S)和分子量等来表示。沉降系数是指不同种类的生物大分子由于分子量和分子形状不同,在超速离心力作用下呈现出的不同的沉降行为。分子量越大,沉降越慢,沉降系数越小;反之亦然。

常用测定 DNA 分子大小的方法有电泳法、离心法。凝胶电泳是当前研究核酸最常用的方法,凝胶电泳有琼脂糖凝胶电泳和聚丙烯酰胺凝胶电泳。

三、核酸的紫外吸收性质

核酸分子中的嘌呤和嘧啶碱基中所含的共轭双键能强烈吸收紫外光,且在 260nm 处有最大吸收峰(如图 9-19),可以对核酸进行定性和定量分析。由于蛋白质的最大吸收峰在 280nm 处,故可以利用核酸和蛋白质的紫外吸收特性,来鉴别核酸样品中有无蛋白质杂质。

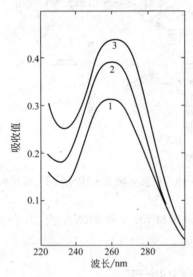

图 9-19 DNA 的紫外吸收光谱
1—天然 DNA;2—变性 DNA;3—核苷酸总吸收值

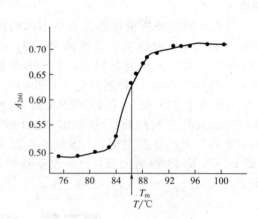

图 9-20 DNA 的解链曲线

四、核酸的变性与复性

1. 核酸的变性

在某些物理或化学因素的作用下,核酸的空间结构发生改变,从而引起理化性质的改变及生物活性的丧失,称为核酸的变性。引起核酸变性的因素有:加热、强酸、强碱、乙醇、丙酮、尿素和甲醛等。

如加热时,DNA 分子互补碱基对之间的氢键断裂,双螺旋结构松散变成单链,共轭双键暴露出来,导致吸收值增加,并与解链程度有一定的比例关系,称为 DNA 的增色效应。紫外光吸收值达到最大值的 50% 时的温度称为 DNA 的解链温度(T_m),如图 9-20。不同的 DNA 有不同的 T_m,一般在 70~85℃ 之间。一种 DNA 分子的 T_m 值大小与其所含碱基中的 G-C 比例相关,G-C 比例越高,T_m 值越高。这是因为使 G-C 之间的三个氢键断裂比使 A-T

之间的两个氢键断裂需要更多的能量。

2. 核酸的复性

DNA 热变性后，如果缓慢冷却，两条分开的单链重新形成双螺旋 DNA 的过程称为复性（renaturation）或退火。核酸复性时，紫外吸收降低，产生减色效应。一般认为，DNA 复性的最佳温度是比该 DNA 的 T_m 低 25℃ 的温度。

如果热变性的 DNA 温度骤然降低，则两条链的碱基由于来不及重新配对而很难复性，所以复性时温度一定要缓慢降低，并在一定的盐浓度下进行。DNA 复性后理化性质和生物学活性可以得到恢复。

五、分子杂交

不同来源的核酸变性后，合并在一起进行复性。若其中的序列可以形成碱基互补配对，即可形成杂化双链，这一过程称为杂交。杂交可发生于 DNA-DNA 之间、RNA-RNA 之间以及 RNA-DNA 之间，如图 9-21。分子杂交技术是分子生物学研究中常用的技术之一，是一种确定单链核酸碱基序列的技术。基本原理是将待测单链核酸与已知序列的单链核酸（称作探针）通过碱基配对形成可检出的双螺旋片段。利用它可以分析基因组织的结构、定位和基因表达等。

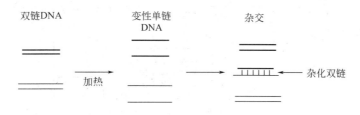

图 9-21　DNA 分子杂交

利用分子杂交技术可鉴定基因的特异性。例如，将具有一定已知顺序的某基因的 DNA 片段构成核酸探针，用同位素标记法或生物素标记法标记。作为探针的已知 DNA 或 RNA 片段一般为 30~50 核苷酸，可用化学方法合成或者直接利用从特定细胞中提取的 mRNA。将它通过分子杂交与缺陷的基因结合，产生杂交信号，从而显示出缺陷的基因，借此可对许多遗传性疾病进行产前诊断。也可用于诊断乙型肝炎及研究其他病毒性疾病和癌基因等。

第四节　核苷酸的合成代谢

食物中的核酸多以核蛋白的形式存在，经胃酸作用后分解成蛋白质和核酸（RNA 和 DNA）。核酸经酶的作用逐级水解成核苷酸、核苷、戊糖、磷酸和碱基。这些产物均可被吸收，磷酸和戊糖可再被利用，碱基除小部分可再被利用外，大部分均可被分解而排出体外。所以核苷酸不是营养必需物质。核糖核苷酸或脱氧核糖核苷酸主要都是在体内利用一些简单原料从头合成的。

核苷酸的体内合成有两条途径。①由氨基酸、一碳单位、二氧化碳、磷酸核糖等简单化合物合成核苷酸的途径，称从头合成（de novo synthesis）途径；②利用体内现有的碱基或核苷，经过简单的反应过程，合成核苷酸，称为补救合成（salvage pathway）途径。肝细胞及多数细胞以从头合成为主，而脑组织和骨髓则以补救合成为主。

一、嘌呤核苷酸的合成代谢

(一) 嘌呤核苷酸的从头合成

1. 原料

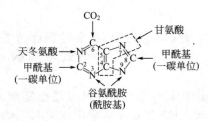

图 9-22 嘌呤合成的元素来源

如图 9-22 所示嘌呤环的元素来源，甘氨酸提供 C-4、C-5 及 N-7；谷氨酰胺提供 N-3、N-9；N^{10}-甲酰基四氢叶酸提供 C-2；N^5；N^{10}-次甲基四氢叶酸提供 C-8；CO_2 提供 C-6。磷酸戊糖来自糖的磷酸戊糖途径，活化的 5-磷酸核糖-1-焦磷酸（PRPP）可接受碱基成为核苷酸。

2. 过程

合成是在磷酸核糖的基础上把原料逐步接上去形成嘌呤环。首先合成次黄嘌呤核苷酸（IMP），再转变为腺嘌呤核苷酸（AMP）和鸟嘌呤核苷酸（GMP）。

(1) IMP 的合成　PRPP 合成酶催化 ATP 的焦磷酸基团转移到 5-磷酸核糖的 C-1，形成 PRPP。然后经过一系列酶促反应，生成 IMP，如图 9-23 所示。

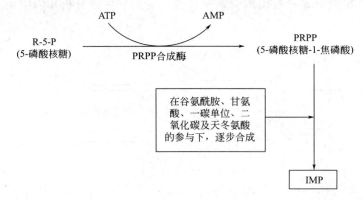

图 9-23 IMP 的合成

(2) AMP 和 GMP 的合成　IMP 是合成 AMP 和 GMP 的前体，由 IMP 转变成 AMP 和 GMP 的过程如图 9-24。在两种酶催化、GTP 供能的条件下，天冬氨酸的氨基取代 IMP 的 C-6 的氧，即成 AMP。若 IMP 先氧化成黄嘌呤核苷酸（XMP），然后由 GMP 合成酶催化及

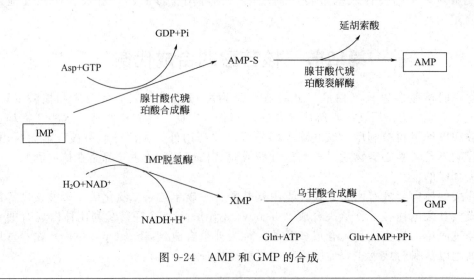

图 9-24　AMP 和 GMP 的合成

ATP 供能，谷胺酰胺的酰胺基便取代 XMP 的 C-2 的氧而成 GMP。AMP 和 GMP 不能直接转换，但 AMP 可在腺苷酸脱氨酶催化下脱去氨基，生成 IMP，然后再利用 IMP 合成 GMP。核苷三磷酸的形式是通过激酶的作用及 ATP 供能，AMP 和 GMP 可转变成 ATP 及 GTP。

（二）嘌呤核苷酸的补救合成

由于嘌呤核苷酸从头合成所需的酶在哺乳动物的脑和骨髓中不存在，这些组织细胞只能直接利用细胞内或饮食中核酸分解代谢产生的嘌呤碱或嘌呤核苷合成嘌呤核苷酸，称为补救合成。有两种酶参与补救合成，腺嘌呤磷酸核糖转移酶（adenine phosphoribosyl transferase，APRT）和次黄嘌呤-鸟嘌呤磷酸核糖转移酶（hypoxanthine-guanine phosphoribosyl transferase，HGPRT）。补救合成同样由 PRPP 提供磷酸核糖，如图 9-25。腺嘌呤核苷通过腺苷激酶（adenosine kinase）的作用可变成 AMP 而重新利用，其他核苷也可由相应的激酶磷酸化得到相应的核苷酸。

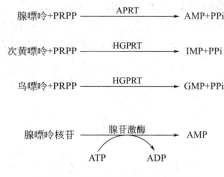

图 9-25 嘌呤核苷酸的补救合成

临床联系：自毁容貌症

1964 年，Lesch-Nyhan 描述了一种严重的代谢病，是一种 X 染色体连锁的隐性遗传的先天性嘌呤代谢缺陷病，由 X 染色体上次黄嘌呤-鸟嘌呤磷酸核糖转移酶（HGPRT）基因缺陷引起，导致 HGPRT 活性严重不足或完全缺乏，细胞含高浓度的 PRPP，致使嘌呤核苷酸从头合成的速率大大增加，过量的 IMP 降解的尿酸达到正常值的 6 倍，体内过量的尿酸引起该症。限于男性，称为 Lesch-Nyhan 综合征或称自毁容貌症。神经系统症状的机制目前尚不清楚。患儿一岁后可出现手足徐动，继而发展为肌肉强迫性痉挛，四肢麻木，在二三岁时开始出现尿酸增高及神经异常，如脑发育不全、智力低下、攻击和破坏性行为，发生自残行为，常咬伤自己的嘴唇、手和足趾。这种患儿很少活到成年。

现在科学家正研究将有功能的 HGPRT 基因，借助基因工程的方法转移至患者的细胞中，以达到基因治疗的目的。

二、嘧啶核苷酸的合成代谢

（一）嘧啶核苷酸的从头合成

1. 原料

如图 9-26 嘧啶环的元素来源，天冬氨酸提供 C-4、C-5、C-6 及 N-1；谷氨酰胺提供 N-3；CO_2 提供 C-2。

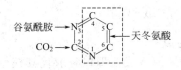

图 9-26 嘧啶合成的元素来源

2. 过程

与嘌呤核苷酸的从头合成不同，嘧啶核苷酸是先合成嘧啶环，然后再与磷酸核糖相连，形成嘧啶核苷酸,此过程主要在肝细胞的胞液中进行。

首先由谷氨酰胺、CO_2及ATP在胞液中的氨甲酰磷酸合成酶Ⅱ(carbamoyl phosphate synthetase Ⅱ,CPS-Ⅱ)催化下合成氨甲酰磷酸,如图9-27。

图9-27 氨甲酰磷酸的合成

氨甲酰磷酸再与天冬氨酸结合生成乳清酸,乳清酸结合PRPP中的磷酸核糖,生成乳清核苷酸,再进一步转化为UMP。CMP的合成是在核苷三磷酸水平上进行的,即由UTP在CTP合成酶的催化下从谷氨酰胺接受氨基而成为CTP,如图9-28。

图9-28 胞嘧啶核苷酸的合成

临床联系:先天性乳清酸尿症

先天性乳清酸尿症(orotic aciduria)是一种罕见的常染色体隐性遗传病,是由于乳清酸磷酸核糖转移酶(OPRT)和乳清酸核苷酸脱羧酶(OMP脱羧酶)基因缺陷造成的乳清酸积存过多,使乳清酸不能转变为尿苷酸,而几乎不能合成嘧啶类核苷酸,导致乳清酸大量出现在血液和尿液中。患者出生数月内就表现出明显症状,如低色素巨幼红细胞性贫血、尿中有大量乳清酸,以及生长停滞和智力障碍。该病治疗方案是给予尿嘧啶核苷,每日1~1.5g。

(二)嘧啶核苷酸的补救合成

由嘧啶磷酸核糖转移酶(pyrimidine phosphoribosyl transferase)催化尿嘧啶、胸腺嘧啶等,与PRPP合成尿苷一磷酸(但不能利用胞嘧啶为底物)。嘧啶核苷激酶可使相应嘧啶核苷磷酸化成核苷酸。如图9-29。

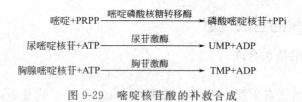

图9-29 嘧啶核苷酸的补救合成

三、脱氧核糖核苷酸的合成代谢

1. 脱氧核糖核苷二磷酸的生成

脱氧核苷酸是由核苷二磷酸还原而成,即以氢取代其核糖分子中C-2的羟基,催化此反应的酶是核糖核苷酸还原酶(ribonucleotide reductase,RR),如图9-30。

2. 脱氧胸腺嘧啶核苷酸的合成

首先,dUDP转换为dUMP,途径如下:一条是在核苷单磷酸激酶催化下,dUDP与ADP反应生成dUMP和ATP;另一条途径是dUDP先形成dUTP,然后水解生成dUMP

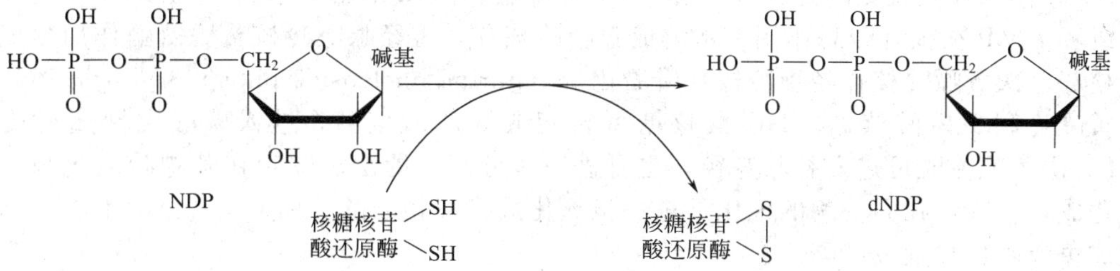

图 9-30 脱氧核苷酸的生成

和 PPi。dCMP 经脱氨也可以形成 dUMP。

dTMP 是由 dUMP 的 C-5 甲基化而形成的。催化此反应的酶是胸腺嘧啶核苷酸合酶 (thymidylate synthase)。甲基由 N^5,N^{10}-次甲基四氢叶酸提供。

DNA 合成的底物为四种 dNTP, 脱氧核苷一磷酸或脱氧核苷二磷酸可由激酶催化和 ATP 供能而形成脱氧核苷三磷酸。

第五节 核苷酸的分解代谢

一、嘌呤核苷酸的分解代谢

体内嘌呤核苷酸的分解代谢主要在肝脏、小肠及肾脏中进行, 嘌呤核苷酸分解代谢的终产物为尿酸, 经肾脏排泄。正常生理情况下, 嘌呤合成与分解处于相对平衡状态, 所以尿酸的生成与排泄也较恒定, 如图 9-31。

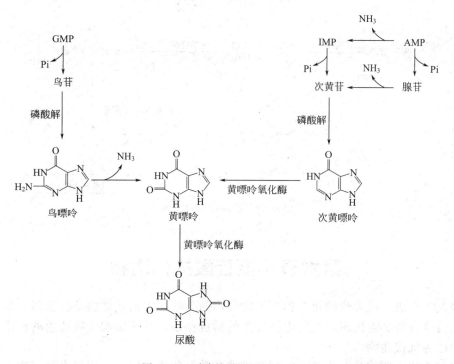

图 9-31 嘌呤核苷酸的分解代谢

AMP 在腺苷酸脱氨酶作用下生成 IMP，在核苷酸酶作用下水解成次黄嘌呤核苷和磷酸，或者 AMP 在核苷酸酶作用下水解成腺嘌呤核苷，再经腺嘌呤核苷脱氨酶作用生成次黄嘌呤核苷。次黄嘌呤核苷经嘌呤核苷磷酸化酶（purine nucleoside phosphorylase，PNP）生成次黄嘌呤和 1-磷酸核糖。1-磷酸核糖可转变成 5-磷酸核糖，进入磷酸戊糖途径或合成 PRPP。次黄嘌呤既可进入补救途径，也可进一步分解，即次黄嘌呤在黄嘌呤氧化酶的催化下氧化成黄嘌呤，在同一酶的催化下进一步氧化成终产物尿酸。而 GMP 分解生成的鸟嘌呤氧化成黄嘌呤，再变成尿酸。

二、嘧啶核苷酸的分解代谢

嘧啶核苷酸先脱去磷酸及核糖，嘧啶碱再开环分解，主要在肝进行。最终产物为 NH_3、CO_2、β-丙氨酸和 β-氨基异丁酸，胞嘧啶和尿嘧啶分解产物是 β-丙氨酸，胸腺嘧啶代谢产物是 β-氨基异丁酸。这些产物均易溶于水，可随尿排出体外或进一步分解。如图 9-32 和图 9-33。

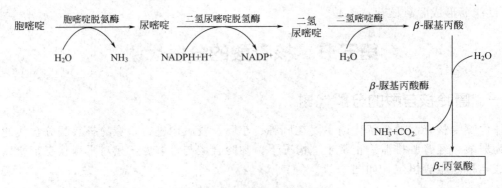

图 9-32　胞嘧啶和尿嘧啶的分解

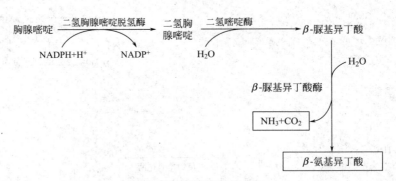

图 9-33　胸腺嘧啶的分解

第六节　核苷酸抗代谢物

一些人工合成的或天然的化合物与生物体内的一些必需的代谢物结构相似，将其引入生物体后，与体内的必需代谢物会发生特异性的拮抗作用，从而影响生物体内的正常代谢，这些化合物称为抗代谢物。

核苷酸的抗代谢物是一些碱基、氨基酸或叶酸等的类似物，它们以多种方式干扰或阻断核苷酸的合成代谢，从而进一步阻止核酸及蛋白质的生物合成，具有抗肿瘤作用。

一、嘌呤核苷酸合成的抗代谢物

6-巯基嘌呤（6-mercaptopurine，6-MP）化学结构与次黄嘌呤相似（如图9-34）。它在体内可变成6-巯基嘌呤核苷酸，可以反馈抑制PRPP合成酶和谷氨酰胺磷酸核糖酰胺转移酶的活性，也能抑制IMP转变成AMP和GMP，即阻断嘌呤核苷酸的从头合成和补救合成，从而可抑制肿瘤生长。

图9-34 次黄嘌呤与6-巯基嘌呤的结构

二、嘧啶核苷酸合成的抗代谢物

嘧啶类似物主要有5-氟尿嘧啶（5-FU），如图9-35，其结构与胸腺嘧啶相似，但其本身并无生物学活性，必须在体内转化为一磷酸脱氧核糖氟尿嘧啶核苷（FdUMP）和三磷酸氟尿嘧啶核苷（FUTP）后才能发挥作用。FdUMP与dUMP结构相似，阻断TMP合成，掺入RNA分子破坏其结构。

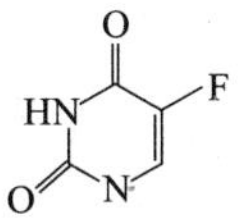

图9-35 5-氟尿嘧啶

复习思考题

一、选择题

A型题

1. 构成多核苷酸链骨架的关键是（　　）。
   A. $2',3'$-磷酸二酯键　　　B. $2',4'$-磷酸二酯键　　　C. $2',5'$-磷酸二酯键
   D. $3',4'$-磷酸二酯键　　　E. $3',5'$-磷酸二酯键
2. 嘌呤环中第4位和第5位碳原子来自（　　）。
   A. 甘氨酸　　　B. 天冬氨酸　　　C. 丙氨酸
   D. 谷氨酸　　　E. 谷氨酰胺
3. RNA和DNA彻底水解后的产物是（　　）。
   A. 戊糖相同，部分碱基不同　　　B. 碱基相同，戊糖不同
   C. 部分碱基不同，戊糖不同　　　D. 碱基不同，戊糖相同
   E. 碱基相同，戊糖相同
4. 含有稀有碱基比例较多的核酸是（　　）。
   A. 胞核DNA　　　B. 线粒体DNA　　　C. tRNA
   D. mRNA　　　E. rRNA
5. tRNA的三级结构是（　　）。

A. 三叶草形结构 B. 倒 L 形结构 C. 双螺旋结构
D. 发夹结 E. 回文结构

6. 核酸在（　　）附近有最大吸收峰。
A. 200nm B. 220nm C. 260nm
D. 280nm E. 510nm

7. 嘌呤核苷酸及其衍生物在人体内分解代谢的终产物是（　　）。
A. NH_3 B. CO_2 C. 尿素
D. 尿酸 E. NO

B 型题
A. 痛风症 B. 苯酮酸尿症 C. 乳清酸尿症
D. Lesch-Nyhan 综合征 E. 白化病

1. 嘌呤核苷酸分解加强导致（　　）。
2. HGPRT 缺陷导致（　　）。
3. 嘧啶核苷酸合成障碍导致（　　）。

A. 参与嘌呤核苷酸从头合成 B. 参与嘌呤核苷酸补救合成
C. 参与嘧啶核苷酸从头合成 D. 参与嘌呤核苷酸分解
E. 参与嘧啶核苷酸分解

4. 一碳单位参与（　　）。
5. HGPRT 参与（　　）。
6. 黄嘌呤氧化酶参与（　　）。

X 型题
1. 嘌呤核苷酸从头合成的原料包括（　　）。
A. 磷酸核糖 B. CO_2 C. 一碳单位 D. 谷氨酰胺和天冬氨酸
2. 嘧啶核苷酸分解代谢产物有（　　）。
A. NH_3 B. 尿酸 C. CO_2 D. β氨基酸
3. 尿酸是（　　）分解的终产物。
A. AMP B. UMP C. IMP D. TMP

二、名词解释
1. DNA 的变性　2. 增色效应　3. DNA 的熔解温度　4. DNA 的一级结构　5. 从头合成

三、简答题
1. 核酸完全水解后可得到哪些组分？DNA 和 RNA 的水解产物有何不同？
2. DNA 热变性有何特点？T_m 值表示什么？
3. 简述 DNA 双螺旋结构模式的要点。
4. 在稳定的 DNA 双螺旋中，哪两种力在维系分子立体结构方面起主要作用？
5. 试从合成原料、合成程序、反馈调节等方面比较嘌呤核苷酸与嘧啶核苷酸从头合成的异同点。

第十章 基因信息的传递

核酸和蛋白质是生物体内最重要的两类生物大分子。DNA 是主要的遗传物质，遗传信息贮存在 DNA 的双螺旋结构中。而蛋白质是一切性状的体现者，担负着重要的生理功能。遗传信息由 DNA 传递到蛋白质需要借助于 mRNA，这个过程包括转录和翻译两个阶段。转录（transcription）是以 DNA 为模板合成 mRNA 的过程。翻译（translation）则是以 mRNA 为模板，按照三联体密码子规则合成特定氨基酸顺序的多肽链的过程。转录和翻译联合起来就称为基因表达（gene expression），基因表达实质上就是中心法则（central dogma）的体现（图 10-1）。

图 10-1 中心法则

中心法则适用于绝大多数生物体，只有少部分生物不符合此规律，如朊病毒的遗传物质是蛋白质而非核酸等。本章内容着重介绍以 DNA 为主要遗传物质的基因信息的传递过程。

第一节 DNA 的生物合成

DNA 是遗传信息的主要载体，当然也有一些病毒（如 HIV）是以 RNA 为遗传信息的载体。因此在生物体中 DNA 的生物合成方式有两种：一种是依靠 DNA 的自我复制完成，另一种是通过 mRNA 反转录得到。

一、DNA 复制

（一）DNA 复制的特点

1. 半保留复制

DNA 在细胞核中由两条螺旋的多核苷酸链组成。随着细胞分裂的进行，DNA 新链合成起始。合成时 DNA 双链拆开分成两条单链，各自作为模板链用于合成新的互补链。以这种复制方式，在新合成的 DNA 双链中，其中一条链来自亲代链，另一条链是新合成的，此方式被称为半保留复制（semiconservative replication）（如图 10-2）。

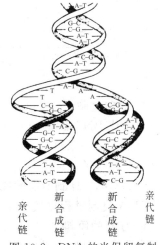

图 10-2 DNA 的半保留复制

DNA 的半保留复制方式在 1958 年由 M. Meselson 和 F. Srahl 用密度梯度离心实验证实。在实验中，先将大肠杆菌（E. coli）培养在含 $^{15}NH_4Cl$ 的培养基中繁殖若干代，后代 DNA 中 N 都是 ^{15}N。然后把 E. coli 转接到含 $^{14}NH_4Cl$ 的培养基中培养，抽提不同代次的细菌 DNA，用密度梯度法分析。结果如图 10-3 所示，由于 DNA 中 N 元素原子量的区别，在离心时区带位于不同的位置。更换培养基后的第一代 DNA 分子形成的区带仅一条，且介于 ^{14}N 和 ^{15}N 之间，说明 DNA 双链中一条链含 ^{14}N，另一条链含 ^{15}N；更换培养基后的第二代 DNA 分子有两条区带，一条区带表示 DNA 分子中两条链均含 ^{14}N，而另一区带表示 DNA 分子为 ^{14}N 和 ^{15}N 的杂交分子。

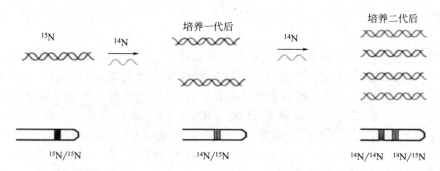

图 10-3　密度梯度离心实验

2. 半不连续复制

在研究 DNA 复制过程时，日本学者冈崎（Okazaki）用 ^3H 标记的 dTTP 参与 E. coli DNA 复制，随后提取 DNA，变性后得到长度 1000～2000bp 的短片段，这些不连续的片段被称为冈崎片段。延长标记时间后，冈崎片段变为长链 DNA，推断这些片段是复制过程的中间产物，说明在 DNA 复制时有一条链先合成冈崎片段，然后再由连接酶连成大分子 DNA。这种一条链连续合成，而另一条链不连续合成的方式被称为半不连续复制（图 10-4）。其中，连续合成的 DNA 链称为前导链，不连续合成的 DNA 链称为滞后链或后随链。

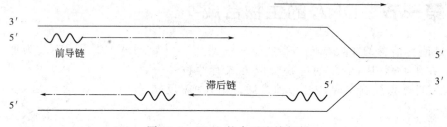

图 10-4　DNA 的半不连续复制

3. 双向复制

以亲代 DNA 解链的方向为标准，一条模板链是 $3'→5'$ 走向解开，在其上子链 DNA 能连续合成；另一条链是 $5'→3'$ 走向解开，在其上子代 DNA 也是 $5'→3'$ 方向合成，但合成不连续，且与解链方向正好相反。

（二）DNA 复制所需的物质

DNA 复制过程比较复杂，需要多种蛋白质因子协同作用（图 10-5）。

1. 复制的原料

主要是 4 种脱氧核糖核苷酸：dATP、dGTP、dCTP 和 dTTP。

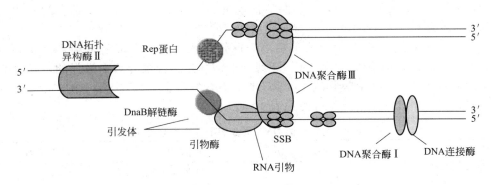

图 10-5 参与 DNA 复制的物质

2. 复制的模板

亲代 DNA 解开后形成的两条单链。

3. 参与复制的蛋白质和酶类

（1）解链酶（helicase） 无论 DNA 分子以何种状态存在于细胞中，在复制时都先要完成解链。解链酶（或解旋酶）通过水解 ATP 获得的能量打断双链间的氢键。解链酶有两类：绝大多数解链酶结合在滞后链的模板链上；另一类为 Rep 蛋白，它结合在前导链的模板链上。这两类解链酶在复制叉部位协同作用，解开 DNA 双链。

（2）单链结合蛋白（single strand binding protein，SSB 蛋白） 为了防止解链处的 DNA 再次缔合成双螺旋或被核酸酶水解，在生物体中有 SSB 蛋白以四聚体形式结合于单链部分，稳定单链的结构。待单链复制完成后离开，循环使用。

（3）DNA 拓扑异构酶（DNA topoisomerase） DNA 拓扑异构酶用于改变 DNA 的拓扑结构，它们可断裂 DNA 双链中的一条链或两条链，将末端旋转几圈后再连上。根据作用方式不同，DNA 拓扑异构酶分为两种：DNA 拓扑异构酶Ⅰ和 DNA 拓扑异构酶Ⅱ。DNA 拓扑异构酶Ⅰ的作用是消除负超螺旋，而 DNA 拓扑异构酶Ⅱ的作用是引入负超螺旋。负超螺旋的引入可抵消复制叉前进时前方产生的正超螺旋的不利影响。

（4）引物酶（primase）与引发体（primosome） DNA 聚合酶需要在引物存在的情况下引发 DNA 的合成。生理状况下的引物大多是 RNA 引物，由引物酶合成，该酶是一种特殊的 RNA 聚合酶，主要结合于复制起点处，在起点合成 RNA 引物。滞后链相对来说复杂一些，每一个冈崎片段都需要一段 RNA 引物，它们是由引物酶和其他 6 种蛋白质（n、n′、n″、DnaB、C、I）组成的复合体即引发体合成。

（5）DNA 聚合酶（DNA polymersae） DNA 聚合酶以 DNA 为模板，在引物 $3'$-OH 末端添加脱氧核苷三磷酸形成 $3'$，$5'$-磷酸二酯键，促使 DNA 链按 $5'\rightarrow 3'$ 方向延长。在大肠杆菌中现已发现的 DNA 聚合酶有 5 种，在此主要介绍三种 DNA 聚合酶：DNA 聚合酶Ⅰ、DNA 聚合酶Ⅱ、DNA 聚合酶Ⅲ。

① DNA 聚合酶Ⅰ DNA 聚合酶Ⅰ仅由一条多肽链组成，但具有多种酶活性，分别是 $5'\rightarrow 3'$ 聚合酶活性、$5'\rightarrow 3'$ 外切酶活性和 $3'\rightarrow 5'$ 外切酶活性。$5'\rightarrow 3'$ 聚合酶活性可使 DNA 链每分钟添加 600～1000 个单核苷酸；$5'\rightarrow 3'$ 外切酶活性主要作用于双链 DNA 的 $5'$ 末端，按 $5'\rightarrow 3'$ 方向去除部分核苷酸，可用于切除 RNA 引物或用于 DNA 修复；$3'\rightarrow 5'$ 外切酶活性主要作用于单链 DNA，可切除复制时错配的核苷酸，此酶活性在复制时起校正作用，保证了 DNA 复制的忠实性。

② DNA 聚合酶Ⅱ DNA 聚合酶Ⅱ是一个单体酶，其 $5'\rightarrow 3'$ 聚合酶活性很低，仅为

DNA 聚合酶Ⅰ的 5%；它的 3′→5′外切酶活性也可起到校正作用。DNA 聚合酶Ⅱ的主要作用是用于 DNA 修复。

③ DNA 聚合酶Ⅲ　DNA 聚合酶Ⅲ由多条肽链构成，是一个多亚基酶，具有 5′→3′聚合酶活性和 3′→5′外切酶活性。它的 5′→3′聚合酶活性是三种聚合酶中最强的，每分钟约催化新生 DNA 链延长 50000 个核苷酸。因此 DNA 聚合酶Ⅲ是 DNA 复制中的主要复制酶。

大肠杆菌的三种 DNA 聚合酶特性见表 10-1。

表 10-1　大肠杆菌 DNA 聚合酶Ⅰ、Ⅱ和Ⅲ的比较

项　目	DNA 聚合酶Ⅰ	DNA 聚合酶Ⅱ	DNA 聚合酶Ⅲ
5′→3′聚合酶活性	+	+	+
5′→3′外切酶活性	+	−	+
3′→5′外切酶活性	+	+	+
作用	切除 RNA 引物；切除 RNA 引物后缺口的填补；DNA 修复	DNA 修复	主要的复制酶，其 3′→5′外切酶活性保证了 DNA 复制的准确性

（6）DNA 连接酶（DNA ligase）　DNA 连接酶可催化 DNA 双链上单链切口处相邻的两个脱氧核苷酸间形成 3′,5′-磷酸二酯键。DNA 连接酶可连接双链 DNA 中的单链切口，也可连接 RNA-DNA 杂交双链中的单链切口，但不能连接双链 RNA 中的单链切口。

（三）DNA 复制过程

多数生物的复制都是双向等速进行的，即在复制起点处两个复制叉的推移速度是一致的。现以大肠杆菌的复制为例介绍 DNA 复制过程。

1. 复制起始

复制起始包括对复制起点的识别、复制起点处解链和 RNA 引物合成。复制并不是从

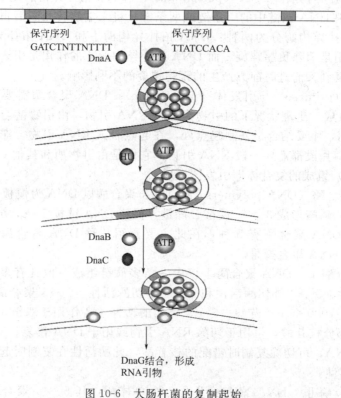

图 10-6　大肠杆菌的复制起始

DNA 上任意一个位点开始，它有一个固定的起始位点，通常含有一些保守序列，这个区域被称为复制起点。大肠杆菌的复制起点由 3 个 13bp 的正向重复区和 4 个 9bp 的反向重复区构成。大肠杆菌中的 DnaA 蛋白负责识别复制起点，约 20 个 DnaA 分子与反向重复区结合形成复合物，再在 DNA 结合蛋白 HU 和 ATP 共同作用下，DnaA 复合物使正向重复区局部解链，然后在 DnaC 蛋白的协助下，DnaB 蛋白替换了 DnaA 使复制起点处完成解链，最后由引物酶 DnaG 结合，在复制起点处合成 RNA 引物（图 10-6）。

2. 复制延伸

复制延伸以半不连续方式进行。在有 RNA 引物提供 3′-OH 的情况下，DNA 聚合酶Ⅲ按照碱基互补配对规则沿 5′→3′方向添加脱氧核苷酸。前导链的合成方向与复制叉推移方向一致，呈持续合成状态；滞后链的合成方向与复制叉推移方向相反，并且是一段一段合成，在滞后链中一段段的 DNA 片段被称为冈崎片段。

3. 复制终止

当复制叉一直推移至复制叉陷阱时引发复制的终止，复制叉陷阱是 Ter 序列和 Tus 蛋白的复合物。Ter-Tus 复合物能阻止 DnaB 功能的发挥，DNA 不再解链，复制叉移动停止（图 10-7）。

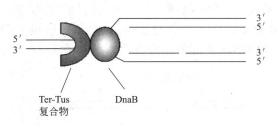

图 10-7 大肠杆菌 DNA 复制的终止

复制终止时在新合成的链上还要完成切除 RNA 引物、缺口的填补和连接冈崎片段的任务。滞后链上的冈崎片段之间，由 DNA 聚合酶Ⅰ发挥 5′→3′外切酶活性切除 RNA 引物，留下的缺口由其 5′→3′聚合酶活性填补，最后由 DNA 连接酶将切口连接，从而形成两条新链（图 10-8）。

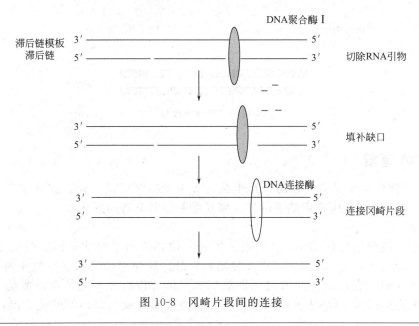

图 10-8 冈崎片段间的连接

(四)真核生物 DNA 复制的特点

真核生物 DNA 的复制过程与原核生物相似,但因真核生物的 DNA 与蛋白质组装成染色体,且真核生物的基因组 DNA 远大于原核生物,因此真核生物 DNA 复制也有不同于原核生物之处。

① 真核生物的染色体上有许多复制起点,但原核生物只有一个复制起点。

② 真核生物的染色体在其所有复制子完成第一轮复制后,才能启动第二轮复制,而原核生物的复制起点可以连续进行复制。

③ 真核生物复制时,组蛋白也同步合成,DNA 复制结束后组装成染色体。

二、逆转录

逆转录(reverse transcription)(或反转录)是以 mRNA 为模板,在逆转录酶(reverse transcriptase)的作用下合成 DNA 的过程。逆转录酶最初仅在 RNA 病毒中发现,现在在正常动物的胚胎细胞中也已发现。

与大肠杆菌的 DNA 聚合酶一样,大多数逆转录酶也具有多种酶活性:依赖于 RNA 的 DNA 聚合酶活性,此活性一定要以 RNA 为模板,但无校正功能;核糖核酸酶 H(RNaseH)活性,可降解 DNA-RNA 杂合分子中的 RNA;依赖于 DNA 的 DNA 聚合酶活性,以逆转录得到的第一条 DNA 单链为模板再合成第二条 DNA 链。具体的逆转录过程如图 10-9。

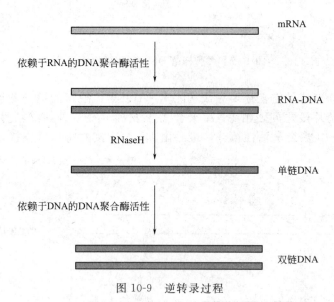

图 10-9 逆转录过程

三、DNA 修复

DNA 是生物体的主要遗传物质,在生命过程中发挥重要的作用,因此 DNA 复制的忠实性和 DNA 在日常理化因素影响下的损失修复有着特别重要的意义。

1. 光修复

强烈的紫外线照射会使 DNA 分子同一条链上相邻的两个嘧啶间形成嘧啶二聚体,如 T∧T、T∧C、C∧C,它们会影响 DNA 复制和转录。这种损伤要依靠生物体内的 DNA 光解酶(photolyase),它在无光照射时识别嘧啶二聚体部位,并与之结合形成酶-DNA 复合物,当有可见光照射时,DNA 光解酶被激活,它能打断嘧啶二聚体间的化学键,使损伤修复，酶从修复部位释放（图10-10）。在许多生物体内都发现了DNA光解酶，但在高等哺乳动物体内未发现。

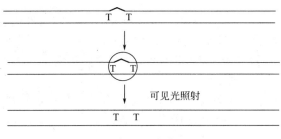

图10-10 光修复

临床联系

人类着色性干皮病（xeroderma pigmentosum，XP）是一种比较罕见的疾病，其主要临床表现为皮肤对日光，特别是紫外线高度敏感，皮肤暴露部位易出现色素沉着、干燥、角化等，其皮肤及眼部肿瘤的发生率约为正常人群的1000倍。

在人类等高等哺乳动物体内主要依靠核酸切除修复方式修复紫外线造成的损伤，XP患者由于缺乏核酸切除修复中特异性内切酶基因，因此细胞更易受到紫外线诱发的死亡或畸变。

2. 切除修复

切除修复是将受损部位切除，然后再合成一段新的脱氧核苷酸片段填补。切除修复在原核生物和真核生物内都存在，原核生物在切除修复时切除的片段短一些，而真核生物相对切除的片段要长一些。修复发生时首先也有酶识别受损部位，然后特异的内切酶切割，再由DNA聚合酶合成一段新的片段，最后由DNA连接酶连接，修复完成（图10-11）。

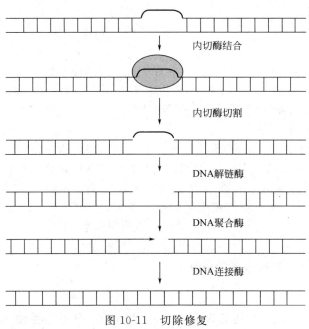

图10-11 切除修复

第二节 RNA 的生物合成

生物体中 RNA 起着承上启下的作用，贮藏在 DNA 中的遗传信息必须首先转录成 RNA 才能进一步表达。生物体内的 RNA 主要有三种类型：mRNA（信使 RNA），作为翻译的模板；tRNA（转运 RNA），转移氨基酸的工具；rRNA（核糖体 RNA），与一些蛋白质构成核糖体，提供蛋白质合成的场所。

除少数 RNA 病毒外，RNA 分子都来自于 DNA。因此，生物体中合成 RNA 的方式也有两种：一种是通过转录得到，以该方式为主；另一种是 RNA 自我复制。

一、转录

转录是以 DNA 为模板合成出一条与其序列相同（除了用 U 取代 T 外）的 RNA 单链的过程。它是基因表达的第一步，也是核心步骤。

（一）转录的特点

1. 不对称转录

转录发生时，DNA 双螺旋的两条链中仅有一条链用于转录，这种转录方式称为不对称转录。被转录的链，也就是与 RNA 序列互补的那条 DNA 单链称为模板链（template strand）或反义链（antisense strand）；另一条链，也就是与 RNA 序列相同的那条 DNA 单链称为编码链（coding strand）或有义链（sense strand）（如图 10-12）。

```
编码链  5'——ATCGGACCTTTCAGAGA——3'
模板链  3'——TAGCCTGGAAAGTCTCT——5'
                  ↓ 转录
         5'——AUCGGACCUUUCAGAGA——3'
```

图 10-12 不对称转录

2. 部分转录

基因是 DNA 上的一个功能片段，一条 DNA 链上有许多个基因，但每个基因的编码链并不总是在同一条链上，每次转录仅是 DNA 链上的一部分区域被转录，这种方式称为部分转录。

（二）转录的原料

主要是 4 种核糖核苷酸：ATP、GTP、CTP 和 UTP。

（三）RNA 聚合酶

RNA 聚合酶是转录机器的主要成分，它以 DNA 为模板，以 4 种 NTP 为原料，在不需要引物存在的情况下，就能催化与 DNA 模板链互补 RNA 的生成。原核生物和真核生物内都存在 RNA 聚合酶，但在组成和种类上有所区别。

1. 原核生物 RNA 聚合酶

原核生物只有一种 RNA 聚合酶，几乎可负责所有 RNA 分子的合成，多数原核生物 RNA 聚合酶由多个亚基组成且其组成相同。大肠杆菌 RNA 聚合酶的核心酶（core enzyme）包括 2 个 α 亚基、一个 β 亚基、一个 β' 亚基和一个 ω 亚基，再加一个 σ 因子则构成 RNA 聚合酶全酶（holoenzyme）。α 亚基与核心酶的组装有关，β 亚基和 β' 亚基构成了聚合酶的催化中心，ω 亚基功能未知，而 σ 因子对转录起始位点有特异性结合的能力，可识别转录起始部位。因此，转录起始时由 RNA 聚合酶全酶参与，当转录进入延伸状态，σ 因子从 RNA 聚合酶全酶中解离，由核心酶负责延伸过程。

> **临床联系**
>
> 利福霉素（rifamycin）、利迪链霉素（streptolydigin）是原核生物 RNA 聚合酶的抑制

剂,它们可以与β亚基结合,抑制转录的起始,其中利福霉素能强烈抑制革兰阳性菌和结核杆菌,具有广谱抗菌作用。

2. 真核生物RNA聚合酶

真核生物共有三种RNA聚合酶(表10-2),分别负责不同种类RNA基因的转录。它们位于细胞核中的不同位置,对α-鹅膏蕈碱的敏感程度也不一样。

表10-2 真核生物的三种RNA聚合酶

种类	细胞核内分布	转录产物	对α-鹅膏蕈碱的敏感性
RNA聚合酶Ⅰ	核仁	rRNA	不敏感
RNA聚合酶Ⅱ	核质	hnRNA	敏感
RNA聚合酶Ⅲ	核质	tRNA、5Sr RNA、snRNA	存在物种特异性

真核生物RNA聚合酶也由很多个亚基构成,一般是8~16个。在RNA聚合酶亚基的研究中,发现真核生物具有与原核生物RNA聚合酶α亚基、β亚基和β'亚基同源的成分,但未发现与σ因子同源的成分。因此,原核生物的RNA聚合酶全酶可识别转录起始部位,但真核生物的RNA聚合酶不具备此功能。

(四) 转录过程

转录从启动子开始到终止子结束(图10-13),共分为三个阶段:转录起始、转录延伸和转录终止。

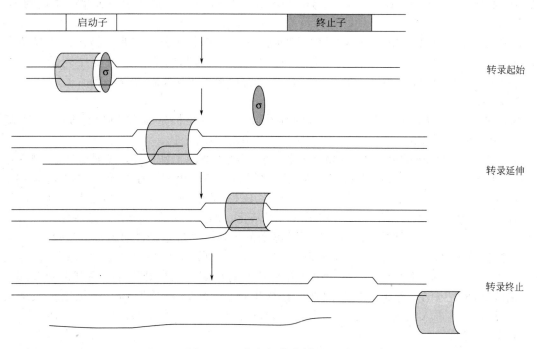

图10-13 大肠杆菌的转录过程

1. 转录起始

转录起始于DNA链上的特定部位,它能与RNA聚合酶特异结合,此部位称为启动子(promoter)。启动子是DNA链上的一个区域,在此区域内有与新生RNA链第一个核苷酸对应的碱基,通常为嘌呤,称为转录起始位点。以转录起始位点为界,在转录起始位点5'端为上游,用"—"表示;在转录起始位点3'端为下游,用"+"表示。

(1) 原核生物转录起始　原核生物的启动子由 40～60 个碱基对构成，主要包括三个部分：转录起始位点、－10 区和－35 区（图 10-14）。－10 区是转录起始位点上游约 10 个碱基处的保守序列，为 TATAAT 顺序，富含 AT，为转录起始的解链区；－35 区是转录起始位点上游约 35 个碱基处的保守序列，为 TTGACA 顺序，是 σ 因子的识别位点。

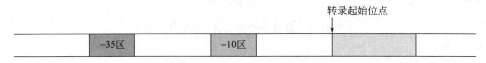

图 10-14　原核生物启动子结构

转录起始时，由 RNA 聚合酶全酶识别－35 区，牢固结合于启动子部位，使富含 AT 碱基对的－10 区局部解链。转录从起始位点开始，先合成新生 RNA 链上的第一个核苷三磷酸，直至合成 9 个核苷酸形成的 RNA 短链，通过启动子阶段，σ 因子解离，进入转录延伸阶段。

(2) 真核生物转录起始　真核生物启动子由两部分组成：核心启动子元件和上游启动子元件。核心启动子元件是指负责转录起始所必需的、最少的 DNA 序列，它包括转录起始位点和 TATA box；上游启动子元件则是与转录起始频率和效率有关的序列，主要有 GC box 和 CAAT box。TATA box 位于转录起始位点上游 20～30 个碱基，其序列特点也是富含 AT，功能类似于原核生物的－10 区。GC box 和 CAAT box 分别位于转录起始位点约 80 个碱基处和约 110 个碱基处，它们的存在可提高核心启动子的转录效率。

转录起始时，真核生物的 RNA 聚合酶不能直接识别启动子，需要有转录因子参与。转录因子（transcription factor）是指一类蛋白质分子，能与基因 5′ 上游特定序列结合以保证目的基因的表达。转录因子先于启动子结合，然后再吸引 RNA 聚合酶与启动子结合。

2. 转录延伸

转录的延伸阶段是在 RNA 聚合酶的作用下，按照模板链提供的遗传信息，往新生 RNA 链上不断添加相应的核苷酸，使 RNA 链的 3′ 端不断延长。

原核生物转录的延伸就是 RNA 链的延长，但真核生物除了延长外，还对 mRNA 链 5′ 端和 3′ 端进行修饰。真核生物 mRNA 链 5′ 端在鸟苷酸转移酶的作用下，往初始 mRNA 的 5′ 端添加了一个鸟苷酸，这个反应非常迅速，一般在新生 RNA 链达到 50 个核苷酸之前鸟苷酸就添加了。随后在甲基转移酶的作用下，对帽子进行甲基化，形成 7-甲基鸟苷酸，这种结构称为 5′ 端的帽子结构。帽子结构可保护 mRNA 免受核酸酶的破坏，并且是翻译起始所必需的。

真核生物 mRNA 链延长至 3′ 端出现 AAUAAA 序列后，由特异性的内切酶在此序列下游 15～30bp 处切割 mRNA 链，然后由腺苷酸转移酶在切割位点处添加一系列的腺苷酸，形成 3′ 端的 polyA 尾巴。除组蛋白基因外，真核生物 mRNA 3′ 端均有 polyA 尾巴。该结构是 mRNA 由细胞核进入细胞质所必需的形式，它可提高 mRNA 在细胞质中的稳定性。

3. 转录终止

当 RNA 聚合酶一直向下游移动至终止子位点时，引发转录终止。终止时 RNA 的 3′ 端不再添加任何的核苷酸，RNA 与模板链分离，RNA 聚合酶也从模板链上脱落。

（五）转录后加工

RNA 在合成时先合成相对分子质量较大的前体，然后通过复杂的修饰与加工成为成熟的 RNA。tRNA、mRNA 和 rRNA 都存在转录后加工。

1. 真核生物 mRNA 前体的加工

由真核生物 RNA 聚合酶 Ⅱ 转录的产物 hnRNA（核不均一 RNA）是 mRNA 的前体，

经过 5′ 加帽、3′ 加尾、RNA 剪接就可成为成熟的 mRNA，从细胞核转移入细胞质，作为翻译的模板。

RNA 剪接（RNA splicing）是指去除内含子拼接外显子的过程（图 10-15）。多数真核生物基因由长度不等的非编码的内含子（intron）和编码的外显子（exon）镶嵌排列组成，称为断裂基因（interrupted gene）。转录时内含子和外显子均被转录在 hnRNA 中，而成熟的 mRNA 是外显子连续排列形成的开放阅读框（open reading frame，ORF），因此真核生物在进行翻译过程之前要将内含子去除。在原核生物中基因的编码区是连续的，因而不存在 RNA 剪接。

真核生物 hnRNA 中含有 8～10 个内含子，内含子与外显子交界处通常有比较短的保守序列。内含子与上游外显子交界处即内含子的 5′ 端，通常为保守序列 GU；内含子与下游外显子交界处即内含子的 3′ 端，通常为保守序列 AG，RNA 剪接时以这些保守序列作为剪接信号以区分外显子和内含子，这种模式称为 GU-AG 规则。若内含子的 5′ 端或 3′ 端的保守序列，或虽位于内含子中间但会干扰 RNA 剪接的位点发生突变，则有可能会造成人类疾病的产生，如地中海贫血患者的珠蛋白基因中，大约有 25% 的突变发生在上述位点。

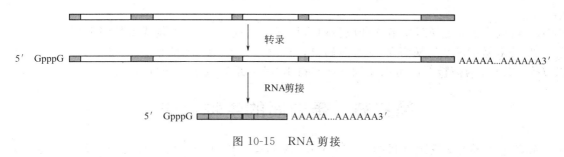

图 10-15　RNA 剪接

2. tRNA 前体的加工

tRNA 基因转录得到 tRNA 前体，经加工形成成熟 tRNA。tRNA 前体加工包括：去除前体分子 5′ 端、3′ 端或内部多余的核苷酸；3′ 端加 CCA 序列；特定位点碱基的修饰，包括甲基化、脱氨基和还原作用等。

3. rRNA 前体的加工

真核生物和原核生物中不同大小的 rRNA 分子都先转录为一个大的 rRNA 前体，加工时在前体中对应的 rRNA 部位被甲基化，然后由多种酶切除未甲基化的间隔序列，释放出成熟的 rRNA 分子。原核生物的 30S 前体分子加工产生 16S rRNA、tRNA、23S rRNA 和 5S rRNA（图 10-16），真核生物的 45S 前体分子中包括 18S rRNA、28S rRNA 和 5.8S rRNA。

二、RNA 自我复制

以 DNA 为模板合成 RNA 是 RNA 生成的主要方式，但有些 RNA 病毒入侵宿主细胞后，在 RNA 复制酶的作用下可合成 RNA 分子，然后组装成新的病毒颗粒。RNA 复制酶为依赖于 RNA 的 RNA 聚合酶，它仅对病毒 RNA 起作用且缺乏校正功能，因此 RNA 自我复制错配率较高。

病毒 RNA 自我复制有以下几种方式。

① 含有（+）链 RNA 的病毒如噬菌体 Q，在（+）RNA 的指导下合成蛋白质和（−）链 RNA，再以（−）链 RNA 为模板合成（+）链 RNA，组装成新的病毒颗粒。

② 含有（−）链 RNA 的病毒如狂犬病病毒，以（−）链 RNA 为模板合成（+）链

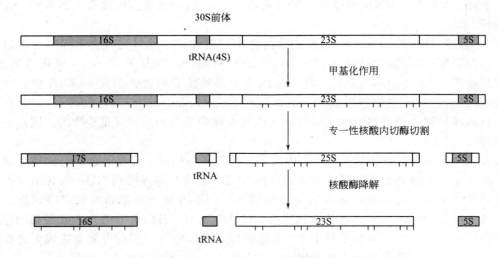

图 10-16 原核生物 rRNA 前体的加工

RNA，再以（＋）链 RNA 指导合成蛋白质和（－）链 RNA，组装成新的病毒颗粒。

③ 含双链 RNA 的病毒如呼肠孤病毒，按（－）链 RNA 的信息合成（＋）链 RNA，以（＋）RNA 为模板合成蛋白质和（－）链 RNA，组装成子代病毒颗粒。

第三节　蛋白质的生物合成

翻译是基因表达的最终目的，它从 mRNA 的特定位点开始按照每三个核苷酸与一个氨基酸对应的规则，合成蛋白质多肽链。翻译比复制和转录都要复杂，除了三种基本的 RNA 分子外，还有氨基酸、蛋白质因子和高能化合物参与。

一、参与蛋白质合成的物质

（一）mRNA

mRNA 是翻译的模板，从起始密码子 AUG 开始，沿 $5'\rightarrow 3'$ 方向每三个连续的核苷酸对应一个氨基酸，到终止密码子为止，生成具有特定顺序的多肽链。其中每三个连续的核苷酸称为遗传密码子，遗传密码共有 64 种（表 10-3），AUG 为起始密码子，终止密码子有三种，为 UAA、UGA、UAG。遗传密码的基本特征如下。

表 10-3　遗传密码表

第一位核苷酸	第二位核苷酸				第三位核苷酸
	U	C	A	G	
U	UUU 苯丙氨酸 UUC 苯丙氨酸 UUA 亮氨酸 UUG 亮氨酸	UCU 丝氨酸 UCC 丝氨酸 UCA 丝氨酸 UCG 丝氨酸	UAU 酪氨酸 UAC 酪氨酸 UAA 终止信号 UAG 终止信号	UGU 半胱氨酸 UGC 半胱氨酸 UGA 终止信号 UGG 色氨酸	U C A G
C	CUU 亮氨酸 CUC 亮氨酸 CUA 亮氨酸 CUG 亮氨酸	CCU 脯氨酸 CCC 脯氨酸 CCA 脯氨酸 CCG 脯氨酸	CAU 组氨酸 CAC 组氨酸 CAA 谷氨酰胺 CAG 谷氨酰胺	CGU 精氨酸 CGC 精氨酸 CGA 精氨酸 CGG 精氨酸	U C A G

续表

第一位核苷酸	第二位核苷酸				第三位核苷酸
	U	C	A	G	
A	AUU 异亮氨酸 AUC 异亮氨酸 AUA 异亮氨酸 AUG 起始信号和甲硫氨酸	ACU 苏氨酸 ACC 苏氨酸 ACA 苏氨酸 ACG 苏氨酸	AAU 天冬酰胺 AAC 天冬酰胺 AAA 赖氨酸 AAG 赖氨酸	AGU 丝氨酸 AGC 丝氨酸 AGA 精氨酸 AGG 精氨酸	U C A G
G	GUU 缬氨酸 GUC 缬氨酸 GUA 缬氨酸 GUG 缬氨酸	GCU 丙氨酸 GCC 丙氨酸 GCA 丙氨酸 GCG 丙氨酸	GAU 天冬氨酸 GAC 天冬氨酸 GAA 谷氨酸 GAG 谷氨酸	GGU 甘氨酸 GGC 甘氨酸 GGA 甘氨酸 GGG 甘氨酸	U C A G

1. 连续性

mRNA 中的密码子间无任何符号将其间隔，翻译时从起始密码子开始，一个密码子接着另一个密码子连续阅读直至遇到终止密码子，若在其中随意插入或删除非 3 整数倍的碱基，就会造成移码突变，说明密码子是连续的。

2. 简并性

已知终止密码子不代表任何氨基酸，它们不能被 tRNA 分子识别，识别终止密码子的是释放因子，因此编码氨基酸的遗传密码子有 61 种，而合成蛋白质常用的氨基酸有 20 种，所以有许多氨基酸由多个密码子编码。除了甲硫氨酸和色氨酸只有一个密码子外，其他氨基酸均有一个以上的密码子。这种一个氨基酸有两个或两个以上密码子的现象称为密码子的简并性，编码同一个氨基酸的密码子称为同义密码子。简并的位点一般在密码子的第三位碱基，简并的意义在于将碱基突变带来的影响降到最小。

3. 通用性

无论是原核生物还是真核生物，无论是体内还是体外，遗传密码子都是通用的，但也有少数例外，有四种密码子在线粒体和细胞质中对应的信息不一样。

（二）tRNA

tRNA 在蛋白质合成时发挥重要的作用，它既能识别 mRNA 上的遗传密码子，还能将氨基酸准确无误地运输到正确的位置。tRNA 借助反密码子环中的反密码子与 mRNA 中的密码子相识别，并且因 tRNA 分子具有 3′端的 CCA-OH 氨基酸接受臂，在氨酰-tRNA 合成酶的作用下可形成氨酰-tRNA（AA-tRNA），作为氨基酸的转运载体，用于携带氨基酸。

当 tRNA 上的反密码子在识别密码子时有一个特别的现象，反密码子的第三位碱基（3′端）、第二位碱基（中间）与密码子的第一位和第二位碱基配对是按照严格的碱基互补配对规则，但反密码子的第一位碱基（5′端）在识别密码子的第三位碱基时配对是不严格的，如反密码子第一位碱基是 U 时，它可识别第三位碱基是 A 或 G 的密码子，这种现象称为摆动现象（表 10-4）。一个 tRNA 分子可以识别几个密码子由其第一位碱基决定。

表 10-4　反密码子与密码子配对的摆动现象

反密码子第一位碱基	密码子第三位碱基	反密码子第一位碱基	密码子第三位碱基
C	G	G	C 或 U
A	U	I	U,C 或 A
U	A 或 G		

生物体中有很多 tRNA 分子，根据 tRNA 分子在翻译的不同阶段发挥作用，将其分为

两类：起始 tRNA 和延伸 tRNA。起始 tRNA 负责识别起始密码子 AUG，识别延伸过程中密码子的 tRNA 都属于延伸 tRNA。原核生物中起始 tRNA 携带甲酰甲硫氨酸（fMet），真核生物起始 tRNA 携带甲硫氨酸（Met）。或者根据 tRNA 分子 3′端氨基酸接受臂是否被占据，分为负载 tRNA 和空载 tRNA，其中负载 tRNA 又有两种，一种是携带氨基酸的氨酰-tRNA，另一种是携带多肽链的肽酰-tRNA。

（三）rRNA

在蛋白质合成中，rRNA 与蛋白质结合形成核糖体，作为翻译的场所。原核生物细胞内大约有 20000 个核糖体，真核生物细胞内约有 10^6 个。有些核糖体颗粒在细胞内是游离存在的，还有些与内质网结合，形成微粒体。

无论是原核生物还是真核生物，核糖体都是由大小两个亚基组成，大亚基的相对分子质量约为小亚基的两倍，每个亚基都由一个主要的 rRNA 分子和许多蛋白质分子组成。原核生物的核糖体沉降系数为 70S，大亚基为 50S，小亚基 30S；真核生物的核糖体沉降系数为 80S，大亚基为 60S，小亚基 40S（表 10-5）。

表 10-5　核糖体大小及其主要 rRNA 的组成

核糖体	来源	大亚基		小亚基	
		沉降系数	主要 rRNA	沉降系数	主要 rRNA
70S	原核生物	50S	23S	30S	16S
80S	真核生物	60S	28S	40S	18S

虽然原核生物和真核生物核糖体大小不同，但在合成蛋白质的过程中执行的任务都是一样的，要将 mRNA 和 tRNA 都置于合适的位置，还要能容纳携带一条多肽链的 tRNA。这些功能的完成依赖于核糖体上的多个活性中心：mRNA 的结合部位、结合或接受氨酰-tRNA 的部位（A 位）、结合或接受肽酰-tRNA 的部位（P 位）、空载 tRNA 的逐出部位（E 位）和转肽酶中心等。A 位、P 位和 E 位是与 tRNA 有关的部位，其中 A 位和 P 位横跨核糖体大小亚基，大部分位于大亚基上，E 位主要存在于大亚基上；mRNA 的结合部位位于小亚基；转肽酶中心位于大亚基，介于 A 位和 P 位之间（图 10-17）。

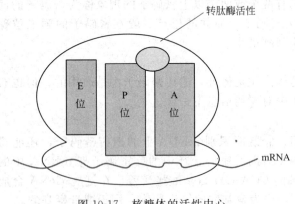

图 10-17　核糖体的活性中心

（四）氨基酸

氨基酸是蛋白质合成的基本原料，氨基酸只有与相应的 tRNA 结合后才能送入核糖体，参与蛋白质合成的起始或延伸过程。催化氨基酸与 tRNA 结合形成氨酰-tRNA 的酶是氨酰-tRNA 合成酶，它既能识别氨基酸，又能识别 tRNA，对两者都具有高度的专一性，从而保证 tRNA 携带正确的氨基酸。

参与蛋白质合成的氨基酸在氨酰-tRNA 的酶作用下被活化，反应分为两步进行：第一步将氨基酸活化生成氨基酰腺苷酸-酶复合物，反应式为 AA＋ATP＋E ⟶ AA-AMP-E＋PPi；第二步将复合物中的氨基酰基转移给 tRNA 3′端，反应式为 AA-AMP-E＋tRNA ⟶ AA-tRNA＋E＋AMP。比较特殊的是原核生物的甲酰甲硫氨酰-tRNA，它的形成是先在氨酰-tRNA 合成酶催化下促使甲硫氨酸与起始 tRNA 结合，再在甲酰基转移酶的作用下转移一个甲酰基团到甲硫氨酸的氨基上,形成甲酰甲硫氨酰-tRNA。

(五) 翻译因子

翻译过程中还需要多种蛋白质因子协助,它们在翻译的不同阶段发挥作用,分为三类:翻译起始因子 (initiation factor, IF)、翻译延伸因子 (elongation factor, EF) 和翻译终止因子 (或释放因子, release factor, RF)。

二、蛋白质生物合成的过程

蛋白质的生物合成以氨基酸被活化为基础,当氨基酸都转变为氨酰-tRNA 后,进入翻译起始、翻译延伸和翻译终止阶段。

(一) 翻译起始

翻译起始的任务是形成翻译起始复合物,即核糖体与 mRNA 结合并与负载的起始 tRNA 结合。为了确保此过程的顺利进行,还需要 IF 的参与。以原核生物为例,共有三种翻译起始因子参与,分别为 IF-1、IF-2 和 IF-3。翻译起始过程如下(图 10-18)。

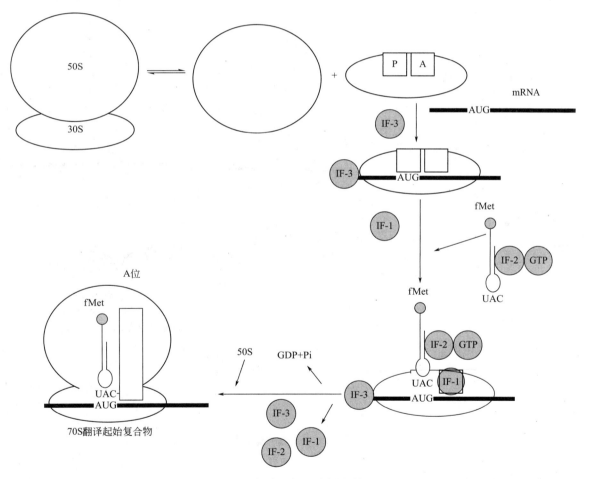

图 10-18 原核生物的翻译起始过程

① IF-3 因子与核糖体 30S 小亚基结合,使小亚基游离,此时小亚基与 mRNA 结合形成 mRNA-30S-IF-3 复合物。在原核生物 mRNA 起始密码子 AUG 的 5′端有一处富含嘌呤的序列,与 30S 小亚基 16S rRNA 的 3′端富含嘧啶的序列能够互补配对,实现 mRNA 与 30S 小

亚基的结合。

② IF-1 占据 30S 小亚基的 A 位点，防止氨酰-tRNA 过早与 A 位结合，而甲酰甲硫氨酰-tRNA（fMet-tRNA^{fMet}）则在 IF-2 因子的帮助下，与 IF-2 和 GTP 形成三元复合物，顺利进入 30S 小亚基的 P 位点。

③ GTP 水解，释放 IF-1、IF-2 和 IF-3，50S 大亚基结合，形成 70S 翻译起始复合物。

（二）翻译的延伸

起始 tRNA 完成与核糖体的结合后，翻译进入延伸阶段，多肽链的 C 端不断添加氨基酸，每增加一个氨基酸就是一个循环，每个循环包括三步反应：进位、肽键的形成和移位。

1. 进位

进位就是延伸的氨酰-tRNA 进入核糖体的 A 位点，此过程需要 GTP 和延伸因子（elongation factor，EF）Tu 的协助。70S 翻译起始复合物中 A 位空缺，由 A 位上出现的密码子决定第二个 AA-tRNA，第二个 AA-tRNA 和 GTP、EF-Tu 形成三元复合物进入核糖体的 A 位点，随后 GTP 水解，释放 Tu-GDP，Tu-GDP 再通过延伸因子 EF-Ts 转化为 Tu-GDP，准备进入下一个循环（图 10-19）。

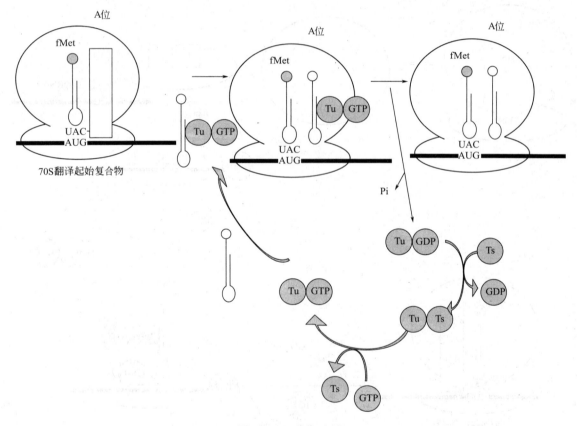

图 10-19　进位过程

2. 肽键的形成

经过进位反应后，在核糖体的 A 位和 P 位都有 AA-tRNA 占据，在肽基转移酶催化下，P 位 fMet 转移到 A 位，与 A 位的氨基酸之间生成肽键（图 10-20）。

3. 移位

移位是指核糖体沿着 mRNA 向其 3′端移动一个密码子的距离，此过程需要延伸因子

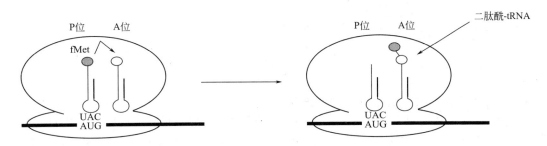

图 10-20 肽键的形成

G（EF-G），还需要 GTP 水解提供移位的能量。移位后原本位于 A 位的二肽酰-tRNA 进入 P 位，而 P 位空载的 tRNA 进入 E 位并从 E 位离开核糖体。A 位空缺，为添加下一个氨基酸做好了准备（图 10-21）。

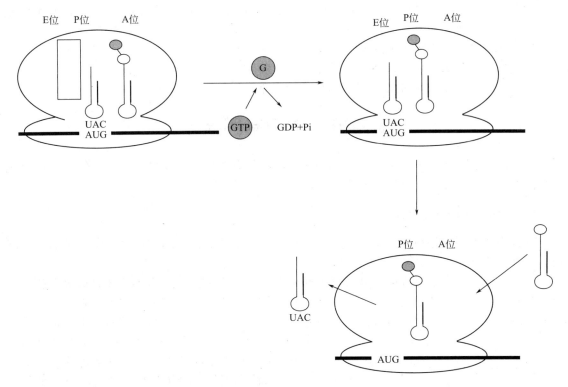

图 10-21 移位

多肽链延伸重复进行，核糖体每往 mRNA 移动一个三联体密码子，多肽链就添加一个氨基酸，直到多肽链延长完毕。

（三）翻译的终止

当核糖体多次移位至 A 位上出现终止密码子时，没有相应的 tRNA 识别终止密码子，而是释放因子（RF）识别并与之结合。在大肠杆菌中释放因子有三种，RF-1、RF-2 和 RF-3。其中 RF-1 和 RF-2 为 I 类释放因子，它们负责识别终止密码子，RF-1 识别 UAA 和 UAG，RF-2 识别 UAA 和 UGA。当它们与终止密码子结合后，诱导肽基转移酶将一个水分子加到延伸中的肽链上，从而使新合成的多肽链从 P 位点的 tRNA 中水解释放出来。RF-3

为Ⅱ类释放因子，有助于核糖体的解离。

三、多肽链合成后的加工

新生的多肽链一般是没有生物学活性的，要经过加工才能成为活性蛋白质，这种加工称为翻译后加工。

1. N端甲硫氨酸或甲酰甲硫氨酸的去除

无论是原核生物还是真核生物，N端的甲硫氨酸一般在多肽链合成完毕之前就被切除。原核生物N端甲酰甲硫氨酸先由脱甲酰化酶去甲酰化，再由氨肽酶切除甲硫氨酸或包括甲硫氨酸在内的几个氨基酸。

2. 二硫键的形成

蛋白质中一般都有多个半胱氨酸，两个半胱氨酸被氧化即可形成二硫键，二硫键的正确形成对维持蛋白质的天然构象有重要作用。

3. 特定氨基酸的修饰

蛋白质氨基酸侧链修饰主要包括磷酸化、糖基化、甲基化、乙基化、羟基化和羧基化等。

4. 切除新生肽中的非功能片段

有一些多肽链必须切除某些肽段后才具备生物学功能。如胰岛素前体由A、B、C三段组成，必须切除C段后，才能变成有活性的胰岛素。

第四节　常用基因技术

随着核酸研究在分子水平上的逐步深入，出现了许多应用广泛的基因操作技术，本节选取几种比较重要的方法，介绍其基本原理。

一、琼脂糖凝胶电泳

琼脂糖凝胶电泳是利用琼脂糖作为支持物的一种电泳方法，是实验室经常使用的核酸凝胶电泳检测技术。

琼脂糖是从琼脂中提取的一种线性多糖聚合物，将它加热熔化后再冷却会形成凝胶。凝胶具有网格结构，在其中电泳的分子会受到阻力作用。不同的核酸分子受到的阻力不同而产生不同的电泳速率，因此而区分开。琼脂糖凝胶电泳一般选用的是高于核酸等电点的pH溶液，相同数量的双链DNA几乎具有等量的净负电荷，都向阳极移动，因此移动速率主要取决于分子量大小和分子性状。分子量越小所受阻力越小，电泳速率越快，反之则越慢。分子量相同的情况下，形状越规则电泳速率越快。

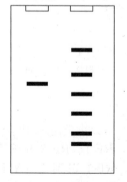

图10-22　琼脂糖凝胶电泳图

琼脂糖凝胶浓度一般在0.5%~2%之间，低浓度胶适合于大片段核酸的电泳，高浓度胶用于小片段分析。在凝胶电泳中，加入适量的溴化乙啶（ethidium bromide, EB）可插入核酸分子相邻的碱基平面之间，在紫外线照射下可显现核酸条带的位置和亮度，用于分析其纯度和相对分子质量。如果提取的核酸纯度很高，电泳条带应该是相当清晰且无杂带；如果混有蛋白质，电泳条带会伴有条带模糊或条带缺失的情况。在测定核酸相对分子质量时，在与待测样品同一块凝胶上加入相对分子质量已知的DNA样品（称为DNA marker）（图10-22），根据迁移率即可求得待测样品DNA的相对分子质量。

二、核酸分子杂交

核酸分子杂交利用不同来源核酸样品中具有部分同源区段从而形成杂交分子。将不同来源的核酸分子先变性然后缓慢冷却复性，若有互补碱基即可形成杂交双链。杂交的双方是待测的核酸序列和用于检测的已知核酸片段（称为探针）。基本方法是将待测核酸变性后，转移至硝酸纤维素膜或尼龙膜上，然后用标记了的探针与之杂交，洗去未结合的探针，最终可显现出核酸中能与探针互补的特异性 DNA 片段所在的位置。该技术应用相当广泛，可用于克隆基因的筛选、基因组中特定基因序列的定位等，还可用于多种遗传性疾病的基因诊断、恶性肿瘤的基因分析和传染病病原体的检测等领域。

核酸分子杂交根据测定的对象不同，分为 Southern 杂交和 Northern 杂交两种。Southern 杂交的对象是 DNA 片段，Northern 杂交的对象是 RNA。

1. Southern 杂交

1975 年 E. Southern 建立了 Southern 杂交技术（如图 10-23）。首先将 DNA 酶切后进行琼脂糖凝胶电泳，将电泳结束的凝胶经碱变性等预处理后平铺在用电泳缓冲液浸泡了的两种滤纸上，凝胶上面覆盖一张硝酸纤维素滤膜，滤膜上再加一叠吸水纸，最后压一个约 500g 的重物。由于吸水纸的虹吸作用，凝胶中的单链 DNA 便随着电泳缓冲液上升，按照琼脂糖凝胶上的位置转移至硝酸纤维素滤膜上并与之牢固结合，然后将滤膜放置加有同位素标记的探针溶液中杂交，杂交完毕后洗去未杂交的探针，经放射性自显影，可鉴定出与探针同源的待测 DNA。

2. Northern 杂交

Northern 杂交是在 Southern 杂交的基础上发展起来的，其基本步骤与 Southern 杂交类

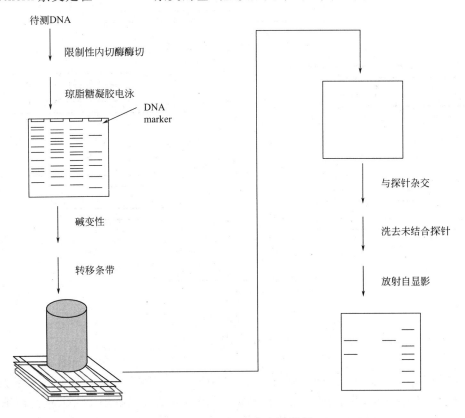

图 10-23　Southern 杂交示意图

似，不同的是 Northern 杂交主要是针对 RNA 分子的检测，RNA 为单链结构，不需要采用碱变性处理，但由于 RNA 单链容易形成部分高级结构，因此在电泳时需要加入甲醛作为变性剂，另一方面由于 RNA 容易降解，在电泳时必须抑制 RNase 的作用。

三、PCR 技术

20 世纪 80 年代 Kary Mullis 发明了聚合酶链反应（PCR）技术，它是体外快速扩增 DNA 最常用的方法。PCR 技术是在 *Taq* DNA 聚合酶的作用下，以人工合成的一小段 DNA 为 PCR 引物选择性地将 DNA 某个区域扩增出来的技术（图 10-24）。PCR 技术中的模板可以是基因组 DNA，也可以是 mRNA 逆转录的 cDNA。负责催化的 *Taq* DNA 聚合酶是从嗜热菌中提取出来的，不同于一般的 DNA 聚合酶，它具有很好的耐高温性。扩增所需的引物是人为设计的，扩增基因组 DNA 的不同区域需要不同的引物，引物决定了扩增片段的位置。

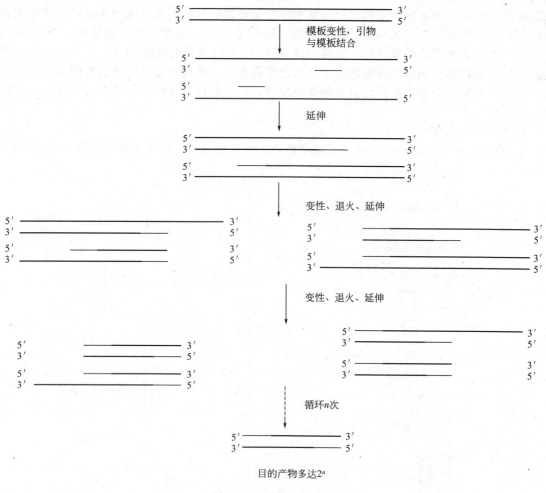

图 10-24 PCR 反应原理

PCR 反应时，只要在 Eppendorf 管中加入模板 DNA、PCR 引物、四种核苷酸及适当浓度的 Mg^{2+} 和 *Taq* DNA 聚合酶，便可在短短 2h 内将目的片段扩增上百万倍。PCR 反应主要有 3 个步骤：变性、退火和延伸（图 10-25）。

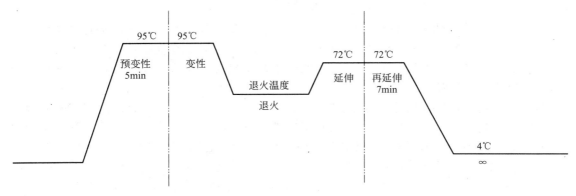

图 10-25　PCR 反应程序

1. 变性

变性的温度较高，一般设定在 95℃或 96℃，高温使模板 DNA 解开为单链，作为合成新链的模板。

2. 退火

即复性，退火的温度较低，一般在 48～58℃之间，此时实现引物与模板的结合，退火的具体温度因引物的不同而不同。

3. 延伸

延伸温度一般为 72℃，此时是 Taq DNA 聚合酶的最适反应温度，由它催化在引物后方进行链的延长。

由变性、退火、延伸组成的循环重复进行 30～35 次，得到大量的 DNA 拷贝。在具体实验时，为了保证模板 DNA 之间的充分变性，在循环之前有一次预变性步骤，温度与变性温度一致，时间为 5min；在循环之后同样有一次再延伸的过程，确保绝大多数 DNA 分子完成延伸过程，其温度也为 72℃，时间为 7min。

随着 PCR 技术的不断发展，PCR 技术延伸出很多类型，如巢式 PCR、逆转录 PCR、多重 PCR、不对称 PCR、锚定 PCR 和定量 PCR 等，广泛应用于遗传病的检测、法医和刑侦鉴定、癌基因的检查、cDNA 文库的构建、基因突变的分析和定点诱变等领域。

临床联系

沙门菌属、志贺菌属、侵袭性大肠埃希菌、肠产毒素大肠埃希菌是常见的肠道致病菌，容易引起人类细菌性痢疾和细菌性食物中毒，严重危害着人类健康。目前常见病原菌的检验方法存在着检测周期长、工作量大、灵敏度低、易出现假阳性或假阴性等缺点。因此，建立一种快速、简便、准确、特异的检测方法具有重要意义。由于 PCR 具有快速扩增的能力，可在样品中加入多种病原菌的特异性引物，扩增结果经琼脂糖凝胶电泳检测出现特异性条带，则表明存在病原菌。PCR 技术提供了理想的检测方法，在医学、食品、考古学、刑侦学等学科中都有广泛的应用。

四、DNA 重组技术

DNA 重组技术借助于限制性内切酶、DNA 连接酶和基因载体的发现，它打破了物种间的天然屏障，不受亲缘关系限制，可按照人们的愿望，进行严格的设计，在体外构建重组 DNA 分子，并使其在受体细胞中增殖表达。

知识链接

1977年科学家用大肠杆菌成功地生产了人生长激素释放抑制因子,至此以后有更多的基因工程产品利用 DNA 重组技术构建的工程菌生产,如胰岛素、人生长激素、人干扰素、乙型肝炎病毒抗原等。DNA 重组技术的出现为构建基因工程菌,为大规模发酵生产开辟了新途径。

DNA 重组技术包括切、接、转、增、检五步(图10-26)。利用限制性内切酶从基因组DNA 中获得目的片段,同时将载体也用限制性内切酶进行处理,然后将目的片段与酶切后的载体在 DNA 连接酶的作用下形成重组 DNA 分子,接着通过适当的方法将重组 DNA 分子转入受体细胞,并使之在受体细胞中大量繁殖,最后通过一些检测方法筛选出期望的重组子。筛选出的重组子可采用一定的诱导方法促进其在宿主细胞中表达,以获得相应的蛋白质产物。

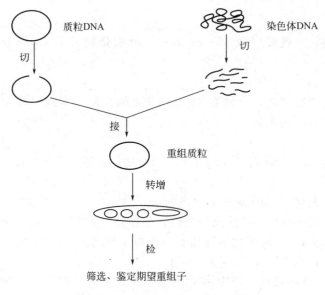

图10-26 DNA 重组技术的流程

DNA 重组技术可使外源基因在宿主细胞中稳定存在,并表达为蛋白质或其他产物,因此可用于转基因植物或动物育种、基因治疗、疫苗生产等领域。

复习思考题

一、选择题

1. 在蛋白质生物合成中转运氨基酸作用的物质是( )。
   A. mRNA　　B. rRNA　　C. hnRNA　　D. DNA　　E. tRNA
2. DNA 复制时,以序列 5′-TpApGpAp-3′ 为模板将合成的互补结构是( )。
   A. 5′-pTpCpTpA-3′　　　　B. 5′-pApTpCpT-3′
   C. 5′-pUpCpUpA-3′　　　　D. 5′-pGpCpGpA-3′
   E. 3′-pTpCpTpA-5′
3. 关于 DNA 复制中 DNA 聚合酶的错误说法是( )。
   A. 底物是 dNTP　　　　　　B. 必须有 DNA 模板
   C. 合成方向只能是 5′→3′　　D. 需要 ATP 和 Mg^+ 参与
   E. 使 DNA 双链解开

4. 生物遗传信息传递的中心法则中不包括（   ）。
   A. DNA→DNA　　　　　　B. DNA→RNA
   C. RNA→DNA　　　　　　D. RNA→RNA
   E. 蛋白质→RNA
5. 识别转录起点的是（   ）。
   A. σ因子　　　B. 核心酶　　　C. ρ因子
   D. RNA 聚合酶的 β 亚基　　　E. RNA 聚合酶的 α 亚基
6. 比较 RNA 转录与 DNA 复制，叙述正确的是（   ）。
   A. 原料都是 dNTP　　　　　B. 都在细胞核内进行
   C. 合成产物均需剪接加工　　D. 两过程的碱基配对规律完全相同
   E. 合成开始均需要有引物
7. mRNA 作为蛋白质合成的模板，根本上是由于（   ）。
   A. 含有核糖核苷酸　　　B. 代谢快　　　C. 含量少
   D. 由 DNA 转录而来　　　E. 含有密码子

B 型题

A. rep 蛋白　B. DNA 旋转酶　C. DNA pol Ⅰ　D. DNA pol Ⅲ　E. DNA 连接酶
1. 使原核 DNA 形成负超螺旋结构的是（   ）。
2. 使大肠杆菌 DNA 链解开双链的是（   ）。
3. 使大肠杆菌 DNA 复制时去除引物，补充空隙的是（   ）。
4. 使大肠杆菌 DNA 复制时延长 DNA 链的是（   ）。

A. 进位　B. 成肽　C. 转位　D. ATP　E. GTP
5. A 位的肽酰-tRNA 连同 mRNA 相对应的密码一起从 A 位进入 P 位（   ）。
6. 为进位提供能量的是（   ）。
7. 氨基酰-tRNA 按遗传密码的指引进入核蛋白体的 A 位是（   ）。
8. 为转位提供能量的是（   ）。
9. P 位上的氨基酰基或肽酰基与 A 位上的氨基酰基形成酰氨键是（   ）。

X 型题

1. 参与原核 DNA 复制的 DNA 聚合酶有（   ）。
   A. DNA 聚合酶 Ⅰ　　　　B. DNA 聚合酶 Ⅱ
   C. DNA 聚合酶 Ⅲ　　　　D. DNA 聚合酶 α
2. 真核生物 mRNA 前体的加工包括（   ）。
   A. 5′端加帽结构　　　　B. 3′端加多聚 A 尾
   C. 3′端加 CCA-OH　　　D. 去除内含子
   E. 连接外显子
3. 参与转录的物质有（   ）。
   A. 单链 DNA 模板　　　　B. DNA 指导的 RNA 聚合酶
   C. NTP　　　　　　　　　D. NMP
   E. DNA 指导的 DNA 聚合酶
4. DNA 复制与 RNA 转录的共同点是（   ）。
   A. 需要单链 DNA 做模板　　B. 需要 DNA 指导的 DNA 聚合酶
   C. 合成方式为半保留复制　　D. 合成方向为 5′至 3′
   E. 合成原料为 NTP
5. 蛋白质合成的延长阶段，包括的步骤有（   ）。
   A. 起始　　　　B. 进位　　　　C. 成肽

D. 转位 　　　　E. 终止

二、名词解释
1. 半保留复制　2. 冈崎片段　3. 编码链　4. 摆动配对　5. 同义密码子

三、简答题
1. 参与 DNA 复制的物质有哪些？各有什么作用？
2. 以大肠杆菌为例，简述 DNA 复制过程。
3. 什么是启动子？原核生物的启动子有哪几部分构成？
4. 介绍原核生物的翻译起始过程。
5. 核糖体是翻译的场所，核糖体上有哪些部位与翻译密切相关？
6. 简述三种 RNA 在蛋白质合成中的作用。

第十一章 肝生物化学

肝脏（liver）是人体最大、具有双重血液供应的腺体，在生物化学上具有多种重要功能，参与糖、蛋白质和脂类等营养物质的合成、转化和分解。此外，药物、毒物和激素等非营养性物质的转化和解毒以及胆汁的合成和分泌等都在肝脏内进行。因此，肝脏有人体"物质代谢中枢"之称。

第一节 肝脏在物质代谢中的作用

一、肝脏在糖代谢中的作用

肝脏在糖代谢中的主要作用是维持血糖浓度的相对恒定，保障全身各组织，特别是大脑和红细胞的能量供应。这种作用主要是通过糖原的合成与分解及糖异生作用来实现的。

1. 糖原的合成

当血糖浓度升高时，如饱食后，肝脏利用葡萄糖合成肝糖原，使血糖浓度降低。每千克肝最多可贮存糖原65g。若血糖浓度仍然居高，肝脏还可利用葡萄糖合成脂肪，维持血糖浓度的恒定。

2. 糖原的分解

空腹时，血液中的葡萄糖不断被全身组织摄取利用，肝糖原则迅速分解生成葡萄糖，使血糖浓度不至于降低。

3. 糖异生作用

在饥饿情况下，肝脏将其他糖或甘油、乳酸、一些氨基酸等非糖物质转变为葡萄糖，避免血糖浓度下降。肝脏的糖异生作用成为此种状态时血糖供应的主要途径。

由于肝脏在维持血糖浓度稳定中发挥着极其重要的作用，所以肝病患者血糖调节能力降低，空腹、饥饿时，由于肝糖原贮存量少，以及糖异生作用减弱，极易出现低血糖；而进食后，葡萄糖在肝脏的去路减少而容易发生高血糖。

二、肝脏在脂类代谢中的作用

肝脏在脂类的消化、吸收、运输、分解和合成等各个代谢环节中起着重要作用。

1. 脂类的消化吸收

肝脏是机体合成和分泌胆汁酸盐的唯一器官。胆汁酸盐随胆汁及食物中的脂类排入肠道，乳化脂肪，激活胰脂肪酶，促进脂类物质的消化和吸收。

肝胆疾病时，由于胆汁酸盐分泌减少，脂类物质消化、吸收不良，患者可出现厌油腻、脂肪泻等症状。

2. 脂类的运输

血浆中不溶于水的脂类得以存在和运输是由于亲水的血浆脂蛋白的形成。其中极低密度脂蛋白、高密度脂蛋白直接在肝脏合成，游离脂肪酸和肝脏合成的清蛋白结合而运输。

3. 脂肪的代谢

肝脏既是脂肪酸氧化分解产能的主要部位，又是脂肪酸不完全氧化生成中间产物酮体的唯一器官；肝脏合成脂肪的能力是脂肪组织的9~10倍，并能以合成极低密度脂蛋白的形式将脂肪运至肝外。

4. 胆固醇的代谢

体内的胆固醇70%~80%由肝脏合成，肝脏分泌的卵磷脂胆固醇脂酰基转移酶可将胆固醇催化形成胆固醇酯。当肝细胞病变时，合成胆固醇和胆固醇的酯化都减少，但后者减少更为显著，所以，血清胆固醇酯降低的多少常作为临床上判断肝功能损伤程度的指标之一。约2/5~3/5的胆固醇通过在肝脏转变为胆汁酸进行代谢。

临床上消胆胺等用来降低胆固醇的药物就是利用促进胆固醇转变为胆汁酸的原理设计的。消胆胺在肠道和胆汁酸结合，阻止肠道对胆汁酸的重吸收，使肝脏内更多的胆固醇转变为胆汁酸由肠道排出体外，从而降低血液中的胆固醇。

5. 磷脂的代谢

肝脏合成磷脂非常活跃，特别是卵磷脂的合成。磷脂是合成脂蛋白不可缺少的成分。

如果肝细胞磷脂合成障碍，就会影响极低密度脂蛋白的合成，导致肝内合成的脂肪运出肝外受限，肝内脂肪堆积。这是脂肪肝形成的重要因素之一。

三、肝脏在蛋白质代谢中的作用

1. 蛋白质的合成

肝脏除合成自身蛋白质外，血浆中的蛋白质也大多来自于肝脏。如清蛋白、凝血酶原、纤维蛋白原、多种载脂蛋白和血浆部分球蛋白。血液中的白蛋白是维持血浆胶体渗透压的重要因素，肝细胞功能损伤后，血清白蛋白减少，胶体渗透压降低，是肝病患者发生水肿的主要机制。肝病患者也会由于凝血酶原合成减少而有出血倾向。临床上把检测血清蛋白质、白蛋白和球蛋白比值作为诊断肝病的重要辅助指标之一。

2. 氨基酸的代谢

肝脏中具有丰富的氨基酸代谢的酶类，代谢因此十分活跃，如氨基转移酶类、脱氨酶类、脱羧基酶类等。

肝功能严重损伤时，芳香族氨基酸分解代谢减少，血液中含量增高，大量的芳香族氨基酸进入脑细胞产生有毒的假神经递质，干扰或取代正常的神经递质，抑制中枢神经系统的兴奋传导，是临床上肝性脑病发生的主要机制之一。

3. 尿素合成

氨基酸代谢产生的氨，80%~90%是通过在肝脏中合成尿素经肾随尿排出进行解毒的。目前认为肝脏是将氨合成尿素而解氨毒的唯一器官。

肝功能严重受损时，尿素合成减少，使血氨增高，引起中枢神经系统功能障碍，此为临床上肝性脑病发生的主要机制。

四、肝脏在维生素代谢中的作用

肝脏在维生素的吸收、贮存、转化和活化等方面均发挥着重要作用。

肝脏分泌的胆汁酸在促进脂肪吸收的同时也促进脂溶性维生素的溶解和吸收，对肝胆疾病患者应注意脂溶性维生素的补充和营养护理。

肝脏是维生素 A、维生素 E、维生素 K 和维生素 B_{12} 的主要贮存场所，也是人体含维生素 A、维生素 K、维生素 B_1、维生素 B_2、维生素 B_6、维生素 B_{12}、泛酸和叶酸最多的器官。

肝脏是一些维生素转变或活化的重要场所：维生素 D 的活性形式 1, 25-$(OH)_2$-D_3，其 25 位上的羟化是在肝脏进行的；肝脏将维生素 PP 转变为 NAD^+ 和 $NADP^+$，将泛酸转变为辅酶 A，将维生素 B_1 转变为焦磷酸硫胺素等。此外，肝脏还将胡萝卜素转变为维生素 A，利用维生素 K 合成一些凝血因子等。

临床上鼓励患者摄食动物肝脏可补充多种维生素，用以预防和辅助治疗夜盲症、佝偻病等多种维生素缺乏病。

五、肝脏与激素的灭活作用

机体对发挥作用后的激素进行转化使其活性降低或失去生物活性的过程称为激素的灭活作用。激素在靶细胞发挥作用后，机体将其及时灭活是实现激素水平稳定的重要过程，肝脏是激素灭活的主要器官。在肝脏灭活的激素有很多种，如醛固酮、抗利尿激素、胰岛素、胰高血糖素、肾上腺素、甲状腺素和雌激素等。

肝病患者由于雌激素的灭活能力减弱，使体内雌激素水平增高，男性患者会出现女性化的表现，同时由于雌激素具有扩张小动脉的作用，患者会出现肝掌和蜘蛛痣的症状。

知识链接

肝的代谢与肝硬化

肝硬化（cirrhosis of liver）是我国一种常见的慢性进行性疾病，致死率高，其起病隐匿，进展缓慢，早期症状易被忽视，而一旦发现多数患者病症已经较重。了解肝脏的正常代谢功能，可较易掌握患病时肝功能减退的临床表现，列举如下：①因肝在脂类代谢中的作用，肝硬化时患者多厌油、易腹泻，常伴黄疸等；②因肝在蛋白质代谢中的作用，肝硬化时患者常有出血倾向和贫血，易并发肝性脑病等；③因肝的激素灭活作用，患者易发生腹水，可有肝掌、蜘蛛痣等。

第二节　肝的生物转化作用

一、生物转化作用的概念和意义

生物转化作用是指机体对非营养性物质进行化学转变，使其极性增强，水溶性增大，易于随胆汁或尿液排出体外的过程。

非营养性物质是指在体内既不供能，也不参与机体构成，又不需要发挥其活性的一类物质。其来源有外源性也有内源性。外源性的非营养性物质如：药物、毒物、色素、食品添加剂及其他化学物质等。体内物质代谢产生的内源性非营养性物质，如发挥作用后的激素、神经递质；具有强烈生物作用的氨、胺；胆红素等一些有毒的中间代谢物质。它们往往难以直接从体内排出。生物转化的主要意义就在于使非营养性物质水溶性增大，易于排泄，毒性或活性改变（多数是降低或消除，但也有个别反而增强）。

肝脏是生物转化的主要器官，无论是外界进入的，或是体内生成的多种物质均可在肝内进行生物转化。经转化后，使毒物解除毒性、药物失去药理作用、激素丧失其生物活性，机体借此来维持体内的正常平衡。当肝功能受损时，生物转化作用减弱，则会出现解毒功能的减弱，药物的贮积以及激素的平衡失调。同时肾、肺、胃肠道、皮肤、胎盘等也具有一定的生物转化作用。

二、生物转化作用的反应类型

生物转化作用主要有四种反应类型，归纳为两相：第一相包括氧化、还原和水解反应；第二相是结合反应。

（一）第一相反应——氧化、还原和水解反应

1. 氧化反应

氧化反应是最多见的生物转化反应类型。主要在肝细胞的微粒体、线粒体及胞液中进行。催化氧化反应的酶类有加单氧酶系、胺氧化酶系和脱氢酶系。其中以微粒体中加单氧酶催化的氧化反应最为主要。加单氧酶系催化的总反应如下：

$$RH + O_2 + NADPH + H^+ \longrightarrow ROH + NADP^+ + H_2O$$

式中，RH 代表该酶系的各种底物。该酶能直接激活分子氧，使一个氧原子加到作用物分子上，故称加单氧酶系。由于在反应中一个氧原子掺入到底物中生成羟基化合物，另一个氧原子使 NADPH 氧化而生成水，即一种氧分子发挥了两种功能，故又称混合功能氧化酶或羟化酶。

加单氧酶系可催化多种脂溶性的药物、毒物的羟化，如：氨基酸比林、苯巴比妥、吗啡、苯胺、二氯甲烷、苯并芘等；同时加单氧酶的羟化作用也是许多物质正常代谢不可缺少的步骤，如维生素 D_3 羟化为活性 1,25-$(OH)_2$-D_3，胆固醇羟化产生胆汁酸等。

> **知识链接**
>
> 乙醇的生物转化和酒精肝
>
> 酒精肝是由于长期、大量饮用含乙醇的饮料所致的肝脏损伤性疾病，也是加速和形成肝硬化的主要病因。近年来，随着人民生活水平的提高和社交圈的扩大，酒的消费量猛增，由此导致酒精肝的发生率也呈明显上升趋势。
>
> 进入体内的乙醇90%～98%是在肝脏进行处理的。肝内的乙醇脱氢酶将乙醇氧化为乙醛，后者再被氧化为乙酸，最终代谢为二氧化碳和水。一次大量或长期持续饮酒，在肝内代谢过程中大量产生的乙醛和未及时处理掉的乙醇都对肝细胞有直接毒理作用，导致肝细胞的损害。同时由于肝脏在处理乙醇的过程中特别是对乙醇氧化酶的诱导作用，消耗大量的氧和 NADPH，使肝细胞内能量耗竭，更加重了肝脏的损伤。

2. 还原反应

肝微粒体中存在的还原酶类主要有两大类：硝基还原酶和偶氮还原酶，催化硝基化合物和偶氮化合物还原生成胺类。如硝基苯加氢还原生成苯胺。存在于许多化妆品和染料中的偶氮化合物都是通过还原反应进行转化的。

$$\text{硝基苯} \xrightarrow{-O_2} \text{亚硝基苯} \xrightarrow[+2H]{\text{硝基还原酶}} \text{苯胺}$$

3. 水解反应

肝微粒体和胞液中含有多种水解酶类，催化脂类、酰胺类和糖苷类化合物的水解，以降低或消除这些物质的活性。如局部麻醉药普鲁卡因及普鲁卡因酰胺可分别经酯酶及酰胺酶催化水解而失去药理作用。由于普鲁卡因在肝中很快被水解，故注入后迅速失效；而普鲁卡因酰胺的水解较慢，故可维持较长的作用时间。

$$H_2N-\text{C}_6\text{H}_4-COOCH_2CH_2N(C_2H_5)_2 \xrightarrow[\text{酯酶}]{+H_2O} H_2N-\text{C}_6\text{H}_4-COOH + HOCH_2CH_2N(C_2H_5)_2$$

普鲁卡因　　　　　　　　　　对氨基苯甲酸　　　二乙氨基乙醇

（二）第二相反应——结合反应

有些物质通过第一相反应水溶性增加而排出体外，但有些物质极性仍然很弱，不易排

出。结合反应是指非营养物质与体内某些极性更强的代谢物或化学基团结合，以获得更大的溶解度，最终排出体外的过程。常见的结合反应如下。

1. 葡萄糖醛酸结合

UDPGA 是葡萄糖醛酸的直接供体。肝细胞微粒体中有活性很高的葡萄糖醛酸转移酶，催化葡萄糖醛酸转移到醇、酚、胺、羧基化合物上，形成葡萄糖醛酸苷。如胆红素、类固醇激素、吗啡、苯巴比妥类药物等均可在肝脏与葡萄糖醛酸结合而进行生物转化。

临床上，用类葡萄糖醛酸制剂（如肝泰乐）治疗肝病，其原理就是增强肝脏的生物转化功能。

2. 硫酸结合

硫酸参与结合反应时的活性形式是 3'-磷酸腺苷-5'-磷酸硫酸（PAPS）。进行这种结合的物质主要有醇类、酚类和芳香胺类。

雌酮通过在肝和硫酸结合灭活。故严重肝病患者会出现雌激素水平增高的一系列症状，如男性患者的女性性征发育、蜘蛛痣和肝掌等。

3. 甲基结合

活泼甲基的供体是 S-腺苷甲硫氨酸（SAM）。一些含有氨基、羟基和巯基的化合物或一些胺类生物活性物质、药物可通过甲基化灭活，如尼克酰胺（维生素 PP）可甲基化为甲基尼克酰胺。

4. 乙酰基结合

乙酰基的供体是乙酰辅酶 A。芳香胺类化合物和乙酰基结合生成乙酰化合物而转化，如抗结核药物异烟肼可乙酰化为乙酰异烟肼失活。

此外还有甘氨酸结合、谷胱甘肽结合等。

上述各种结合反应类型总结见表 11-1。

表 11-1 肝内几种常见的结合反应类型

结合反应类型	结合基团的直接供体	部 位	主要的代谢物类型
葡萄糖醛酸结合	UDPGA	微粒体	羟基、氨基、羧基化合物
硫酸结合	PAPS	胞液	酚、醇、芳香胺类化合物
谷胱甘肽结合	GSH	胞液	胰岛素、环氧化物等
氨基酸结合	甘氨酸	线粒体	羧基化合物
乙酰基结合	乙酰 CoA	胞液	胺、芳香胺、氨基酸等
甲基结合	SAM	胞液	羟基、羧基、巯基化合物

三、生物转化作用的特点和影响因素

（一）生物转化作用的特点

1. 生物转化过程的连续性

少量的非营养物质进行一步反应就可顺利排出体外，而大多数的非营养物质需要连续进行多步反应。一般是先进行第一相反应，再进行第二相反应。例如药物乙酰水杨酸（阿司匹林）的转化过程：先水解为水杨酸，再氧化为羟基水杨酸，最后和葡萄糖醛酸结合形成葡萄糖醛酸苷随尿排出。

2. 代谢通路和产物的多样性

许多物质的生物转化不仅经历不同类型的转化反应，同一种物质往往还具有不同的转化途径和产物。如解热镇痛药非那西丁的代谢途径和相应产物为：其一，羟化生成扑热息痛，再和葡萄糖醛酸或硫酸结合排出；其二，加氧羟化，再与谷胱甘肽结合，代谢为硫醚尿酸排出或与肝细胞蛋白质结合引起肝细胞坏死；其三，经水解反应生成对氨苯乙醚，进一步羟化生成诱发高铁血红蛋白血症的毒性物质。

3. 解毒和致毒的双重性

生物转化的过程是通过化学反应引起物质分子结构的改变而发挥作用的。分子结构的改变必然导致生物活性的改变。多数非营养物质通过这种改变表现为活性或毒性减弱或消失，而有些物质则在转化过程中或转化后出现毒性、活性增强。此现象即为解毒和致毒的双重性，如黄曲霉毒素的致肝癌作用。

（二）影响生物转化的因素

1. 年龄的影响

新生儿肝中酶体系尚不完善，生物转化系统不完备；老年人器官功能减退，生物转化能力也随之降低。因而新生儿、老年人对毒物和药物的转化和耐受力很低，药物和毒物在其体内代谢和滞留的时间延长，极易发生中毒，用药量要低于成人。同时还要注意了解新生儿生物转化酶系产生的时间规律而掌握某些药物的可使用时间。

2. 诱导物和抑制物的影响

一些药物和毒物具有诱导相关酶合成的作用。长期接触这类物质，体内对其代谢的酶量增加，使其转化速度加快，作用降低，产生对这类物质的耐受性，一些镇静催眠类药物如巴比妥类对生物转化作用的酶具有诱导作用，长期服用可产生耐受性。

在多种物质受同一酶系催化进行转化时，如果这些物质同时进入体内，会产生对酶的竞争抑制作用，而影响生物转化。

3. 疾病的影响

肝脏是生物转化的主要器官，肝功能损伤，对药物和毒物的转化速度及转化能力下降，治疗剂量即可导致中毒。所以肝脏疾病患者要尽量减少用药量，尤其要注意避免使用通过肝脏转化的药物。

第三节 胆色素代谢

胆色素是含铁卟啉的化合物在体内分解代谢的产物，包括胆绿素、胆红素、胆素原和胆素。其中，除胆素原族化合物无色外，其余均有一定颜色，故统称胆色素。胆红素是胆汁中的主要色素，正常成人每天产生 250～350mg 胆红素，其中 80% 左右来自衰老红细胞中血红蛋白的分解。胆色素代谢以胆红素代谢为主，肝脏在胆色素代谢中起着重要作用。

一、胆红素的生成和特点

正常红细胞的平均寿命为 120 天，衰老的红细胞在肝、脾、骨髓等单核吞噬细胞系统被破坏，释放出血红蛋白，并分解为珠蛋白和血红素。珠蛋白通过分解成氨基酸进行代谢，而血红素在微粒体中血红素加氧酶催化下，释出 CO 和 Fe^{3+} 产生蓝色的胆绿素。然后胆绿素在胞液中胆绿素还原酶催化下，由 $NADPH+H^+$ 供氢，还原为胆红素。

胆红素为橙黄色的脂溶性化合物，极易穿过细胞膜，对组织细胞有毒性作用。胆红素的毒性作用主要是引起大脑不可逆的损害。

二、胆红素在血液中的运输

生理 pH 条件下，胆红素分子的亲水基团包裹在分子内部而疏水基团暴露于分子表面，呈亲脂、疏水的性质。亲脂疏水性的胆红素离开单核吞噬细胞系统释放入血，在血液中与清蛋白结合成胆红素-清蛋白复合物，又称为血胆红素或未结合胆红素。这种复合物具有亲水性，便于胆红素在血液中的运输，同时由于和清蛋白的结合，有效地限制了胆红素对组织细胞的毒性作用。胆红素和清蛋白的亲和力极高，成人每100mL血清中的清蛋白可以结合胆红素20～25mg，正常人血浆胆红素的浓度仅为0.2～0.9mg/100mL，所以清蛋白结合胆红素的潜力很大。但是，当清蛋白降低，或一些与清蛋白结合的化合物如磺胺类药物、镇痛药、抗炎药、某些利尿剂以及胆汁酸、脂肪酸等阴离子增多时，能与胆红素竞争结合清蛋白使胆红素游离出来，导致胆红素中毒发生。新生儿由于对胆红素的生物转化能力不健全，血脑屏障发育不完善，血中游离胆红素的量过多时，极易进入大脑细胞导致胆红素性脑病（又称核黄疸）的发生。

三、胆红素在肝脏的代谢

血液中形成的胆红素-清蛋白复合物虽然避免了胆红素毒性的发生，但并不能最终将胆红素排出体外，必须经过肝脏对其进行生物转化，才能实现真正的解毒与排泄。

1. 肝脏对胆红素的摄取作用

肝细胞对胆红素有极强的亲和力，能迅速将血液中的胆红素摄入到肝细胞。肝细胞的胞浆中有两种胆红素载体蛋白：Y蛋白和Z蛋白，它们和胆红素结合并运至肝细胞的内质网。

值得注意的是新生儿的Y蛋白在出生7周后才能达到成人的水平，肝细胞对胆红素的摄取能力不足是新生儿出现生理性黄疸的原因之一。

临床联系

新生儿生理性黄疸和胆红素性脑病

新生儿生理性黄疸是指新生儿出生24h后血清胆红素由出生时的17～51μmol/L逐步上升到86μmol/L或以上，临床上出现皮肤、巩膜、黏膜等部位的黄染，出生后4～6天达到高峰，1～2周内消退的黄疸。这种现象在多数新生儿都会发生，程度都不太重，不会给新生儿带来不适和异常，故称为生理性黄疸。其发生的原因主要是由于新生儿出生后红细胞较成人多且寿命短，过多的红细胞破坏释放出胆红素，未结合胆红素增多而形成黄疸。

由于新生儿的葡萄糖醛酸转移酶缺乏，不能有效地将未结合胆红素转变为结合胆红素。在肠道内的部分结合胆红素可水解成未结合胆红素，后者被重吸收入肝。以上因素均可加重黄疸。当血液中的游离胆红素增高并和脑部基底核的脂类结合而干扰脑的正常功能出现神经系统的异常时，称为胆红素性脑病或核黄疸，当血清胆红素高于342μmol/L时有发生的危险。故严密观察黄疸的程度和进展情况是新生儿护理中的重要内容之一。

2. 肝脏对胆红素的结合作用

在肝细胞的内质网上，胆红素在葡萄糖醛酸转移酶的催化下与葡萄糖醛酸结合，生成葡萄糖醛酸胆红素，称之为肝胆红素。该胆红素为水溶性，无毒，正常时随胆汁排泄。这种在肝脏经过结合反应转化生成的胆红素又称结合胆红素，而血液中的胆红素-清蛋白复合物尚没有进行结合反应，故称为未结合胆红素。

3. 肝脏对胆红素的排泄作用

葡萄糖醛酸胆红素随胆汁排入肠道。若胆管淤积，胆道阻塞，可导致结合胆红素在肝内淤滞，以至于逆流到血液。

在实验室还可以通过重氮试剂对两种形式的胆红素进行鉴别。结合胆红素直接与重氮试剂反应生成紫红色偶氮化合物，为此而称为直接（反应）胆红素；而未结合胆红素需在加入乙醇后与重氮试剂反应呈紫红色，故又称为间接（反应）胆红素。两种胆红素的区别见表11-2。

表 11-2　两种胆红素区别

分类	未结合胆红素	结合胆红素
存在形式	清蛋白-胆红素	葡萄糖醛酸胆红素
形成部位	血液	肝脏
溶解性质	脂溶性	水溶性
通过肾脏排出	不能	能
对脑组织毒性	有	无
与重氮试剂反应	间接反应	直接反应
常用别名	血胆红素,间接(反应)胆红素	肝胆红素,直接(反应)胆红素

四、胆红素在肠道中的代谢及胆素原的肠肝循环

随胆汁进入肠道的葡萄糖醛酸胆红素在肠道细菌的作用下,大部分脱去葡萄糖醛酸还原为无色的胆素原,它们在随粪便排出的过程中,接触到空气而被氧化为黄褐色的粪胆素,是粪便的主要色素。

通过上述代谢过程 80%~90% 胆素原排出体外,还有 10%~20% 的胆素原在肠道被重吸收,经门静脉入肝,入肝后的胆素原大部分又随胆汁进入肠道。胆色素这种从肠吸收至肝,又从肝返回到肠道的循环过程称为胆素原的肠肝循环。

五、胆色素在肾脏的代谢和排泄

从肠道进入肝脏的胆素原,大部分形成肠肝循环,极少量的胆素原通过肝静脉进入体循环,被运输到肾脏随尿排出。正常成人随尿排出的尿胆原为 0.5~4.0mg/d。尿中的胆素原接触空气后被氧化为尿胆素,是尿液的主要色素。

从两种胆红素的代谢情况分析,经过肾脏的未结合胆红素不能随尿排出；结合胆红素虽可通过肾脏排出,但正常情况下通过胆道排泄,所以正常人尿液中检测不到胆红素。

胆色素代谢过程总结如图 11-1 所示。

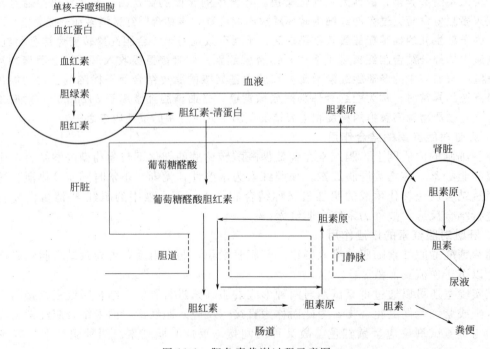

图 11-1　胆色素代谢过程示意图

六、血清胆红素与黄疸

正常人血清胆红素为 1.7～17.1μmol/L（0.1～1mg/100mL），其中未结合胆红素占 4/5。任何原因引起的胆红素产生过多或肝细胞对胆红素代谢障碍或胆红素经胆道进入肠道时阻塞等，均可使血液中的胆红素浓度升高，造成高胆红素血症。当血清胆红素浓度超过正常时，橙黄色的胆红素扩散到组织，出现皮肤、黏膜、巩膜等部位黄染的现象称为黄疸。血清胆红素在 17.1～34.0μmol/L 时，无明显的黄疸出现，临床上称为隐性黄疸。血清胆红素超过 34.2μmol/L 时，组织皮肤、巩膜明显黄染，称显性黄疸。根据发生的原因和部位不同，黄疸可分三种类型。

1. 溶血性（肝前性）黄疸

由于溶血的原因，单核吞噬细胞产生的胆红素超过了肝细胞摄取速度，大量的未结合胆红素不能及时进入肝脏转化，血清中的未结合胆红素明显增高。实验室检查血清重氮试剂间接反应阳性。溶血性黄疸常由于药物使用或误输异型血引起。

2. 肝细胞性（肝原性）黄疸

由于肝细胞破坏的原因，肝脏摄取、转化和排泄胆红素的能力降低，正常生成量的胆红素不能全部被肝细胞摄取和转化，使血中的未结合胆红素量增高；另一方面已被肝细胞摄取和转化过的胆红素也可由于肝内小胆管的淤滞、阻塞而逆流到血液，血液中的结合胆红素也增高。临床检验可出现重氮试剂反应双阳性。各种肝炎、肝肿瘤都可出现肝细胞性黄疸。

3. 阻塞性（肝后性）黄疸

由于胆道阻塞，使已经在肝脏转化了的胆红素不能随胆汁排入肠道，积聚在肝脏的胆红素逆流到血液，使血中的结合胆红素明显升高，这种黄疸称为阻塞性黄疸。血清实验室检查主要表现为重氮试剂反应实验直接反应阳性。阻塞性黄疸主要见于胆道各种疾病，如胆管炎、胆结石、胰头癌、胆道肿瘤或先天性胆道闭锁等。

三种类型的黄疸血、尿、粪胆色素变化见表 11-3。

表 11-3　三种类型黄疸血、尿、粪胆色素

类　型	血　清		尿　液		粪便
	结合胆红素	未结合胆红素	胆红素	胆素原	胆素原
正常	无或微	有	无	少	少量
溶血性黄疸	—	↑↑	—	↑↑	↑↑
阻塞性黄疸	↑↑	—	↑↑	—	↓↓
肝细胞性黄疸	↑	↑	↑	↓	↓

注：表中各种变化和正常比较，—表示变化不明显；↑↑表示显著增加；↓↓表示显著下降；↑表示增加。

第四节　常用肝功能检查及临床意义

肝脏是人体内最大的多功能实质性器官，它几乎参与体内一切物质的代谢，还具有分泌、排泄和生物转化等功能。在病毒、感染、毒物、缺氧或营养不良等因素影响下，肝的结构和功能将受到不同程度的损害，进而引起相应的代谢紊乱，因此临床上常通过一些生物化学试验来了解肝脏功能，这对肝脏疾病的诊断、预后判断、病程检测及疗效观察等都具有重要的作用，这些试验统称为肝功能试验。

一、肝功能试验的分类

根据病理过程结合肝功能进行分类，是较为合理的分类方法，可将肝功能试验分为以下几个方面。

1. 了解肝实质细胞膜通透性病变的试验

肝细胞内有丰富的酶系统，且有些酶为肝脏所特有，当膜的结构和功能改变时，可导致肝细胞内的酶类大量逸入血液（如 ALT、AST），使血中这些酶活性升高。

2. 指示肝细胞坏死的酶类试验

线粒体天冬氨酸氨基转移酶（m-AST）是存在于肝细胞线粒体中的一种同工酶，它可随着线粒体的崩解而逸入血液，m-AST 的检测可反映肝细胞线粒体的损害情况，对判断急性肝炎肝病变的严重程度和预后有一定的价值。

3. 反映肝细胞蛋白质合成障碍的试验

在肝细胞内质网除了合成肝细胞自身所需要的蛋白质外，还能合成和分泌大量血浆蛋白，如前清蛋白、清蛋白、胆碱酯酶、凝血酶原和纤维蛋白等。若血清中这些物质的浓度低下，提示肝细胞内质网蛋白质合成功能障碍。

4. 指示肝内或肝外胆管阻塞的试验

肝脏具有排泄功能，很多物质可随胆汁排入肠道而排泄，如碱性磷酸酶（ALP）、谷氨酰基转移酶（GGT）、亮氨酸氨基肽酶、铜蓝蛋白和某些胆汁酸等。当胆管阻塞时，血清中这些物质含量升高。

5. 反映肝结缔组织增生的试验

肝结缔组织增生时，血清单胺氧化酶（MAO）、β-脯氨酸羟化酶（β-PH）活性增强，血清透明质酸、Ⅲ型前胶原肽（PⅢP）浓度增高。可用于诊断早期肝硬化。

6. 某些病因诊断的特殊试验

如原发性肝癌的甲胎蛋白（AFP）检测；用聚合酶链反应（PCR）检测各型肝炎病毒的基因组；检测总胆红素、结合胆红素、尿胆红素和尿胆素原鉴别黄疸类型等。

二、临床上常用的肝功能检查项目及其诊断意义

1. 丙氨酸氨基转移酶（ALT）

最常见的肝功能检查项目之一，参考值为小于 40U，是诊断肝细胞实质损害的主要项目，其高低往往与病情轻重相平行。

临床意义：在急性乙肝及慢性乙肝与肝硬化活动时，肝细胞膜的通透性改变，ALT 从细胞内溢出到循环血液中，导致抽血检查结果偏高。转氨酶反映肝细胞损害程度。

> **临床联系**
>
> ALT 和肝脏疾病的诊断
>
> ALT 是肝功能检测最敏感的指标之一，只要有 1‰ 的肝细胞坏死，即可使血清中的 ALT 增加 1 倍，利于肝脏疾病的早期发现和诊断。但 ALT 缺乏特异性，很多因素能造成肝细胞膜通透性的改变，如熬夜、疲劳、饮酒、感冒甚至情绪因素等，均可使转氨酶增高，一般不会高于 60U，这种生理性的增高容易引起误诊，需要进行排除。
>
> 同时，ALT 活性变化与肝脏病理组织改变缺乏一致性，有的严重肝损患者血清 ALT 并不升高。因此肝功能损害需要综合其他情况来判断。

2. 天冬氨酸氨基转移酶（AST）

AST 的正常值为 $0\sim37U/L$。

临床意义：AST 在肝细胞内与心肌细胞内均存在，心肌细胞中含量高于肝细胞，常作为心肌梗死和心肌炎的辅助检查。肝细胞中的 AST 主要存在于线粒体，当肝细胞损伤涉及线粒体膜时，血清 AST 显著升高，此时预后要比单独 ALT 升高预后更差，故临床上以 AST/ALT 值用于急、慢性肝炎的诊断和鉴别诊断以及判断肝病的预后。正常人比值平均为

1.15，若比值小于1，提示为急性肝炎早期；肝硬化时≥2，肝癌时≥3。

3. 碱性磷酸酶（ALP）

血清中的ALP主要来自肝脏和骨骼，所以常作为肝胆疾病和骨骼疾病的辅助诊断指标。正常参考值为30～90U/L。

临床意义：

① 肝胆疾病：如阻塞性黄疸、急性或慢性黄疸型肝炎、肝癌等。患这些疾病时，肝细胞过度制造ALP，经淋巴道和肝窦进入血液，同时由于肝内胆道胆汁排泄障碍，返流入血而引起血清ALP明显升高。

② 骨骼疾病：骨组织中此酶亦很活跃。因此，一些骨骼疾病，如纤维性骨炎成骨不全症、骨软化症、佝偻病、骨细胞癌、骨折修复愈合期等，血清ALP亦可升高。

4. γ-谷氨酰基转移酶（GGT）

血清中的GGT主要来自肝脏，少许由肾、胰、小肠产生。健康人血清中GGT水平甚低，小于40U。

临床意义：测定血清中的GGT主要用于诊断肝胆疾病。

① 原发性或转移性肝癌：原发性或转移性肝癌时，血清中GGT可高于正常的几倍或几十倍，且GGT活性与肿瘤大小及病情严重程度呈平行关系，对GGT动态观察，有助于判断疗效及预后。

② 阻塞性黄疸：肝内或肝外性胆管阻塞时，GGT明显升高。一般讲，阻塞发生越快，GGT上升愈迅速，阻塞愈重，上升也愈显著。

③ 病毒性肝炎和肝硬化：肝炎时血清GGT升高，上升幅度低于ALT；肝炎恢复期，GGT是唯一仍然升高的酶；如长期升高可能有肝坏死的可能。

④ 酒精性肝炎、酒精性肝硬化：血清GGT几乎都上升，为酒精性肝病的特征。

5. 总蛋白（TP）、白蛋白（A）、球蛋白（G）

总蛋白（TP）正常值为60～80g/L，白蛋白（A）为40～55g/L，球蛋白（G）为20～30g/L，白蛋白（A）/球蛋白（G）为（1.5～2.5）:1。

临床意义：慢性乙肝、肝硬化时常出现白蛋白减少而球蛋白增加，使A/G的比例倒置。白蛋白主要在肝脏中制造，一般白蛋白量越多，人体越健康。球蛋白大部分在肝细胞外生成，球蛋白与人体的免疫力有关系，球蛋白要保持一定的量，球蛋白值偏高说明体内存在免疫系统的亢进，偏低说明免疫力不足。

6. 血清总胆红素和直接胆红素

正常参考值：总胆红素为1.71～17.1μmol/L（1～10mg/L），直接胆红素为0～6.8μmol/L，间接胆红素为1.7～10.2μmol/L。

临床意义：血清结合胆红素与总胆红素一起测定，根据其百分比可鉴别黄疸类型。

① 溶血性黄疸：血清总胆红素升高，其中主要是未结合胆红素升高，结合胆红素只占总胆红素20%以下。

② 肝细胞性黄疸：结合胆红素可占总胆红素35%以上。

③ 阻塞性黄疸：主要是结合胆红素，占总胆红素的50%以上。另外，若结合胆红素升高而总胆红素含量几乎不变时，可见于病毒性肝炎前期或无黄疸型肝炎、胆管部分阻塞或肝癌。

7. 甲胎蛋白（AFP）

AFP主要在胎儿肝中合成，在胎儿13周AFP占血浆蛋白总量的1/3；在妊娠30周达最高峰，以后逐渐下降；在周岁时接近成人水平（低于30μg/L）。

临床意义：是诊断原发性肝癌的特异性肿瘤标志物，具有确立诊断、早期诊断、鉴别诊断的作用。

复习思考题

一、选择题

1. 合成过程仅在肝脏中进行的物质是（　　）。
   A. 尿素　　B. 糖原　　C. 血浆蛋白　　D. 脂肪酸　　E. 胆固醇
2. 脂肪肝的重要原因之一是缺乏（　　）。
   A. 糖　　B. 酮体　　C. 胆固醇　　D. 磷脂　　E. 脂肪酸
3. 溶血性黄疸时，不存在（　　）。
   A. 血中游离胆红素增加　　B. 粪胆素原增加　　C. 尿胆素原增加
   D. 尿中出现胆红素　　E. 粪便颜色加深
4. 血中（　　）胆红素增加会在尿中出现胆红素。
   A. 非结合胆红素　　B. 结合胆红素　　C. 肝前胆红素　　D. 间接反应胆红素
   E. 与白蛋白结合的胆红素
5. 一个7日龄女婴，皮肤黏膜黄染，血液检查时增多的物质是（　　）。
   A. 尿素　　B. 尿酸　　C. 胆红素　　D. 酮体
   E. 血糖
6. 肝脏在糖代谢中的突出作用是（　　）。
   A. 使血糖浓度升高　　B. 使血糖浓度降低　　C. 使血糖浓度维持相对恒定
   D. 使血糖来源增多　　E. 使血糖来源减少

B型题
A. 硫酸胆红素　B. 胆红素白蛋白　C. 胆红素配体蛋白　D. 胆红素葡萄糖醛酸酯　E. 胆素原族
1. 胆红素在血内运输形式是（　　）。
2. 胆红素在肝细胞内存在形式是（　　）。
3. 胆红素自肝脏排出主要形式是（　　）。
4. 肠道重吸收的胆色素是（　　）。

X型题
1. 以下属于初级胆汁酸成分是（　　）。
   A. 脱氧胆酸　　B. 胆酸　　C. 甘氨鹅脱氧胆酸　　D. 牛磺胆酸
2. 有关游离胆红素的叙述，正确的是（　　）。
   A. 又称为间接胆红素　　B. 属于脂溶性物质，易通过细胞膜对脑产生毒性作用
   C. 镇痛药及抗炎药可降低其对脑的毒性作用　　D. 不易经肾随尿排出
3. 关于生物转化作用，下述正确的是（　　）。
   A. 具有多样性和连续性的特点　　B. 常受年龄，性别，诱导物等因素影响
   C. 有解毒与致毒的双重性　　D. 使非营养性物质极性降低，利于排泄

二、名词解释

1. 生物转化作用　2. 加单氧酶系　3. 胆色素　4. 结合胆红素　5. 未结合胆红素　6. 黄疸

三、问答题

1. 何谓生物转化？有何意义？生物转化的反应类型有哪些？举例说明。
2. 胆红素是如何生成的？以何种方式在血液中运输？
3. 肝脏对于胆红素代谢有哪些作用？
4. 比较未结合胆红素与结合胆红素的不同点。
5. 何为黄疸？临床上分为哪几种类型？血、尿、粪有什么显著改变？
6. 举例说明临床上常用的肝功能检查项目及其诊断意义。

第十二章 水和无机盐代谢

水和无机盐是人体的重要组成成分和必需的营养素。水与溶解在水中的无机盐、有机物一起构成机体的体液。体液广泛分布于机体细胞内外，体内大多数反应都在细胞内液中进行，而细胞外液则是机体各细胞生存的内环境。可见，保持体液容量、分布和组成的动态平衡，是维持机体正常生命活动的必要条件。当超过机体调节控制的范围时，便可造成体内水、无机盐和酸碱的失衡，引起多种疾病，严重时甚至危及生命。因此，掌握水和无机盐代谢的基本理论，对于防治疾病有很重要的意义。

第一节 体 液

一、体液的分布与含量

以细胞膜为界，体液可分为细胞内液与细胞外液。分布在细胞内的体液称为细胞内液，它的容量、化学组成和理化性质直接影响着细胞代谢和生理功能；分布在细胞外的体液称为细胞外液，包括血浆和组织间液（细胞间液）两部分。淋巴液、消化液、脑脊液、胸腔液和腹腔液等可视为细胞外液的特殊部分。细胞外液是组织细胞之间和机体与外环境之间进行物质交换的媒介，是机体各细胞生存的内环境。

正常成人体液总量约占体重的60%，其中细胞内液约占体重的40%，细胞外液约占体重的20%，在细胞外液中，血浆约占体重的5%，细胞间液约占体重的15%。人体体液的分布和含量随年龄、性别和胖瘦的不同而有较大差异（见表12-1）。

表12-1 不同年龄人体中的体液含量　　　　　　　　　　　　　　　%

年　龄	体液总量	细胞内液	细胞外液		
			总量	细胞间液	血浆
新生儿	80	35	45	40	5
婴儿	70	40	30	25	5
儿童(2~14岁)	65	40	25	20	5
成年人	60	40	20	15	5
老年人	55	30	25	18	7

随着年龄增长，人体体液总量逐渐减少，新生儿体液总量可达体重的80%，成年人体液总量占体重60%，而老年人体液总量只占体重的55%。由于脂肪的疏水性，肥胖者的体液量比体重相同的瘦者少，女性脂肪较多使其体液量比男性少。

【临床联系】

儿童含水量多，体表面积大，新陈代谢旺盛，耗水量比成人多，由于体内调节水和电解质平衡的功能尚未完善，容易发生脱水及电解质平衡紊乱现象。故在临床上对小儿脱水情况更应引起注意。

二、体液的电解质组成

体液中的溶质分为电解质和非电解质两大类，其中无机盐、蛋白质和有机酸等溶质常以离子的形式存在，属于电解质；而葡萄糖、尿素等不能解离，属于非电解质。

1. 体液中电解质的含量

体液中存在的电解质主要有 Na^+、K^+、Ca^{2+}、Mg^{2+}、Cl^-、HCO_3^-、HPO_4^{2-} 和蛋白质等组成盐类。电解质在细胞内体液中的浓度和分布见表12-2。

表 12-2 各种体液中电解质含量

电解质		血浆/(mmol/L)		组织间液/(mmol/L)		细胞内液/(mmol/L)	
		离子	电荷	离子	电荷	离子	电荷
阳离子	Na^+	145	145	139	139	10	10
	K^+	4.5	4.5	4	4	158	158
	Mg^{2+}	0.8	1.6	0.5	1	15.5	31
	Ca^{2+}	2.5	5	2	4	3	6
	合计	152.8	156	145.5	148	186.5	205
阴离子	Cl^-	103	103	112	112	1	1
	HCO_3^-	27	27	25	25	10	10
	HPO_4^{2-}	1	2	1	2	12	24
	SO_4^{2-}	0.5	1	0.5	1	9.5	19
	蛋白质	2.25	18	0.25	2	8.1	65
	有机酸	5	5	6	6	16	16
	有机磷酸					23.3	70
	合计	138.75	156	144.75	148	79.9	205

2. 体液中电解质的分布特点

从表10-2中可以看出，各部分体液中电解质的含量与分布有下列特点。

① 体液中电解质浓度若以物质的量电荷浓度表示，则无论细胞内液、组织间液或血浆，其阴阳离子总量相等，呈现电中性。

② 细胞内液与细胞外液电解质的分布差异很大，细胞外液主要的阳离子为 Na^+，主要的阴离子为 Cl^- 和 HCO_3^-；而细胞内液主要的阳离子为 K^+，主要的阴离子为磷酸根和带负电的蛋白质。细胞内外 K^+ 与 Na^+ 分布的这种显著差异，是由于细胞膜上的 Na^+-K^+ 泵能主动地把 Na^+ 排出细胞外，同时将 K^+ 转送进细胞内的缘故。

③ 细胞内液中电解质的总量大于组织间液和血浆，但由于细胞内液含蛋白质和二价离子较多，而这些电解质产生的渗透压较小，因此，细胞内、外液的渗透压仍然基本相等。

④ 同属于细胞外液的血浆和组织间液在电解质组成和含量上十分接近，唯一重要的差别是蛋白质的含量不同，血浆蛋白质含量为 2.25mmol/L，而细胞间液蛋白质含量仅为 0.25mmol/L，这种差别对于维持血容量以及血浆与组织间液之间水的交换具有重

要意义。

三、体液的交换

1. 血浆与细胞间液之间的交换

血浆和细胞间液之间的交换主要在毛细血管进行。交换的动力主要是毛细血管血压和血浆蛋白质产生的胶体渗透压。在毛细血管的动脉端血压大于胶体渗透压,水分与营养物质等从血管内流向组织间液;而毛细血管静脉端血压较低,胶体渗透压大于血压,组织间液水分及代谢产物等回流入血管。

2. 细胞内外之间的交换

细胞内液与细胞外液之间的交换通过细胞膜进行。决定细胞内外液交换的主要因素是细胞外液的晶体渗透压,促使水分从渗透压低处流向高处。细胞内液与组织间液的相互交换保证细胞不断地从组织间液中摄取营养物质,排出细胞的代谢产物。

第二节 水 平 衡

一、水的生理功能

水是人体内含量最多的组成成分,也是人体所必需的营养素。人若不进食而只喝水可以活几十天,人若无水供应则只能活几天,可见水对生命的重要性。体内的水大部分以结合水的形式存在,还有一部分以自由水的形式存在。水在维持体内正常代谢活动和生理活动方面起着重要作用。水的主要生理功能如下。

1. 调节体温

水对体温的调节与其理化性质密切相关。水的比热容大,因而能吸收较多的热而本身的温度升高不多;水的蒸发热大,所以蒸发少量的汗就能散发大量的热;水的流动性大,能随血液循环迅速分布于全身,再通过体液交换,使物质代谢过程中产生的热在体内迅速均匀分布,并且运输到体表散发出去。水的以上这些特性,有利于体温的调节。

2. 促进和参与物质代谢

水是良好的溶剂,很多化合物都能溶解或分散于水中,这是体内化学反应得以顺利进行的重要条件。水还直接参与体内的水解、水化、加水脱氢等反应。

3. 运输作用

水不仅是良好的溶剂,而且黏度小,易流动,有利于体内营养物质和代谢产物的运输。

4. 润滑作用

水是良好的润滑剂,在有摩擦活动的器官,这种润滑作用显得十分重要。如唾液有利于吞咽及咽部湿润;泪液可防止眼角膜干燥及有利于眼球的转动;关节腔的滑液有利于减少关节活动的摩擦作用,利于关节运动;胸腔液、腹腔液和心包液等的存在,大大减少了这些内脏器官运动时的摩擦,起到良好的润滑作用。

5. 维持组织的形态与功能

结合水具有与流动性水完全不同的性质,它参与构成细胞成分,维持细胞的特殊形态,以保证一些组织具有独特的生理功能。如心肌含水约 79%,血液含水约 83%,两者含水量相差不大,但心肌主要含结合水,因而心肌能进行强有力收缩,推动血液循环,而血液中的水主要是自由水,故血液能流动自如。

二、水的来源与去路

（一）水的来源

正常成人在一般情况下，每天摄入的水总量约 2500mL。其来源有 3 个方面。

1. 饮水

一般成人每天饮水量约 1200mL。

2. 食物

成人每天通过食物摄取的水约 1000mL。

3. 代谢水

为糖、脂肪和蛋白质等营养物质在体内氧化时，脱下的氢经由呼吸链传递与氧结合所产生的水，数量较为恒定，成人每天代谢内生水量约为 300mL。

（二）水的去路

一般正常成人每天排出的水总量约 2500mL。体内水的去路如下。

1. 呼吸蒸发

成人每日通过呼吸排出的水量约 350mL。

2. 皮肤蒸发

皮肤通过排汗调节体温，在此过程中要失水。皮肤排汗有两种方式：一种是非显性出汗，即体表水分的蒸发，成人每日由皮肤蒸发的水分约 500mL；另一种为显性出汗，它通过皮肤汗腺排出水分，并伴有 Na^+、Cl^- 等电解质的排出。所以，出汗过多时，在补充水分的同时，还应注意补充电解质。

3. 粪便排出

每天由粪便排出的水量约 150mL。消化道每天分泌的消化液约有 8L，这些消化液约 98% 在肠道被重吸收，只有少量随粪便排出体外。在病理情况下如呕吐、腹泻等都能引起消化液大量丢失，可导致脱水和电解质平衡紊乱。因此，对这些患者应补充水分和相应的电解质。

4. 经肾排出

这是体内水的主要去路，对体内水的平衡起着主要调节作用。一般成人每天排尿量 1000~2000mL，平均为 1500mL。人体每天大约有 35g 的固体物质需要随尿排出，主要是尿素、肌酐、尿酸等代谢产物。正常成人肾排尿的最大浓度为 6%~8%，每天排出这些固体溶质的最低尿量为 500mL，否则将会导致代谢产物在体内堆积引起中毒。临床上把每天尿量少于 500mL 称为少尿，少于 100mL 称为无尿。

总之，一般正常成人每天水的出入量相等，分别约为 2500mL（见表 12-3）。

表 12-3　正常成人每日水的出入量

水的入量/mL		水的出量/mL	
饮水	1200	肺呼吸	350
食物水	1000	皮肤蒸发	500
代谢水	300	粪便排出	150
		肾排出	1500
合计	2500	合计	2500

临床联系

当机体完全不能进水时，每天仍会丢失 1500mL 水分，其中尿 500mL、汗 500mL、肺呼出 350mL、粪便排出 150mL。这是人体每天必然丢失水分，也称为最低生理需水量。因此，临床上对于不能进食进水的病人，每天应当通过输液补给 1500mL 水量，以维持其正常的生命活动。如果有额外丢失，补液量还应增加。

第三节 无机盐代谢

一、无机盐的生理功能

1. 维持体液的渗透压与水平衡

体液中由无机盐构成的渗透压称为晶体渗透压，它对细胞内外水分的转移及物质交换起着十分重要的作用。Na^+、Cl^- 是维持细胞外液渗透压的主要离子；K^+、HPO_4^{2-} 是维持细胞内液渗透压的主要离子。当这些电解质的浓度发生改变时，细胞内、外液的渗透压亦发生改变，从而影响体内水的分布。

2. 维持体液的酸碱平衡

人体各组织细胞只有在适宜的 pH 条件下才能维持各种酶促反应的正常进行。正常人的组织间液及血浆的 pH 为 7.35～7.45，在血液缓冲系统、肺和肾的共同调节下维持相对稳定。体液中的 Na^+、K^+、HCO_3^-、HPO_4^{2-} 及带负电的蛋白质参与体液缓冲体系的构成，可以缓冲酸性物质和碱性物质对体液 pH 值的影响，从而维持体液的酸碱平衡。

3. 维持神经肌肉的应激性

神经肌肉的应激性与多种无机离子的浓度及比例有关，其关系如下：

$$神经肌肉的应激性 \propto \frac{[Na^+]+[K^+]}{[Ca^{2+}]+[Mg^{2+}]+[H^+]}$$

从上述关系式可以看出：Na^+、K^+ 能增强神经肌肉的应激性。当血浆 Na^+、K^+ 浓度增高时，神经肌肉的应激性增高；当血浆 K^+、Na^+ 浓度过低时，神经肌肉的应激性降低，可出现肌肉软弱无力、胃肠蠕动减弱、腹胀，甚至肠麻痹等症状。Ca^{2+}、Mg^{2+}、H^+ 能降低神经肌肉的应激性。当血浆 Ca^{2+}、Mg^{2+}、H^+ 浓度增高时，神经肌肉的应激性降低；当血浆 Ca^{2+} 浓度过低时，神经肌肉的应激性升高。小儿缺钙时，可出现手足搐搦甚至惊厥。

无机离子对心肌细胞的应激性也有影响，其关系如下：

$$心肌细胞的应激性 \propto \frac{[Na^+]+[Ca^{2+}]+[OH^-]}{[K^+]+[Mg^{2+}]+[H^+]}$$

K^+ 对心肌有抑制作用。当血钾浓度升高时，心肌的应激性降低，可出现心动过缓、心率减慢、传导阻滞和收缩力减弱，严重时甚至可使心跳停止于舒张期。因此临床上给病人补钾应尽量选择口服，如通过静脉补钾，则应缓慢滴注，以防血钾过高，发生危险。当血钾浓度过低时，心肌的应激性增强，可出现心率加快、心律失常，严重时可使心跳停止于收缩期。由于 Na^+ 和 Ca^{2+} 可拮抗 K^+ 对心肌的作用，因此，临床上可通过静脉注射含 Ca^{2+} 的溶液来纠正血浆 K^+ 浓度过高对心肌的不利影响。

4. 维持细胞正常的新陈代谢

① 作为酶的辅助因子或激活剂影响酶的活性　如各种 ATP 酶都需要一定浓度的 Na^+、K^+、Mg^{2+}、Ca^{2+} 存在才表现出活性，Cl^- 是淀粉酶的激活剂等。

② 参与或影响物质代谢　如糖原、蛋白质的合成需要 K^+ 参加，Na^+ 参与小肠对葡萄糖的吸收，Mg^{2+} 参与蛋白质、核酸、脂类和糖类的合成，Ca^{2+} 是激素作用的第二信使等。这一切都说明无机盐在机体物质代谢及其调控中起着重要的作用。

二、钠、钾、氯的代谢

(一) 钠和氯的代谢

1. 含量与分布

正常成人体内钠含量为 45～50mmol/kg 体重（约 1g/kg 体重），体重 60kg 的人体内钠总量约 60g，其中约 50% 分布于细胞外液，10% 分布于细胞内液，40% 存在于骨骼中。血浆钠含量为 135～145mmol/L。正常成人体内氯含量约为 33mmol/L，主要分布于细胞外液，血氯含量为 96～108mmol/L。

2. 吸收与排泄

人体每日摄入的钠和氯主要来自饮食中的氯化钠。正常成人每日 NaCl 的需要量为 4.5～9g。摄入的钠在胃肠道几乎全部被吸收，一般很少因膳食而缺钠，仅在严重腹泻、呕吐或长期大量出汗时才导致钠的丢失。

钠和氯主要由肾排出，少量由粪便及汗排出。正常情况下，每天钠的排出量与摄入量相等。肾脏对钠的排出有很强的调节能力，其排钠的特点是"多吃多排，少吃少排，不吃不排"。

(二) 钾的代谢

1. 钾的含量与分布

正常成人体内钾含量为 45mmol/kg 体重（约 2g/kg 体重）。体重 60kg 的人，体内钾的总量约为 120g。体内钾含量的 98% 存在于细胞内液，2% 存在于细胞外液。细胞内液 K^+ 浓度为 158mmol/L，红细胞中钾浓度约为 150mmol/L，血浆钾浓度为 3.5～5.5mmol/L。

钾进入细胞需依赖钠泵的主动转运，平衡速度较慢，细胞外液的 K^+ 与细胞内液的 K^+ 约需 15h 左右才能达到平衡，心脏病患者则需 45h 左右才能达到平衡。因此，临床上缺钾患者补钾治疗过程中严禁静脉推注，应尽量口服或静脉缓慢滴注，遵循不宜过浓、不宜过多、不宜过快、不宜过早、见尿补钾的原则。否则，有发生高血钾的危险。

钾在细胞内外分布极不均匀，并且物质代谢对其有较大的影响。当糖原或蛋白质合成时，钾从细胞外进入细胞内；反之，糖原或蛋白质分解时，钾由细胞内释放到细胞外。实验结果表明，每合成 1g 糖原时有 0.15mmol 的钾进入细胞；每分解 1g 糖原时有同量的钾释放出细胞。因此，静脉输注胰岛素和葡萄糖液时，由于糖原或蛋白质合成加强，钾由细胞外进入细胞内，可造成血钾降低，故应注意补充钾。严重创伤、组织大量破坏、感染或者缺氧等情况下，由于蛋白质分解代谢增强，细胞内的钾释放到细胞外，可使血钾明显升高。

钾在细胞内外的分布也受酸碱平衡的影响。酸中毒时，细胞外液 H^+ 浓度增加，部分进入细胞内与 K^+ 进行交换，同时肾小管上皮细胞分泌 H^+ 的作用加强，泌 K^+ 作用减弱，可引起高血钾。碱中毒时细胞外液 H^+ 浓度减少，H^+ 由细胞内转移到细胞外，K^+ 则进入细胞内，同时肾小管上皮细胞分泌 H^+ 作用减弱，泌 K^+ 加强，可引起低血钾。

2. 钾的吸收与排泄

正常成人每日钾的需要量为 2.5g，主要来自食物，普通膳食含钾丰富，可以满足人体对钾的需要。食物中的钾约 90% 经消化道吸收，粪便排出不超过 10%。钾的排泄途径有三条，即经尿液、粪便、汗液排出。正常情况下体内 80%～90% 的钾经肾排出，其排出量与摄入量大致相等。肾对钾的控制能力不如对钠严格，其特点是：多吃多排、少吃少排、不吃也排。即使不摄入钾，每天仍然会有钾通过尿液排出。所以，对长期不能进食的患者，应密切观察血钾浓度，并适当补充。严重腹泻时，从粪便中丢失的钾量可达正常时的 10～20 倍，易导致体内缺钾，应注意补充。

三、水与无机盐代谢的调节

1. 神经系统的调节

中枢神经系统通过对体液渗透压变化的感受，直接影响水的摄入，以调节体液的容量和渗透压。当机体失水在1%~2%以上或进食高盐饮食时，可致体液渗透压升高，此时即可刺激丘脑下部的渴觉中枢，进而引起大脑皮层的兴奋，产生口渴思饮的生理反应。饮水后，渗透压恢复而解渴。反之，如果体内水增多，体液呈低渗状态，则渴觉被抑制。

2. 激素的调节

调节水盐平衡的激素主要有抗利尿激素（ADH，又称加压素）和醛固酮。

抗利尿激素是丘脑下部视上核神经细胞分泌的一种九肽激素，贮存于神经垂体。当需要时，抗利尿激素由神经垂体释放入血，随血液循环至肾起调节作用。抗利尿激素的主要作用是促进肾远曲小管和集合管对水的重吸收，降低排尿量。

醛固酮是肾上腺皮质球状带分泌的一种类固醇激素，能促进肾远曲小管和集合管上皮细胞分泌 H^+ 与 K^+，回收 Na^+。所以，醛固酮的主要生理功能是促进肾排 K^+、排 H^+，重吸收 Na^+，同时也增加 Cl^- 和水的重吸收，调节血容量和细胞外液容量。

四、钙磷代谢

（一）钙磷在体内的含量、分布和生理功用

1. 钙磷的含量与分布

钙和磷是体内含量最多的无机盐，成人体内总钙量700~1400g，含磷为400~800g。其中，大约99%的钙和86%的磷以羟磷灰石的形式构成骨盐，分布在骨骼和牙齿，其余分布在体液和其他组织中。

2. 钙磷的生理功能

（1）钙的生理功能　钙以骨盐的形式形成人体骨架。体液中的钙以 Ca^{2+} 形式发挥作用，可参与血液凝固；降低神经肌肉的兴奋性，有利于心肌收缩；降低毛细血管的通透性；是许多酶的激活剂或抑制剂；作为第二信使参与细胞间信息传递等。

（2）磷的生理功能　参与骨、牙的组成；组成核酸、磷脂等多种物质；参与糖、脂、蛋白质等的物质代谢；参与能量的释放、贮存和利用；以磷酸盐形式参与维持酸碱平衡。

（二）钙磷的吸收与排泄

1. 钙磷的吸收

钙主要在小肠上主动吸收，受多种因素影响。溶解状态的钙盐易吸收，钙盐在酸性溶液中易于溶解，凡能使消化道pH下降的食物如乳酸、乳糖及某些氨基酸等均有利于钙的吸收；钙吸收与年龄有关，钙吸收率随年龄增加而下降；凡促使生成不溶性钙盐的因素均影响钙吸收，如食物中过多的碱性磷酸盐、草酸和谷物中的植酸等；影响钙吸收的主要因素是1,25-$(OH)_2$-D_3，它能促进小肠对钙的吸收，也能促进磷的吸收。凡是影响钙吸收的因素也影响磷的吸收。但磷比钙更易吸收，吸收形式主要为酸性磷酸盐（$H_2PO_4^{2-}$）。此外食物中钙磷的比例也影响钙磷的吸收，实验证明钙磷比例为2∶1时，较适于吸收。

2. 排泄

人体每天约80%的钙通过肠道排出，约20%经肾排出。磷60%~80%由肾排出，随粪便排出20%~40%。

（三）血钙和血磷

1. 血钙

血钙是指血浆中的钙。正常人血清钙浓度平均2.45mmol/L。血钙的存在形式分为扩散

钙与非扩散钙。前者包括离子钙（占血清总钙50%）及与柠檬酸等结合的络合钙。因能透过毛细血管壁而称为扩散钙。非扩散钙指与血浆蛋白（主要是清蛋白）相结合的钙，也称结合钙，约占血钙总量45%。因不能透过毛细血管壁，故称为非扩散钙。

血浆中只有离子钙才能直接发挥生理作用，蛋白结合钙虽不能直接发挥生理作用，但能和离子钙相互转换，两者之间存在动态平衡关系：

$$蛋白结合钙 \underset{[HCO_3^-]}{\overset{[H^+]}{\rightleftharpoons}} Ca^{2+} + 蛋白质$$

血清中 Ca^{2+} 浓度与血浆 pH 值之间有着密切关系，当 pH 下降时，结合钙可解离，使 Ca^{2+} 升高；相反，当 pH 升高时，血浆 Ca^{2+} 与蛋白质结合加强，此时使血浆 Ca^{2+} 浓度下降。临床上碱中毒时，使血浆中 Ca^{2+} 浓度降低，骨骼肌兴奋性增强，可导致四肢抽搐。

2. 血磷

血磷是指血浆中的无机磷酸盐中所含的磷。正常成人血磷浓度为 $1.0 \sim 1.6 mmol/L$，婴儿稍高。血浆中钙磷含量之间关系密切，两者浓度若以 mmol/L 表示，正常成人其乘积为 $2.5 \sim 3.5$。当乘积大于 3.5 时，钙和磷以骨盐形式沉积于骨组织，骨钙化正常；若钙磷乘积小于 2.5 时，则提示骨组织钙化障碍，甚至发生骨盐溶解，影响正常的成骨作用，导致佝偻病或骨质软化症。临床上常利用该指标来判断体内的钙磷代谢情况及骨化程度。

（四）钙磷代谢的调节

调节钙磷代谢的激素主要有三种：$1,25-(OH)_2-D_3$、甲状旁腺激素和降钙素，它们作用的靶组织均是小肠、骨和肾。

1. $1,25-(OH)_2-D_3$ 对钙磷代谢的调节作用

人体内的维生素 D_3 可从食物中获得，还可由体内的胆固醇转化而来。维生素 D_3 不能直接发挥作用，必须经血液运至肝脏、肾脏，经过两次羟化形成 $1,25-(OH)_2-D_3$ 才能到达靶器官发挥作用。它对钙磷的调节作用如下。

（1）对小肠的作用 $1,25-(OH)_2-D_3$ 能促进小肠黏膜细胞中钙结合蛋白的合成而促进钙的吸收，同时也能促进磷的吸收，从而提高血钙、血磷浓度。

（2）对骨骼的作用 $1,25-(OH)_2-D_3$ 对骨组织具有溶骨和成骨双重作用。一方面能增强破骨细胞的活性，加速破骨细胞的形成，促进骨盐溶解；另一方面由于促进小肠对钙和磷的吸收，使血钙、血磷浓度升高，又能促进骨的钙化。

（3）对肾的作用 $1,25-(OH)_2-D_3$ 可直接促进肾近曲小管对钙和磷的重吸收。

总之，$1,25-(OH)_2-D_3$ 调节的总结果是使血钙、血磷的浓度均升高，有利于骨的生长和钙化。

2. 甲状旁腺激素的作用

甲状旁腺激素（PTH）是由甲状旁腺的主细胞合成分泌的一种肽类激素。其分泌多少主要受血钙浓度的调节，呈负相关的关系。当血钙浓度降低时，PTH 分泌增多；当血钙浓度升高时，PTH 分泌减少。其主要作用如下。

（1）对骨的作用 PTH 具有溶骨作用，促进间叶细胞转化为破骨细胞，抑制破骨细胞转化为骨细胞，使骨组织中破骨细胞数目增多，并增强破骨细胞的溶骨作用。

（2）对肾的作用 PTH 能促进肾远曲小管对钙的重吸收，抑制肾近曲小管对磷的重吸收，因此，可使血钙升高，血磷下降。

（3）对小肠的作用 PTH 能激活肾中 $1-\alpha$-羟化酶，使 $25-OH-D_3$ 活化为 $1,25-(OH)_2-D_3$，所以能促进小肠对钙磷的吸收。

PTH 总的作用结果是升高血钙，降低血磷，促进溶骨和脱钙。

3. 降钙素的作用

降钙素（CT）是甲状腺滤泡旁细胞分泌的一种肽类激素，它的分泌直接受血钙浓度控制，与血钙浓度呈正比，血钙增高可促进 CT 分泌，血钙降低则抑制 CT 的分泌。CT 调节钙磷代谢的作用与 PTH 相反。

（1）对骨的作用　降钙素能抑制间叶细胞转化为破骨细胞，加速破骨细胞转化为成骨细胞，抑制破骨细胞的活性，增强成骨细胞的活性，抑制骨盐溶解，促进骨盐沉积，结果是血钙、血磷浓度下降。

（2）对肾的作用　CT 可抑制肾近曲小管对钙磷的重吸收，使尿钙、尿磷排出增多。

（3）对肠的作用　CT 还抑制肾 1-α-羟化酶的活性，使 1,25-$(OH)_2$-D_3 合成减少，从而抑制肠道对钙磷的吸收。其总的结果是血钙降低，血磷降低，促进成骨。

综上所述，1,25-$(OH)_2$-D_3、PTH、CT 三者相互联系、相互制约，共同维持血钙和血磷的相对恒定，促进骨的代谢。任何一种因素或器官（骨、肾、小肠）功能异常，均会引起钙磷代谢障碍，使血钙、血磷浓度改变，骨盐更新障碍。

临床联系：佝偻病

佝偻病就是人们常说的婴幼儿"缺钙"。即使是现在的生活水平提高了很多，但是佝偻病的发病率还是很高的。据报道，在南方，1 岁以下婴幼儿佝偻病的发生率为 20%～30%，在北方就更高了，达到 20%～45%，这与日照时间有密切关系。但是，绝大多数都是轻中度的缺钙，重度缺钙现在已经很少见了。婴儿得佝偻病的 3 大原因是摄入量不足、日光照射不足及饮食量不足。

五、微量元素

人体是由 60 多种元素所组成。根据元素在人体内的含量不同，可分为宏量元素和微量元素两大类。凡是含量占人体总重量的 0.01% 以下，每天需要量在 100mg 以下的元素，如碘、铁、锌、铜、锰、铬、硒、钴、氟等，称为微量元素。微量元素虽然在数量上微不足道，但却具有十分重要的生理和生化功能。

（一）铁

1. 体内铁的概况

成年人体内含铁 3～5g，平均 4.5g，女性稍低。其中 75% 为功能铁，分布在血红蛋白、肌红蛋白和细胞色素中；另外 25% 以铁蛋白和含铁血黄素形式贮存在肝、脾和骨髓组织中，称为贮存铁。

人体内铁的主要来源是食物铁和血红蛋白降解释放的铁。含铁较丰富的食物主要有肝脏、牛肾、鱼类、蛋黄、豆类及某些蔬菜如菠菜、莴苣、韭菜等。通常成年男子每天需铁 0.5～1.0mg；妇女月经、妊娠、哺乳期及儿童生长发育期，均需更多的铁，每天需要 1.0～2.0mg。普通膳食平均含铁 10～15mg，吸收率一般在 10% 左右，故能满足人体需求。我国每日铁供给量为成年男子 12mg；成年女子平时 12mg，孕期和哺乳期 15mg。

铁的吸收在十二指肠和空肠上段，溶解状态的铁易于吸收，无机铁中 Fe^{2+} 比 Fe^{3+} 容易吸收，络合铁比无机铁容易吸收。因此，凡能降低肠道 pH 值、促进 Fe^{3+} 还原为 Fe^{2+} 的物质（维生素 C、谷胱甘肽）以及可与铁络合的物质（氨基酸、柠檬酸）均有利于铁的吸收，食物中的磷酸、草酸、植酸、鞣酸等能与铁结合生成不溶性的铁盐，影响铁的吸收。

被肠黏膜细胞吸收的铁有两条去路：一是以铁蛋白形式贮存在肝、脾等器官；二是以 Fe^{3+} 形式运到骨髓合成血红蛋白。

2. 铁的主要生理功能

铁最主要的功能是参与合成血红蛋白和肌红蛋白，维持机体的正常生长发育；参与红细胞对氧和二氧化碳的转运；是体内细胞色素、铁硫蛋白、过氧化氢酶、过氧化物酶等许多重要酶系的组成成分，与生物氧化和组织呼吸有着密切关系。铁缺乏时，可导致缺铁性贫血，使人的体质虚弱、皮肤苍白、易疲劳、头晕、气促、甲状腺功能减退等。

（二）铜

1. 体内铜的概况

成人体内含铜量为100～150mg，在心、肝、肾和脑组织中含量较高。正常成人血清铜含量为0.02mmol/L。成人每日铜需要量为1.5～2mg。食物中的铜主要在十二指肠吸收，吸收率约为10%。铜大部分以复合物的形式被吸收，入血后运至肝脏，参与铜蓝蛋白合成。铜蛋白是各组织贮存铜的主要形式。体内的铜80%随胆汁排出，5%由肾排出，10%随脱落肠黏膜细胞经肠道排出。当胆道阻塞时，由肾脏和肠道排出增多。

2. 铜的主要生理功能

铜是多种酶的辅基，如细胞色素氧化酶、单胺氧化酶、抗坏血酸氧化酶、超氧化物歧化酶及酪氨酸酶等，铜的生理作用十分广泛，参与生物氧化过程；铜还参与铁的代谢，促进无机铁转变成有机铁；铜蓝蛋白促进铁的运输和利用，促进Fe^{3+}转化为Fe^{2+}，有利于铁的吸收。

（三）锌

1. 体内锌的概况

成人体内锌2～3g，广泛分布于各组织中，以视网膜、胰岛、前列腺等组织含锌量最高。正常成人血浆锌的浓度为12.2～16.8μmol/L。正常成人每天需锌量为15～20mg。体内的锌约25%贮存在皮肤和骨骼内，头发含锌125～250μg/g。头发锌含量稳定，常作为体内锌含量的指标。锌主要在小肠中吸收，吸收入血后与血清白蛋白结合而运输。锌主要随胰液和胆汁经肠道排泄，部分随尿和汗排出。食物中的肝、鱼、蛋、瘦肉、海产品等食物锌含量丰富，植物中的锌较动物组织的锌难以吸收和利用。

2. 锌的生理功能

（1）参与酶的组成　锌是许多酶的组成成分或激动剂，主要是通过含锌酶发挥作用。如碳酸酐酶、DNA聚合酶、RNA聚合酶等。锌缺乏会影响核酸和蛋白质生物合成，使儿童发育停滞，智力下降。妊娠期妇女缺锌会使所生孩子大脑海马区发育不良，学习能力和记忆力下降。

（2）对激素的作用　锌在体内易与胰岛素结合，使其活性增加并延长胰岛素作用时间。锌缺乏者糖耐量降低，胰岛素释放迟缓，糖尿病患者尿锌显著增加。

（3）锌对大脑功能的影响　脑组织锌的含量很高。锌能抑制γ-氨基丁酸合成酶活性，从而减小抑制性中枢神经递质γ-氨基丁酸的合成。

（4）锌与味觉、嗅觉有关　唾液中的味觉素就是一种含锌的多肽。缺锌病人味觉减退，食欲降低。

（四）硒

1. 体内硒的代谢概况

成人体内含硒4～10mg，主要分布在肝、胰和肾。成人每日的需要量为30～50μg。食入的硒主要在肠道吸收，维生素E可促进硒的吸收，吸收入血的硒主要与血浆α-球蛋白或β-球蛋白结合，转运至各组织被利用。体内硒主要经肠道排泄，小部分由肾、肺及汗排出。含硒较丰富的食物是动物内脏和鸡蛋，而肉类、谷类和蔬菜中含量较少。

2. 硒的生理功能

（1）抗氧化作用　硒是谷胱甘肽过氧化物酶的成分，对细胞膜的结构和功能有保护作用；非酶硒化物具有很好地清除体内自由基的功能，可提高机体的免疫力，抗衰老。

（2）参与体内多种代谢活动　硒可激活 α-酮戊二酸脱氢酶，也参与辅酶 A、辅酶 Q 的生物合成，故硒与三羟酸循环和呼吸链的电子传递有关。

（3）重金属元素天然解毒剂　硒是镉、铅等有毒重金属元素的天然解毒剂。

（4）预防心血管病　可维持心血管系统的正常结构和功能，预防心血管病。

（5）提高免疫力　有效提高机体免疫力，具有抗化学致癌功能。

硒是肌肉的正常成分，缺硒会使骨骼肌萎缩，呈现灰白色条纹，发生"白肌病"；缺硒会诱发肝坏死、心血管疾病，如心肌炎、克山病等。摄入过量的硒将会导致硒中毒，其症状为：胃肠功能障碍、腹水、贫血、毛发脱落、指甲及皮肤变形、肝脏受损等。

（五）锰

1. 体内锰的代谢概况

成人体内锰含量为 10～20mg，其分布广泛但不均匀，以脑含量最高，其次为肝、肾和胰腺。细胞内的锰比较集中分布在线粒体内。正常成人每天的需锰量为 2.5～7.0mg，食物中锰主要在小肠中吸收，以十二指肠吸收率最高。体内的锰随胆汁和尿液排泄。锰的食物来源主要有干果仁、各类种子、蔬菜、茶叶等，而肉类、面食及乳制品中含量较低。

2. 锰的生理功能

锰是多种酶的组成成分和激活剂，如精氨酸酶、RNA 聚合酶、丙酮酸羟化酶、超氧化物歧化酶等，与糖、脂类和蛋白质代谢有关。锰还参与生长发育和造血过程，并与生殖功能有关。缺锰时动物生长发育会发生障碍。

（六）碘

1. 体内碘的代谢概况

成人体内含碘量为 25～50mg，其中 70%～80% 在甲状腺内。碘是合成甲状腺激素必需的原料，成人每日需碘量为 100～300μg。90% 碘的以碘化物的形式经肾排出，约 10% 随粪便排出，成人每天尿碘量约为 170μg。碘最为有效的食物来源是碘化食盐。自然界中含碘丰富的食物主要有干海藻、海带、紫菜等海产品。

2. 碘的生理功能

碘的主要功能是参与合成甲状腺激素（T_3 及 T_4），在调节物质代谢及儿童的生长发育中起重要作用。它具有促进糖和脂类氧化分解、促进蛋白质合成、调节能量代谢、促进骨骼生长、维持中枢神经系统的正常功能等重要作用。成人缺碘可引起单纯性甲状腺肿，胎儿和新生儿缺碘可影响个体和智力发育，引起呆小症。

知识链接：碘缺乏

碘缺乏是一种分布极为广泛的地方病，除了挪威、冰岛等少数国家，世界各国都不同程度地受到缺碘的威胁。食物和饮水中缺碘是其根本原因。缺碘使甲状腺素合成障碍，从而影响生长发育。其临床表现的轻重取决于缺碘的程度、持续时间以及患病的年龄。胎儿期缺碘可致死胎、早产及先天畸形；新生儿期则表现为甲状腺功能低下；儿童和青春期则引起地方性甲状腺肿、地方性甲状腺功能减低症以及单纯性聋哑。长期轻度缺碘可出现亚临床型甲状腺功能减低症，表现为轻度智能迟缓，或轻度听力障碍，常伴有体格生长落后。预防的有效措施是烹饪时采用碘化食盐（按 1∶10 万的比例加入碘酸钾），平时多吃海带等富含碘的食物。

（七）氟

1. 氟的概况

正常成人含氟约 2.6g，主要分布在骨骼和牙齿中。谷类、蔬菜、水果及其他植物均含有氟，茶叶中含氟量最高。人体每日氟的需要量平均为 0.5～1.0mg。氟主要经胃肠道吸收，随尿排泄。

2. 氟的生理功能

氟是骨骼和牙齿中牙釉质的重要组成成分，故能增强骨骼和牙齿结构的稳定，增强牙齿的耐磨和抗酸抗腐蚀能力，预防龋齿和老年性骨质疏松。缺氟可导致骨质疏松，易患龋齿病。氟过多时可发生氟中毒，表现为氟斑牙和氟骨症。

复习思考题

一、选择题　A 型题

1. 正常人体液的含量占体重的（　　）。
   A. 60%　　B. 50%　　C. 40%　　D. 20%　　E. 15%
2. 下列关于肾脏对钾盐排泄的叙述错误的是（　　）。
   A. 多吃多排　　B. 少吃少排　　C. 不吃不排　　D. 不吃也排
   E. 口服补钾，一般不会导致高血钾
3. 决定细胞内外水分转移的主要因素是（　　）。
   A. 晶体渗透压　　B. 胶体渗透压　　C. 血压　　D. 组织间液静水压　　E. 动脉压
4. 正常成人对水的每日最低生理需要量是（　　）。
   A. 500mL　　B. 1000mL　　C. 1500mL　　D. 2000mL　　E. 100mL
5. 1,25(OH)$_2$D$_3$ 对血钙、血磷的影响是（　　）。
   A. 血钙↑，血磷↓　　B. 血钙↓，血磷↑　　C. 血钙↑，血磷↑
   D. 血钙↓，血磷↓　　E. 无影响
6. 影响肠道钙吸收的最主要因素是（　　）。
   A. 肠道 pH　　B. 食物含钙量　　C. 体内 1,25-(OH)$_2$-D$_3$
   D. 肠道草酸盐含量　　E. 年龄
7. 正常大量饮水后主要排泄途径是（　　）。
   A. 皮肤　　B. 肾　　C. 肠道　　D. 肺　　E. 胆道
8. 下列哪一组元素属人体必需的微量元素（　　）。
   A. 铁、铬、硒、钙、铜　　B. 氟、铁、硒、铅、碘　　C. 硅、钒、铅、锌、碘
   D. 铁、锰、氟、锌、碘　　E. 铬、汞、锌、铜、碘

B 型题

A. 500mL　　B. 1000mL　　C. 1500mL　　D. 2000mL　　E. 2500mL

1. 成人每天最低生理需水量为（　　）。
2. 临床上成人每天标准补水量为（　　）。
3. 成人每天需水量为（　　）。

A. 2.5mmol/L　　B. 5mmol/L　　C. 103mmol/L　　D. 27mmol/L　　E. 142mmol/L

4. 正常血钙浓度为（　　）。
5. 正常血钠浓度为（　　）。
6. 正常血钾浓度为（　　）。

X 型题

1. 水的生理功能有（　　）。
   A. 构成细胞成分　　B. 调节体温　　C. 促进酶的催化作用

D. 参与化学反应　　　　　　E. 运输养料和废物
2. 会引起低血钾的是（　　）。
A. 因输血红细胞破坏过多　　B. 糖原大量合成　　　C. 胃肠引流
D. 轻度呕吐腹泻　　　　　　E. 长期偏食植物性食物

二、名词解释
1. 体液　2. 代谢水　3. 最低尿量　4. 必然失水量　5. 血钙血磷浓度乘积

三、简答题
1. 简述体液的含量与分布。
2. 比较细胞内液与细胞外液、血浆与组织间液电解质分布与含量的主要差别。
3. 说明人体内水的来源和去路。正常人的生理需水量和必然失水量分别是多少？
4. 引起血浆钾浓度升高或者降低的因素有哪些？
5. 大面积烧伤病人血钾浓度有何变化？为什么可用葡萄糖加上胰岛素进行治疗？
6. 血钙浓度与血磷浓度有何关系？有何临床意义？

第十三章 酸碱平衡

机体在代谢过程中,每天均会产生一定量的酸性或碱性物质并不断进入血液,但正常人血液的酸碱度即 pH 值始终保持在 7.35~7.45 之间,其变动范围很小。机体这种调节酸碱物质含量及其比例,维持血液 pH 值在正常范围内的过程,称为酸碱平衡。酸碱平衡对维持机体组织细胞的正常代谢,保持细胞内酶的活性,保证机体进行正常生理活动具有重要意义。体液 pH 值之所以能够维持相对恒定,主要取决于三方面的调节作用:血液的缓冲作用;肺的呼吸作用;肾脏的排泄和重吸收作用。体内酸性或碱性物质过多,超出机体的调节能力,或三种调节作用中的某一方出现障碍,均可导致酸碱平衡紊乱,出现酸中毒或碱中毒。

第一节 体内酸、碱物质的来源

一、酸性物质的来源

凡能释放氢离子（H^+）的物质称为酸。内源性酸主要来自糖、脂类及蛋白质等的分解代谢;外源性酸来自于某些食物、饮料及药物等。酸性物质可分为挥发性酸（volatile acid）和非挥发性酸（non-volatile acid）两大类。

1. 挥发性酸（碳酸）

挥发性酸即碳酸。正常成人每日由糖、脂肪和蛋白质在体内彻底氧化可产生 300~400L CO_2,其与水结合生成碳酸。碳酸随血液循环运至肺部后重新分解成 CO_2 并呼出体外,故称碳酸为挥发性酸,是体内酸的主要来源。

2. 非挥发性酸（固定酸）

体内的糖分解代谢产生的丙酮酸和乳酸,脂肪酸在肝内氧化产生的乙酰乙酸和 β-羟丁酸,核酸、磷脂和磷蛋白分解产生的磷酸,含硫氨基酸氧化产生的硫酸等,这些酸性物质不能由肺呼出,必须经肾随尿排出体外,所以称之为非挥发性酸或固定酸（fixed acid）。正常人每天产生的固定酸仅为 50~100mmol。固定酸还可来自某些食物,如调味用的醋酸、饮料中的柠檬酸等;或某些药物,如阿司匹林、止咳糖浆等。

二、碱性物质的来源

凡能结合氢离子（H^+）的物质为碱。机体在物质代谢过程中产生的碱性物质较少,食物摄入的碱主要来自蔬菜和水果中的有机酸盐,如柠檬酸和草酸的钾盐或钠盐等。其有机酸根在体内氧化所剩下的 K^+、Na^+,和体液中的 HCO_3^- 结合成碱性盐。所以一般认为蔬菜、瓜果等都是"成碱物质"。此外,在蛋白质代谢过程中也产生碱性物质如氨（NH_3）和有机胺等，但量很少；某些药物本身就是碱，如抑制胃酸的药物碳酸氢钠等。

知识链接：食物酸碱一览

强酸性食品：蛋黄、乳酪、甜点、白糖、金枪鱼、比目鱼。
中酸性食品：火腿、培根、鸡肉、猪肉、鳗鱼、牛肉、面包、小麦。
弱酸性食品：白米、花生、啤酒、海苔、章鱼、巧克力、空心粉、葱。
强碱性食品：葡萄、茶叶、香菇、葡萄酒、海带、柑橘、柿子、黄瓜、胡萝卜、白萝卜。
中碱性食品：大豆、番茄、香蕉、草莓、蛋白、梅干、柠檬、菠菜、牛蒡。
弱碱性食品：红豆、苹果、甘蓝菜、豆腐、卷心菜、油菜、梨、马铃薯。

正常情况下，体内产生的酸性物质远多于碱性物质，故机体对酸碱平衡的调节是以对酸的调节为主。

第二节 正常酸碱平衡的调节

一、血液的缓冲作用

由于血液中含有较多酸和碱的缓冲物质，故血液有较强的缓冲酸、碱的能力，是维持血液酸碱平衡的重要因素。无论是体内代谢产生的，还是体外进入的酸性和碱性物质都要进入血液，受到血液缓冲体系的缓冲作用。

（一）血液的缓冲体系

血浆中的缓冲体系主要有：碳酸氢盐、磷酸氢盐和血浆蛋白质。

$$\frac{NaHCO_3}{H_2CO_3}, \frac{Na_2HPO_4}{NaH_2PO_4}, \frac{NaPr}{HPr} \text{（Pr 代表血浆蛋白质）}$$

红细胞中缓冲体系主要有：碳酸氢盐、磷酸氢盐、血红蛋白及氧合血红蛋白。

$$\frac{KHCO_3}{H_2CO_3}, \frac{K_2HPO_4}{KH_2PO_4}, \frac{KHb}{HHb}, \frac{KHbO_2}{HHbO_2} \text{（Hb 代表血红蛋白）}$$

各种缓冲体系在全血缓冲体系中的情况见表 13-1。

表 13-1 全血中各种缓冲体系的基本状况

缓冲体系	浓度比	占全血缓冲体系总浓度/%	缓冲能力
H_2CO_3/HCO_3^-	20∶1	51	18.0
HHb/Hb^- 和 $HHbO_2/HbO_2^-$		35	8.8
$H_2PO_4^-/HPO_4^{2-}$	4∶1	5	0.3
HPr/Pr^-（血浆）		7	1.7

从表 11-1 可以看出，碳酸氢盐缓冲系统是血浆缓冲体系中最为重要的；血红蛋白及氧合血红蛋白缓冲体系在红细胞缓冲体系中最为重要。血浆 H_2CO_3/HCO_3^- 缓冲体系之所以重要，不仅是因为该体系缓冲能力强，还在于该体系易调节：其 H_2CO_3 浓度可通过体液中物理溶解的 CO_2 取得平衡而受肺的呼吸调节；而 $NaHCO_3$ 浓度则可通过肾脏的调节维持恒定。

（二）缓冲体系在酸碱平衡中的调节作用

进入血液的固定酸或碱性物质，主要被碳酸氢盐缓冲系统所缓冲，挥发性酸则主要被血红蛋白缓冲体系缓冲。

1. 对固定酸或碱性物质的缓冲作用

当代谢产生的固定酸（以 HA 代表，如 β-羟丁酸、乳酸等）进入血液后，与碳酸氢盐发生作用。

$$HA + NaHCO_3 \longrightarrow Na\text{-}A + H_2CO_3 (H_2O + CO_2 \uparrow)$$

经血液缓冲作用后，生成了酸性相对较弱的 H_2CO_3 及钠盐，同时 H_2CO_3 又可分解为 H_2O 和 CO_2，CO_2 从肺部呼出体外，使得血液 pH 不会因酸性物质进入而发生显著改变。$NaHCO_3$ 是血浆中含量最多的碱性物质。在一定程度上它可以代表对固定酸的缓冲能力，故把碳酸氢钠看成是血浆中的碱贮备，简称碱贮（alkaline reserve）。此外，血浆中其他缓冲体系也有一定的缓冲作用。

$$HA + Na\text{-}Pr \longrightarrow Na\text{-}A + HPr$$
$$HA + Na_2HPO_4 \longrightarrow Na\text{-}A + NaH_2PO_4$$

同样，当碱性物质进入血液时，可被血浆中的 H_2CO_3、NaH_2PO_4 及 HPr 所缓冲，使碱性较强的 Na_2CO_3 变为碱性较弱的 $NaHCO_3$，其中消耗的 H_2CO_3 可由体内不断产生的 CO_2 得到补充，过多的 $NaHCO_3$ 可由肾排出体外。

$$Na_2CO_3 + H_2CO_3 \longrightarrow 2NaHCO_3$$
$$Na_2CO_3 + NaH_2PO_4 \longrightarrow NaHCO_3 + Na_2HPO_4$$
$$Na_2CO_3 + HPr \longrightarrow NaHCO_3 + Na\text{-}Pr$$

血浆的 pH 值主要取决于血浆中 $[NaHCO_3]/[H_2CO_3]$ 的值。在正常情况下血浆 $NaHCO_3$ 浓度为 24mmol/L，H_2CO_3 浓度为 1.2mmol/L，两者之比为 20∶1。只要维持该浓度之比，血浆 pH 即维持在 7.35～7.45 之间。酸碱平衡调节的实质就是调节 $NaHCO_3$ 与 H_2CO_3 的浓度比值。

2. 对挥发性酸的缓冲作用

组织细胞代谢产生的 CO_2，进入血液后，绝大部分扩散入红细胞，经红细胞中碳酸酐酶的作用生成 H_2CO_3；另外 $NaHCO_3$ 对固定酸缓冲后也产生 H_2CO_3。H_2CO_3 主要被血红蛋白和氧合血红蛋白缓冲体系所缓冲，最终经肺部以 CO_2 形式排出体外。

综上所述，虽然血液缓冲系统有对抗强酸或强碱的作用，但若进入血液的酸或碱太多，超过了它们的缓冲能力，则还需要肺和肾脏的协同调节作用，才能保持体内的酸碱平衡。

二、肺在酸碱平衡中的作用

肺主要是通过改变呼吸运动的频率和深度来调节 CO_2 排出量，从而控制血液中 H_2CO_3 的浓度，以维持酸碱平衡。

呼吸频率和深度受血液 p_{CO_2}（二氧化碳分压）及 pH 的影响。当血液 p_{CO_2} 升高、pH 降低时，呼吸中枢兴奋，使呼吸加深加快，CO_2 排出增多，血液中 H_2CO_3 的浓度降低。反之，当 p_{CO_2} 降低、pH 升高时，呼吸变浅变慢，CO_2 排出减少，血液中 H_2CO_3 的含量增加。通过呼吸中枢对肺呼吸运动的控制，调节血中 H_2CO_3 的浓度，以维持血浆中 $[NaHCO_3]/[H_2CO_3]$ 的值在 20∶1，从而保持血液 pH 值稳定在 7.35～7.45 之间。

肺的调节作用是较迅速的，在正常情况下 10～30min 内即可完成。临床上观察病人时，要注意患者的呼吸频率和深度。但肺只能调节 H_2CO_3 的浓度，对 $NaHCO_3$ 的浓度无调节作用。若血液 $NaHCO_3$ 的浓度改变太大，则必须充分发挥肾脏的排泄与重吸收功能。

三、肾在酸碱平衡中的作用

肾是调节酸碱平衡最重要的器官。正常人在物质代谢过程中，每天产生 H^+ 50～

100mmol,这些 H^+ 都经肾排出。肾的作用主要在于排酸和对 $NaHCO_3$ 的重吸收,以恢复血中 $NaHCO_3$ 的绝对含量,维持 $[NaHCO_3]/[H_2CO_3]$ 的正常值,从而使 pH 保持恒定。这种调节作用是通过肾小管上皮细胞的排氢、排钾和排氨吸钠的作用来完成的。

(一)肾小管的排氢作用和 Na^+ 重吸收 (H^+-Na^+ 交换)

肾小管上皮细胞的排 H^+ 作用与 Na^+ 的重吸收是同时进行的。

1. $NaHCO_3$ 的重吸收

肾小管上皮细胞含有碳酸酐酶,能催化 CO_2 和 H_2O 生成 H_2CO_3,H_2CO_3 再解离成 H^+ 和 HCO_3^-。

$$CO_2 + H_2O \xrightarrow{\text{碳酸酐酶}} H_2CO_3 \longrightarrow H^+ + HCO_3^-$$

解离出的 H^+ 从肾小管上皮细胞分泌到管腔,而 HCO_3^- 仍留在细胞内。进入管腔的 H^+ 与肾小管液中的 Na^+ 进行交换,换回的 Na^+ 被肾小管上皮细胞吸收,与 HCO_3^- 一起进入血液,以补充缓冲固定酸所消耗的 $NaHCO_3$,而分泌入管腔的 H^+ 与 HCO_3^- 结合成 H_2CO_3,H_2CO_3 又分解为 H_2O 和 CO_2,CO_2 再扩散入肾小管上皮细胞被重新吸收利用,也可随血液运至肺部呼出体外,H_2O 则随尿排出。因此,肾小管上皮细胞每分泌一个 H^+,即可与肾小管液交换一个 Na^+,这一过程称为 H^+-Na^+ 交换(图 13-1)。此过程中没有 H^+ 的真正排出,只是管腔中的 $NaHCO_3$ 全部重吸收入血,故称为 $NaHCO_3$ 的重吸收。

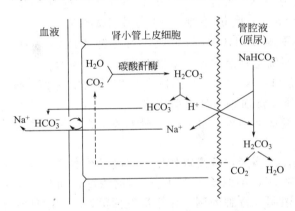

图 13-1 H^+-Na^+ 交换与 $NaHCO_3$ 的重吸收

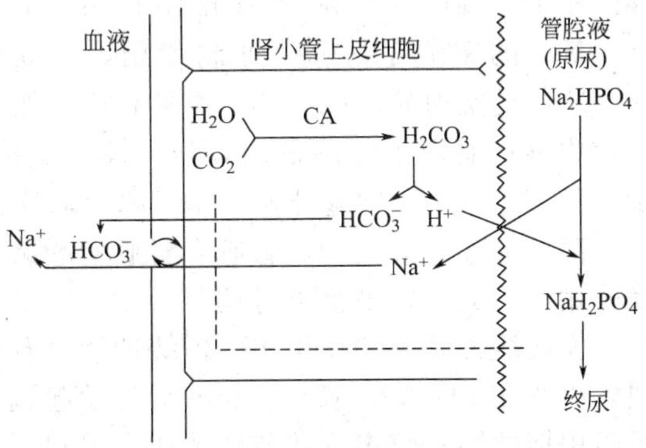

图 13-2 H^+-Na^+ 交换与尿液的酸化

2. 尿液的酸化

在正常血液 pH 值条件下,Na_2HPO_4/NaH_2PO_4 缓冲对的浓度比是 4:1,在近曲小管中,比值不变,但在终尿中比值变小,尿中排出 NaH_2PO_4 增加,尿液 pH 值降低,此过程称为尿液的酸化。以 Na_2HPO_4 为例,说明 H^+-Na^+ 交换与终尿的酸化过程(图 13-2)。

当原尿流经远曲小管时,从 Na_2HPO_4 解离的 Na^+ 与肾小管上皮细胞所分泌的 H^+ 进行交换,Na^+ 进入肾小管上皮细胞,与 HCO_3^- 同时被吸收入血,H^+ 则以 NaH_2PO_4 的形式随尿排出体外,所以远曲小管液 pH 降低,尿被酸化。终尿 pH 值降低的程度与血中酸性物质的量有直接关系,酸性物质越多,终尿 pH 愈低。

综上所述,肾小管上皮细胞通过排 H^+ 吸 Na^+ 作用,使机体维持动态的酸碱平衡,这也是体内排酸的主要方式。

(二)氨的分泌和 Na^+ 重吸收 (NH_4^+-Na^+ 交换)

除 H^+-Na^+ 交换以外,远曲小管细胞还有排氨作用。分解代谢产生的 NH_3 与肾小管上

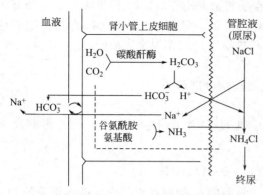

图 13-3　NH_4^+-Na^+ 交换和铵盐的排泄

皮细胞分泌的 H^+ 结合生成 NH_4^+，并与强酸盐（如 $NaCl$、Na_2SO_4 等）的负离子结合生成酸性的铵盐随尿液排出。同时，置换出的 Na^+ 重新吸入细胞与 HCO_3^- 进入血液结合生成 $NaHCO_3$，从而维持血浆中 $NaHCO_3$ 的正常浓度（图 13-3）。

远曲小管细胞中的 NH_3 主要来自谷氨酰胺在谷氨酰胺酶的催化下分解出来的 NH_3，还可来自肾小管上皮细胞内氨基酸的脱氨基作用。

NH_4^+ 的排泄是肾小管排 H^+ 的另一种方式。当体内酸增多时，谷氨酰胺酶活性增强，NH_3 的产生及 NH_4^+ 的排泄增多，能换回较多的 Na^+，使血液保留更多的碱贮备；反之，碱性物质增多时，NH_4^+ 的生成就减少，Na^+ 的重吸收也随之减少。这是肾调节酸碱平衡的重要方式。

（三）钾的排泄、钾-钠交换及对肾脏调节作用的影响

肾小管细胞还有排钾保钠的作用。将血液中的 K^+ 与肾小管液中的部分 Na^+ 进行交换，Na^+ 吸收入血，K^+ 随终尿排出体外。K^+-Na^+ 交换虽不能直接生成 $NaHCO_3$，但与 H^+-Na^+ 的交换有竞争性抑制作用，能间接影响 $NaHCO_3$ 的生成。当血钾浓度增高时，K^+-Na^+ 交换加强，H^+-Na^+ 交换相应减弱，使细胞外液中 H^+ 浓度升高，所以高血钾常伴有酸中毒；血钾浓度降低时，H^+-Na^+ 交换增强，K^+-Na^+ 交换减弱，使尿液中排 K^+ 减少，排 H^+ 增多，细胞外液中 H^+ 浓度降低，所以低血钾常伴有碱中毒。

除了上述体液缓冲，肺脏和肾脏对酸碱平衡的调节外，红细胞、骨髓等组织通过离子交换作用也可对酸碱平衡进行调节。

血液缓冲系统的作用快，但缓冲能力有限，故不能持续发挥作用。呼吸系统的调节亦较快，大约在 pH 改变 15~30min 后开始起调节作用，但只能调节 H_2CO_3 的浓度，而且影响呼吸中枢的因素较多，调节效能通常受到一定限制。肾脏的调节作用虽发挥得迟，但效能较高，持续时间长，是最重要的调节系统。因此，维持良好的肾功能，是纠正酸碱平衡失调的重要措施。

第三节　酸碱平衡失调

当体内酸性物质或碱性物质过多或不足时，或肺、肾调节功能不全时，都可引起酸碱平衡失调。表现为血浆 [$NaHCO_3$] 与 [H_2CO_3] 比值异常。使血浆 pH 值低于 7.35 的，称为酸中毒；使血浆 pH 值高于 7.45 的，称为碱中毒。根据酸碱平衡失调的起因不同，又可分代谢性与呼吸性两大类。由于血浆中 $NaHCO_3$ 含量减少（或增加）而引起的酸碱平衡失调，称为代谢性酸（或碱）中毒。由于肺部呼吸功能异常导致 H_2CO_3 含量增加（或减少）而引起的酸碱平衡失调，称为呼吸性酸（或碱）中毒。在酸碱平衡失调的初期，由于机体各种调节作用，虽然 [$NaHCO_3$] 与 [H_2CO_3] 已有改变，但两者的比值仍维持在 20：1，血浆的 pH 尚能保持在正常范围，则称为代偿性酸（或碱）中毒。若肺、肾的调节不能维持血浆的正常 pH，即不能维持 [$NaHCO_3$]/[H_2CO_3] 的值在 20：1，血液 pH 发生明显改变，则称为失代偿性酸（或碱）中毒。如果血浆 pH 值超出 7.0~7.8 的范围，即危及患者的生命。

知识链接：酸性体质与疾病

（1）酸性物质与钙、镁碱性矿物质结合为盐类，可致骨质疏松。

（2）酸性盐类堆积在关节或器官内引起相应炎症，导致动脉硬化、肾结石、关节炎和痛风等。

（3）酸性废弃物堆积后，可以堵塞毛细血管，使血液循环不畅，导致肾炎及各种癌症。

（4）胃酸过多导致烧心、反酸、胃溃疡等，肠道酸性过高，可以引起便秘、慢性腹泻、四肢酸痛，另外，酸性体质会影响儿童的智力。

（5）体液、唾液处于酸性，给细菌繁殖创造了良好的环境，导致口臭、体臭。

（6）酸性体质导致血液中的脂肪分子加速生成脂肪细胞，可致肥胖。

（7）酸性体液导致皮肤松弛、毛孔粗大、粗糙生痘、易生皱纹，出现皮肤感染、过敏等。

一、酸碱平衡失调的基本类型

1. 呼吸性酸中毒

呼吸性酸中毒是指 CO_2 呼出过少以致血浆 H_2CO_3 浓度原发性升高，使 [$NaHCO_3$]/[H_2CO_3] 的值变小，pH 值降低。

呼吸性酸中毒常见于肺部疾患，尤其在并发肺源性心脏病时，由于各种原因引起的呼吸道阻塞、呼吸肌麻痹、肺炎、肺气肿及呼吸中枢受抑制等都能导致呼吸功能障碍，CO_2 呼出不畅，使血浆 H_2CO_3 浓度原发性升高。当血浆 p_{CO_2} 及 H_2CO_3 浓度升高时，肾小管细胞泌 H^+、泌 NH_3 作用增强，$NaHCO_3$ 重吸收增多，结果导致血浆 $NaHCO_3$ 浓度相应地继发性升高。

呼吸性酸中毒防治和护理：①防治原发病，积极抗感染、解痉、祛痰等，急性呼吸性酸中毒应迅速去除引起通气障碍的原因；②增加肺泡通气量，尽快改善通气功能，保持呼吸道畅通，以利于 CO_2 的排出，必要时可做气管插管等改善通气；③适当供氧，不宜单纯给高浓度氧，以防呼吸中枢受抑制，加重 CO_2 潴留和引起 CO_2 麻醉；④谨慎使用碱性药物。

2. 呼吸性碱中毒

呼吸性碱中毒是指 CO_2 呼出过多以致血浆 H_2CO_3 浓度原发性降低，使得 [$NaHCO_3$]/[H_2CO_3] 的值变大，pH 值升高。

呼吸性碱中毒的原因：肺的呼吸过度（换气过度），CO_2 呼出过多，使血浆 H_2CO_3 浓度原发性降低。临床上不多见，常发生于癔症或颅脑损伤过度的患者，也可见于高山缺氧、妊娠等。一般通过肾脏加强 $NaHCO_3$ 与 K^+ 排泄进行代偿。根据血浆中 [$NaHCO_3$]/[H_2CO_3] 的值来判断是代偿性还是失代偿性呼吸性碱中毒。

呼吸性碱中毒防治和护理：①防治原发病，去除引起通气过度的原因；②吸入含 CO_2 的气体，急性呼吸性碱中毒可吸入 5% CO_2 的混合气体，提高 p_{CO_2} 和 H_2CO_3 浓度；③对症治疗，有缺氧症状者吸氧，有反复抽搐的病人，可静脉注射钙剂等。

知识链接：呼吸性碱中毒和现场急救

如患者激烈争吵后情绪激动，呼吸加深加快致通气过度而引起呼吸性碱中毒时，在现场可进行如下急救：将患者置于平卧位，头后仰，用书本或报纸类物品卷成漏斗状，小口向上，大口向下罩住患者口鼻进行通气，此法可减少 CO_2 呼出，缓解症状，为患者争取更多救治时间。

3. 代谢性酸中毒

代谢性酸中毒是指血浆 $NaHCO_3$ 浓度原发性降低，使正常 $[NaHCO_3]/[H_2CO_3]$ 的值变小，pH 值降低。此类酸中毒是临床上最常见的一种酸碱平衡失调。

代谢性中毒的原因：固定酸来源过多，如糖尿病患者产生过多的酮体或服用过多的酸性药物；固定酸排出障碍，如肾功能不全；肾排酸和重吸收 $NaHCO_3$ 障碍；碱性消化液丢失过多，如严重腹泻等原因造成血浆 $NaHCO_3$ 浓度原发性降低。

固定酸产生过多引起代谢性酸中毒时，固定酸经 $NaHCO_3$ 缓冲，生成固定酸的钠盐和 H_2CO_3，导致血浆 $NaHCO_3$ 浓度降低，H_2CO_3 浓度升高，pH 值降低。此种酸中毒的代偿过程是：血浆 H_2CO_3 浓度升高和 pH 值降低，一方面可刺激呼吸中枢，引起呼吸加深加快，CO_2 排出增多，使血浆 H_2CO_3 浓度降低；另一方面可使肾小管细胞泌 H^+、泌 NH_3 作用增强，增加 $NaHCO_3$ 的重吸收和固定酸的排出。

代谢性酸中毒防治和护理：①预防和治疗原发病，这是防治代谢性酸中毒的基本原则；②纠正水、电解质代谢紊乱，恢复有效循环血量，改善肾功能；③补充碱性药物，如 $NaHCO_3$ 或乳酸钠等。

4. 代谢性碱中毒

代谢性碱中毒是指血浆 $NaHCO_3$ 浓度原发性升高，使正常 $[NaHCO_3]/[H_2CO_3]$ 的值变大，pH 值升高。

代谢性碱中毒的原因：各种原因导致血浆 $NaHCO_3$ 原发性增多。常见于幽门梗塞或严重呕吐等引起胃液大量丢失；或服用过多的碱性药物以及低钾血症等情况。

当血浆 $NaHCO_3$ 浓度升高时，血浆 pH 值升高，抑制了呼吸中枢的兴奋性，使呼吸变浅变慢，保留较多的 CO_2，血浆 H_2CO_3 浓度升高；同时，肾小管细胞泌 H^+ 和泌 NH_3 作用减弱，减少了 $NaHCO_3$ 的重吸收。

代谢性碱中毒防治和护理：①治疗原发病，积极去除能引起代谢性碱中毒的原因；②轻症只需输入生理盐水或葡萄糖盐水即可得以纠正，严重的可给予一定量的弱酸性或酸性药物；③盐皮质激素过多的病人，可予以乙酰唑胺等治疗，失氯、失钾患者，应补充氯化钾。

5. 混合型酸碱平衡紊乱

混合型酸碱平衡紊乱是指同一病人有两种或两种以上的单纯型酸碱平衡紊乱同时出现。混合型酸碱平衡紊乱可以有不同的组合形式，通常把两种酸中毒或两种碱中毒合并存在，使 pH 向同一方向移动的情况称为酸碱一致型或相加性酸碱平衡紊乱。如果是一种酸中毒与一种碱中毒合并存在，使 pH 向相反的方向移动时，称为酸碱混合型或相消性酸碱平衡紊乱。

常见的混合型酸碱平衡紊乱有三种：①呼吸性酸中毒合并代谢性碱中毒；②代谢性酸中毒合并呼吸性碱中毒；③代谢性酸中毒合并代谢性碱中毒。三重性酸碱平衡紊乱只见于代谢性酸中毒加代谢性碱中毒伴有呼吸性酸中毒或呼吸性碱中毒，也属于酸碱混合型。

混合型酸碱平衡紊乱的原因大多是在严重复杂的原发病症基础上发生的并发症（如糖尿病患者发生剧烈呕吐），也可以是由于治疗措施不当而促进其发生。后者在临床上颇为常见，如不正确使用利尿药、肾上腺皮质激素或碱性药物，可以在原来酸碱紊乱的基础上再发生代谢性碱中毒等。

需要指出的是，无论是单纯性或是混合型酸碱平衡紊乱，都不是一成不变的，随着疾病的发展，治疗措施的影响，原有的酸碱失衡可被纠正，也可能转变或合并其他类型的酸碱平衡紊乱。因此，在诊断和治疗酸碱平衡紊乱时，一定要密切结合病人的病史，观测血 pH、p_{CO_2} 及 HCO_3^- 的动态变化，综合分析病情，及时做出正确诊断和适当治疗。

二、酸碱平衡失调常用的判断指标

1. 血液 pH 值

正常人血液 pH 变动范围为 7.35～7.45，平均为 7.40。若测得 pH 大于 7.45，即为失代偿性碱中毒；小于 7.35，即为失代偿性酸中毒。血液 pH 可诊断酸、碱中毒，但不能区分是代谢性的还是呼吸性的。pH 即使正常也不能说明没有酸碱平衡失调，可能存在代偿性酸（或碱）中毒。一般而言，代偿性酸中毒时，血液 pH 接近正常值下限（pH7.35～7.39）；代偿性碱中毒时，pH 接近正常值上限（pH7.41～7.45）。

2. 二氧化碳分压（p_{CO_2}）

二氧化碳分压（p_{CO_2}）是指物理溶解于血浆中的 CO_2 所产生的张力。正常动脉血 p_{CO_2} 为 4.5～6.0kPa，平均为 5.3kPa，它是反映呼吸性酸碱平衡紊乱的重要指标，适用于鉴别患者是呼吸性还是代谢性酸碱平衡紊乱。由于 CO_2 对肺泡膜具有很大的弥散力，动脉血 p_{CO_2} 基本上反映肺泡气的 CO_2 分压，两者数值几乎相等，所以动脉血 p_{CO_2} 可反映肺泡通气水平。

动脉血 p_{CO_2} 大于 6.25kPa，提示肺通气不足，体内 CO_2 积蓄，体内 $[H_2CO_3]$ 升高，见于原发性呼吸性酸中毒；反之 p_{CO_2} 小于 4.5kPa，提示肺通气过度，CO_2 排出过多，体内 $[H_2CO_3]$ 降低，见于原发性呼吸性碱中毒。p_{CO_2} 的改变除了原发性外，也可以是继发性的。可以因代谢性酸中毒而代偿性地引起 p_{CO_2} 降低；因代谢性碱中毒而代偿性地引起 p_{CO_2} 增高。

3. 实际碳酸氢盐（AB）和标准碳酸氢盐（SB）

AB（actual bicarbonate）是在隔绝空气下，取血分离血浆，测定血浆 HCO_3^- 的真实含量。AB 的正常变动范围为 (24±2)mmol/L，平均为 24mmol/L。AB 可反映血液中代谢性成分的含量，但也受呼吸性成分的影响。当体内 $[H_2CO_3]$ 升高时，由于 H_2CO_3 解离成 H^+ 和 HCO_3^-，AB 也随之升高；反之，当 $[H_2CO_3]$ 降低时，AB 随之降低。血浆中 HCO_3^- 的浓度可反映血浆中 HCO_3^- 的来源、去路和动态平衡状况。AB 值既受呼吸因素又受代谢因素的影响。

SB（standard bicarbonate）是在隔绝空气条件下，在 37℃、p_{CO_2} 为 5.3kPa、血红蛋白的氧饱和度为 100% 时，测得血浆中 HCO_3^- 的含量。正常值为 22～26mmol/L，平均为 24mmol/L。由于 p_{CO_2} 已调到标准状况下，故 SB 不受呼吸性成分的影响，因此是代谢性成分的指标。

正常情况下 AB=SB。AB 与 SB 的差值反映了呼吸因素对酸碱平衡的影响。如果 AB<SB，则表明 CO_2 排出过多，见于急性呼吸性碱中毒；反之，如果 AB>SB，则表明有 CO_2 潴留，见于急性呼吸性酸中毒。如果两者相等但比正常值低，为代谢性酸中毒；如果两者相等但比正常值高，为代谢性碱中毒。

4. 缓冲碱（BB）

全血 BB（buffer base）是指血液中所有具有缓冲作用的负离子的总和，反映全血碱的总量，包括血浆和红细胞中的 HCO_3^-、Hb^-、HbO_2^-、Pr^-、HPO_4^{2-} 等。通常以氧饱和的全血在标准状态下测定，正常 BB 值为 45～55mmol/L。缓冲碱是血液代谢成分的指标，而不受呼吸性成分的影响，故作为判断代谢性酸碱紊乱的生化指标。代谢性酸中毒时，BB 值减少；代谢性碱中毒时，BB 值增加。

5. 碱剩余（BE）

BE（base excess）是指全血在标准条件下（p_{CO_2} 为 5.3kPa，温度为 37℃，Hb 的氧饱

和度为100%）用酸或碱滴定全血至 pH7.4 时，所消耗的酸或碱量（mmol/L）。用酸滴定使血液 pH 达到 7.4 时，则表示碱剩余，BE 用正值表示。反之，如用碱滴定使血液 pH 值达到 7.4，则表示被测血液的缓冲碱降低，BE 用负值表示。BE 不受血液中呼吸性成分的影响，是代谢性成分的指标，能较真实地反映血液中 BB 的剩余和不足的程度。正常参考范围为 $-3\sim+3$ mmol/L。BE>+3mmol/L 时为碱过多，提示代谢性碱中毒；BE<-3mmol/L 时为碱不足，提示代谢性酸中毒。在呼吸性酸中毒或碱中毒时，开始时 BE 不发生变化，但随后由于肾脏的代偿作用，可分别出现 BE 正值增加或负值增加。

6. 阴离子间隙（AG）

血浆中阳离子和阴离子值相等以维持电荷平衡。主要阳离子为 Na^+，占全部阳离子的 90%，称为可测定阳离子；主要阴离子为 HCO_3^- 和 Cl^-，占全部阴离子的 85%，称为可测定阴离子；其余为未测定的阳离子和阴离子。阴离子间隙是指血浆中未测定的阴离子与未测定阳离子的差值。正常参考值为 8~16mmol/L，平均 12mmol/L。AG 是评价酸碱平衡的重要指标，对区分不同类型的代谢性酸中毒和诊断某些混合性酸碱平衡紊乱有重要意义。AG 值增高可见于代谢性酸中毒，AG 值降低见于低蛋白血症等。

酸碱平衡失调时血液中主要生化诊断指标的变化情况见表 13-2。

表 13-2 酸碱平衡失调的类型及某些生化指标的意义

常用指标	中文名称	正常值	意义	备注
pH		7.35~7.45，平均 7.40	升高：失代偿性碱中毒 降低：失代偿性酸中毒 正常：代偿性酸（或碱）中毒、正常、相消性酸碱平衡紊乱	
p_{CO_2}	动脉血二氧化碳分压	4.5~6.0kPa，平均 5.3kPa	升高：呼吸性酸中毒或代偿后的代谢性碱中毒 降低：呼吸性碱中毒或代偿后的代谢性酸中毒	
SB	标准碳酸氢盐	22~26mmol/L，平均 24mmol/L	升高：代谢性碱中毒或肾代偿后的呼吸性酸中毒 降低：代谢性酸中毒或肾代偿后的呼吸性碱中毒	
AB	实际碳酸氢盐	正常人和 SB 相等	SB↓ AB↓：代谢性酸中毒 SB↑ AB↑：代谢性碱中毒 SB:N；AB>SB：CO_2 潴留，呼吸性酸中毒 SB:N；AB<SB：CO_2 排出过多，呼吸性碱中毒	N 表示正常
BB	缓冲碱	45~55mmol/L，平均 48mmol/L	升高：代谢性碱中毒 降低：代谢性酸中毒	
BE	碱剩余或碱缺失	$-3.0\sim+3.0$mmol/L	酸滴定 BE 为正值 碱滴定 BE 为负值	
AG	阴离子间隙	(12 ± 2)mmol/L	AG↑：固定酸增多，如磷酸盐、硫酸盐潴留，乳酸堆积，酮体过多及水杨酸中毒、甲醇中毒等 AG↓：常见于低蛋白血症	

复习思考题

一、选择题

A 型题

1. 血浆 $[NaHCO_3]/[H_2CO_3]$ 正常比值为（　　）。
   A. 1:1　　　B. 2:1　　　C. 4:1　　　D. 10:1　　　E. 20:1

2. 下列血浆缓冲对中，最重要的一对是（　　）。

A. $NaHCO_3/H_2CO_3$　　B. Na_2HPO_4/NaH_2PO_4　　C. $KHbO_2/HHbO_2$
D. $KHCO_3/H_2CO_3$　　E. KHb/HHb

3. 肺对酸碱平衡的调节作用主要通过改变（　　）。
A. 血浆中 H_2CO_3 浓度　　B. 血浆中 HCO_3^- 浓度　　C. 血浆中 $NaHCO_3$ 浓度
D. 血浆中 O_2 浓度　　E. 血浆中 H_3PO_4 浓度

4. 呼吸性酸中毒是指（　　）。
A. 血浆中 HCO_3^- 原发性增多　　B. 血浆中 H_2CO_3 原发性增多
C. 血浆中 H^+ 原发性增多　　D. 血浆中 OH^- 原发性增多
E. 血浆中 $NaHCO_3$ 原发性增多

5. 当 AB>SB 时，机体出现（　　）。
A. 呼吸性碱中毒　　B. 呼吸性酸中毒　　C. 代谢性碱中毒
D. 代谢性酸中毒　　E. 酸碱混合型

6. 碱储是指（　　）。
A. 血浆中 H_2CO_3　　B. 血浆中 Na-Pr　　C. 血浆中 $NaHCO_3$
D. 红细胞中 $KHCO_3$　　E. 红细胞中 H_2CO_3

7. 用于鉴别不同类型代谢性酸中毒的指标是（　　）。
A. pH　　B. p_{CO_2}　　C. CO_2-CP　　D. AB 和 SB　　E. 阴离子间隙

X型题

1. 代偿性代谢性酸中毒时（　　）。
A. 血浆 pH 正常　　B. 血浆 pH 降低　　C. 血浆 $NaHCO_3$ 原发性降低
D. 血浆 H_2CO_3 继发性降低　　E. 血浆 $NaHCO_3$ 原发性升高

2. 失代偿性呼吸性酸中毒时（　　）。
A. 血浆 P_{CO_2} 原发性升高　　B. 血浆 P_{CO_2} 继发性升高　　C. 血浆 pH 升高
D. 血浆 pH 降低　　E. 血浆二氧化碳结合力原发性升高

3. 肾脏在酸碱平衡中的作用是（　　）。
A. 肾小管泌氢并重吸收钠
B. 肾远曲小管和集合管泌氨
C. 使尿液酸化及 Na_2HPO_4 含量增多
D. 肾小管分泌 K^+ 和 Na^+
E. 肾小管对 Cl^- 重吸收

二、名词解释

1. 酸碱平衡　　2. 代谢性酸中毒　　3. AB　　4. 碱储

三、问答题

1. 简述体内酸、碱物质的来源。
2. 试述肾在调节酸碱平衡中的作用。
3. 呕吐或腹泻时酸碱平衡可能发生哪些变化？为什么？
4. 试述失代偿性代谢性酸中毒时，血 pH、血浆 p_{CO_2}、AB、SB、BB 以及 BE 将如何改变。

生物化学实验

实验一 蛋白质及氨基酸的显色反应

【实验目的】
1. 了解蛋白质和某些氨基酸的呈色反应原理。
2. 学习几种常用的鉴定蛋白质和氨基酸的方法。

双缩脲反应

【实验原理】
尿素加热到180℃左右，生成双缩脲并放出一分子氨。双缩脲在碱性环境中能与Cu^{2+}结合生成紫红色化合物，此反应称为双缩脲反应。蛋白质分子中有肽键，其结构与双缩脲相似，也能发生此反应。

$$H_2N\text{-}\overset{\overset{O}{\|}}{C}\text{-}NH_2 + H_2N\text{-}\overset{\overset{O}{\|}}{C}\text{-}NH_2 \longrightarrow H_2N\text{-}\overset{\overset{O}{\|}}{C}\text{-}NH\text{-}\overset{\overset{O}{\|}}{C}\text{-}NH_2 + NH_3$$

$$双缩脲 + Cu^{2+} \xrightarrow{OH^-} 紫红色化合物$$

【实验试剂】
尿素；10%氢氧化钠溶液100mL；1%$CuSO_4$溶液100mL；2%卵清蛋白溶液。

【实验器材】
试管架；试管；试管夹；酒精灯；滴管；药匙。

【实验操作】
取少量尿素结晶，放在干燥试管中。用微火加热使尿素熔化。熔化的尿素开始硬化时，停止加热，尿素放出氨，形成双缩脲。冷却后，加10%NaOH溶液约1mL，振荡混匀，再加1%硫酸铜溶液1滴，再振荡。观察溶液颜色。

另取一支试管加卵清蛋白溶液约1mL和10%NaOH溶液2mL，摇匀，再加1%硫酸铜溶液2滴，再振荡。观察溶液颜色。

黄色反应

【实验原理】
含有苯环结构的氨基酸，如酪氨酸和色氨酸，遇硝酸后，可被硝化成黄色物质。

$$苯酚 + 浓硝酸 \longrightarrow 硝基酚$$

多数蛋白质分子含有带苯环的氨基酸，因此蛋白质也可发生黄色反应。

【实验试剂】
鸡蛋清溶液：将新鲜鸡蛋的蛋清与水按1:20混匀，然后6层纱布过滤。
头发；指甲；0.5%苯酚溶液；浓硝酸；0.3%酪氨酸。

【实验操作】
按下表加入试剂。

管号	1	2	3	4	5
材料/滴	鸡蛋清溶液	指甲	头发	0.5%苯酚	0.3%酪氨酸
	4	少许	少许	4	4
浓硝酸/滴	2	40	40	4	4
观察现象					

醋酸铅反应

【实验原理】
蛋白质分子中常含有半胱氨酸和胱氨酸，含硫蛋白质在强碱条件下，可分解形成硫化钠。硫化钠与醋酸铅反应生成黑色的硫化铅沉淀。若加入浓盐酸，就生成有臭味的硫化氢气体。

$$R\text{-}SH + 2NaOH \longrightarrow R\text{-}OH + Na_2S + H_2O$$
$$Na_2S + Pb^{2+} \longrightarrow PbS + 2Na^+$$
$$PbS + 2HCl \longrightarrow PbCl_2 + H_2S$$

【实验试剂】
蛋白质溶液：鸡蛋清：水＝1:1。
10% NaOH 溶液；浓盐酸；0.5%醋酸铅溶液。
醋酸铅试纸：用10%醋酸铅水溶液浸泡滤纸条后晾干。

【实验器材】
试管架、试管、试管夹、酒精灯。

【实验操作】
向试管中加入0.5%醋酸铅溶液1mL，再加10% NaOH 溶液1mL。摇匀，加入被水稀释一倍的鸡蛋清0.4mL。混匀，小心加热至溶液变黑后，加入浓盐酸数滴，嗅其气味，并将湿润醋酸铅试纸置于管口，观察其颜色的变化。

【讨论思考】
黄色反应中为什么出现了深浅不一的黄色？

实验二　血清蛋白的醋酸纤维薄膜电泳

【实验目的】
1. 掌握醋酸纤维薄膜电泳的操作。
2. 了解电泳技术的一般原理。

【实验原理】
带电粒子在电场中向着与其电荷相反的电极方向移动的现象称为电泳。蛋白质为两性电解质，在不同pH溶液中，其带电情况不同。在溶液的pH等于蛋白质的等电点时，蛋白质不带电荷，在电场中不移动。在pH小于等电点时，蛋白质分子呈碱式解离，带正电向负极移动。在pH大于等电点时，则呈酸式解离，带负电，向正极移动。电荷越多，分子量越小的球状蛋白质，它移动速度就越快，反之则越慢。

血清中各种蛋白质的等电点均低7，故在pH 8.6的缓冲液中，均带负电荷。由于各种蛋白质的等电点不同，加之其分子量也各不相同，导致血清蛋白在电场中的移动速度也不相同，从而得以分离。用此方法可将血清蛋白分为清蛋白、α_1-球蛋白、α_2-球蛋白、β-球蛋白及 γ-球蛋白五类。

以醋酸纤维素薄膜为支持介质，电泳分离后经染色处理，可展示出清晰的蛋白质电泳图谱。

【实验试剂】

1. 巴比妥缓冲液（pH8.6，离子强度 0.07）：巴比妥 2.76g，巴比妥钠 15.45g，加蒸馏水溶解，然后定容至 1000mL。

2. 漂洗液：含甲醇或乙醇 45mL，冰醋酸 5mL，加蒸馏水 50mL。

3. 染色液：含氨基黑 10B 0.25g，甲醇 50mL，冰醋酸 10mL，蒸馏水 40mL。

【实验器材】

醋酸纤维薄膜；培养皿；滤纸；镊子；盖玻片；电泳仪。

【实验操作】

1. 电泳槽的准备：将巴比妥缓冲液加入电泳槽中，调节两侧槽内的缓冲液，使其在同一水平面上。用四层干净的滤纸作滤纸桥，将其用巴比妥缓冲液润湿，铺垫在电泳槽支架上。

2. 醋酸纤维素薄膜的浸泡：在薄膜的无光泽面，距一端 1.5cm 处，用铅笔画一线（与此端平行），作为点样线。然后将薄膜浸入盛有巴比妥缓冲液的培养皿中，待充分浸透后取出（一般约需 20~30min），夹在洁净滤纸中，吸去多余的缓冲液。

3. 点样：用点样器均匀蘸取血清后，垂直将血清点在薄膜的无光泽面的点样线上，使血清均匀渗入膜内，形成粗细均匀的直线。将已点样的薄膜无光泽面向下，两端平贴在电泳滤纸桥上，点样端置于阴极侧，平衡 3~5min 后通电。切忌点样线接触滤纸桥。把膜放正，拉直。放好后立即盖上盖子。

4. 电泳：打开电源开关，调节电压到 110V，通电时间为 45~60min。

5. 染色及漂洗：电泳完毕立即取出薄膜，直接浸入染色液中，染色 10min，然后用漂洗液漂洗，每隔 3~5min 左右换一次漂洗液，连续更换 1~2 次，使背景颜色脱去即可。然后把薄膜夹在干净的滤纸中，吸去多余的液体，使其干燥。

【讨论思考】

醋酸纤维薄膜电泳可将血清蛋白依次分为哪几条带？

实验三　酶的特性实验

【实验目的】

1. 巩固对酶的性质的认识。
2. 了解研究酶的性质的一些实验方法。

酶的催化特异性

【实验原理】

淀粉酶能催化淀粉水解，产物是具有还原性的麦芽糖，后者能使班氏试剂中的 Cu^{2+} 还原成 Cu^+，即生成砖红色的氧化亚铜（Cu_2O）。但淀粉酶不能催化蔗糖水解，而蔗糖本身又无还原性，所以不能与班氏试剂发生呈色反应。

【实验试剂】

1. 10g/L 淀粉溶液：取可溶性淀粉 1g，加 5mL 蒸馏水，调成糊状，再加蒸馏水 80mL，加热，使其溶解，最后用蒸馏水稀释至 100mL。

2. 10g/L 蔗糖溶液。

3. pH6.8 的缓冲溶液：取 0.2mol/L 磷酸氢二钠溶液 772mL，0.1mol/L 柠檬酸溶液 228mL，混合后即可。

4. 班氏试剂。配制方法：取结晶硫酸铜（$CuSO_4 \cdot 5H_2O$）17.3g，溶解于 100mL 热的蒸馏水中，冷却后，稀释至 150mL，此为第一液。将柠檬酸钠 173g 和无水碳酸钠 100g 加蒸馏水 600mL，加热使之溶解，冷却后，稀释至 850mL，此为第二液。最后将第一液缓慢倒入第二液中，混匀后用细口试剂瓶贮存备用。

【实验器材】

10mm×100mm 试管、试管架、蜡笔、恒温水浴箱、沸水浴。

【实验操作】

1. 稀释唾液的制备：将痰咳尽，用水漱口（洗涤口腔），再含蒸馏水 30mL，作咀嚼动作，2min 后吐入烧杯中，再用滤纸过滤后待用。

2. 煮沸唾液的制备：取出一部分稀释唾液，放入沸水浴中煮沸 5min，使唾液淀粉酶变性而失活。

3. 取试管 2 支，标号后按下表顺序操作。

管号	1	2
pH6.8 缓冲液/滴	10	10
淀粉溶液/滴	10	—
蔗糖溶液/滴	—	10
淀粉酶液/滴	5	5
37℃水浴 10min		
班氏试剂/滴	10	10
沸水浴 10min，观察结果		
结果		

观察现象。

温度对酶活力的影响

【实验原理】

温度对酶的催化活力有很大的影响。在最适温度下，酶的反应速度最高。在高温情况下，酶因变性而失活，在低温情况下，降低或抑制了酶活力，但酶未失活。

【实验试剂】

0.2%淀粉的 0.3%氯化钠溶液 150mL；稀释 50 倍的唾液；碘化钾-碘溶液 50mL。

【实验器材】

试管及试管架；恒温水浴锅；冰块。

【实验操作】

按下表加入试剂

管号	1	2	3
0.2%淀粉/mL	1.5	1.5	1.5
稀释唾液/mL	1	1	—
煮沸后的稀释唾液/mL	—	—	1
摇匀			
水浴温度	37℃	0℃	37℃

各管水浴10min后,各管加碘化钾-碘溶液1滴,观察现象。

pH对酶活力的影响

【实验原理】

大部分酶的活力受环境pH影响极为显著。不同酶的最适pH值不同。在最适pH下酶活力最高。

【实验试剂】

新配制的溶于0.3%氯化钠的0.5%淀粉溶液250mL;稀释50倍的新鲜唾液;0.2mol/L磷酸氢二钠溶液600mL;碘化钾-碘溶液50mL;pH=5,pH=5.8,pH=6.8,pH=8四种缓冲溶液。

【实验器材】

试管及试管架;吸管;滴管;50mL锥形瓶;恒温水浴锅;点滴板。

【实验操作】

按下表配制四种不同pH的缓冲溶液。

锥形瓶编号	0.2mol/L磷酸氢二钠/mL	0.1mol/L柠檬酸/mL	pH
1	5.15	4.85	5.0
2	6.05	3.95	5.8
3	7.72	2.28	6.8
4	9.72	0.28	8.0

从4个锥形瓶中各取缓冲液3mL,分别注入4支带有号码的试管中,然后于每个试管中添加0.5%淀粉溶液2mL,和稀释50倍的唾液2mL。置于37℃恒温水浴锅中保温,每隔1min由第3号管中取出1滴混合液于点滴板上,加1滴碘化钾-碘溶液,检验淀粉的水解程度。待溶液变为棕黄色时,把所有试管从水浴锅中取出,向各管中加入1-2滴碘化钾-碘溶液,观察各管颜色,分析pH值对酶活力的影响。

唾液淀粉酶的活化和抑制

【实验原理】

凡能提高酶活力的物质称为酶的活化剂;凡使酶活力下降,但并不引起酶蛋白变性的作用称为酶的抑制剂。

【实验试剂】

0.1%淀粉溶液150mL;稀释50倍的唾液;1%氯化钠溶液50mL;1%硫酸铜溶液50mL;1%硫酸钠溶液50mL;碘化钾-碘溶液100mL。

【实验器材】

恒温水浴锅;试管及试管架。

【实验操作】

按下表加入试剂。

管号	1	2	3	4
0.1%淀粉溶液/mL	1.5	1.5	1.5	1.5
稀释唾液/mL	0.5	0.5	0.5	0.5
1%硫酸铜溶液/mL	0.5			
1%氯化钠溶液/mL		0.5		
1%硫酸钠溶液/mL			0.5	
双蒸水/mL				0.5
37℃水浴,保温10min				
碘化钾-碘溶液/滴	2~3	2~3	2~3	2~3

观察现象。
【讨论思考】
解释第三组实验中 4 支管的意义。

实验四 邻甲苯胺法测定血糖

【实验目的】
1. 了解血糖浓度测定的方法。
2. 掌握邻苯甲胺法测定血糖的原理。
3. 熟练掌握分光光度计的使用方法。

【实验原理】
血滤液中的葡萄糖,在热的冰醋酸溶液中可脱水生成 5-羟甲基-2-呋喃甲醛（或称羟甲基糠醛）。后者再与邻甲苯胺缩合,生成兰绿色的希夫碱（Schiff base）。其色泽的深浅与葡萄糖浓度成正比。与同样处理的标准葡萄糖溶液比色,即可求得待测血液中葡萄糖的含量。反应如下。

【实验试剂】
1. 饱和硼酸溶液：称取硼酸 6g,溶于 100mL 蒸馏水中,摇匀,放置过夜后过滤,即可应用。
2. 邻甲苯胺-硼酸（O-toluidine-Boric acid）试剂（O-TB）：称取硫脲 1.5g,溶于 400mL 冰醋酸中,再加入邻甲苯胺 80mL,混匀。再加饱和硼酸液 40mL,最后用冰醋酸稀释至 1L。充分混匀后置棕色试剂瓶中备用。
3. 5% 三氯醋酸溶液。
4. 饱和苯甲酸溶液：取苯甲酸 2.5g,溶于 1000mL 蒸馏水中,煮沸使溶解。冷却后备用,可长期保存。
5. 标准葡萄糖贮存液（1.0mL＝10mg 葡萄糖）：取少量葡萄糖（A.R）置于干燥器内过夜。在分析天平上精确称取此葡萄糖 1.0g,以饱和苯甲酸液溶解后,倾入 100mL 容量瓶中,再以饱和苯甲酸液中至刻度,摇匀置冰箱,此液可长期保存。
6. 标准葡萄糖应用液（1.0mL＝0.1mg 葡萄糖）：取上述贮存液 1.0mL 置 100mL 容量瓶中,用饱和苯甲酸液加至刻度,摇匀,即可应用。

【实验器材】
试管；刻度吸管；离心管；离心机；分光光度计等。

【实验操作】
1. 三氯醋酸无蛋白血滤液的制备
准确吸取抗凝血 0.4mL,用滤纸擦净粘附于吸管尖端外表面的血,然后缓慢放入一洁净小试管或离心管中（要求吸管内壁不粘附血液），并用吸耳球将管尖剩余血液吹入试管中，再加入5％三氯醋酸3.6mL，边加边摇使充分混匀。3000r/min离心5min，上清液即为无蛋白血滤液。

2. 取试管3支，编号，按下表操作：

试剂	标准管	待测管	空白管
无蛋白血滤液/ml	—	1.0	—
蒸馏水/ml	—	—	1.0
标准葡萄糖应用液(0.1mg/ml)/ml	1.0		
邻甲苯胺试剂/ml	2.5	2.5	2.5

各管分别混匀。同时置于沸水浴中加热8min。取出用自来水冲洗管壁冷却。

3. 于721型分光光度计630nm进行比色。以空白管校正零点，读取各管吸光度。

【讨论思考】

计算血糖浓度：

$$血糖含量（mg/100mL）=\frac{A_{待测}}{A_{标准}}×0.1×\frac{1}{0.1}×100=\frac{A_{待测}}{A_{标准}}×100$$

【注意事项】

1. 取血量要准确。

2. 由于血细胞不断从血浆摄取葡萄糖加以利用，因此测定应在采血后及时进行，否则血糖浓度将逐渐降低。

3. 邻甲苯胺是一种带微黄色的油状液体，久放后与光线或空气接触易氧化变质：若色泽变红，最后变棕黑色。此时必须重新蒸馏提纯。

4. 硫脲是抗氧化剂，可使邻甲苯胺试剂稳定，减低空白管读数，并使反应混合物呈现纯的蓝绿色。

5. 无溶血现象及高脂血症时，甚至可以不必制备血滤液，而用血清或血浆直接测定之。

实验五　运动对尿乳酸含量的影响

【实验目的】

1. 观察人体运动前后尿中乳酸含量的变化。
2. 通过实验加深对糖酵解概念及特点的理解。
3. 掌握尿乳酸测定的原理与方法。

【实验原理】

乳酸是体内糖酵解作用的产物。在剧烈运动、休克、严重心、肺功能障碍等组织缺氧状态下，糖的有氧氧化不能顺利进行，而糖酵解作用加强，由此导致乳酸生成量增多。血乳酸浓度增高，尿中乳酸排出量必然增加。因此，尿乳酸的测定常为检测机体糖酵解强度的指标。

在铜离子催化下，乳酸与浓硫酸共热而生成乙醛，后者可与对羟联苯在浓酸中缩合而生成紫色化合物。其呈色深浅与乳酸含量成正相关，由此判断尿乳酸含量。

糖类干扰乙醛与对羟联苯的呈色反应。在实验中，先用硫酸钙和氢氧化铜胶状沉淀吸附糖类，以去除样本中糖类的干扰。

【实验试剂】

0.01%乳酸溶液；20%硫酸铜溶液；0.4%硫酸铜溶液；氢氧化钙粉末；1.5%对羟联苯溶液；浓硫酸（AR）。

【实验器材】

试管；刻度吸管；恒温水浴箱等。

【实验操作】

1. 推选两名同学，以实验前多次饮水以利尿。实验前半小时排空尿液，30min后留尿，作为运动前的对照。

2. 受试者尽自己最快速度作400~800km跑步运动，跑步结束后30min留尿。

3. 取试管2支，编号，按下表操作：

试剂	1	2
运动前尿液/mL	1	—
运动后尿液/mL	—	1
蒸馏水/mL	5	5
20%硫酸铜溶液/mL	1	1
氢氧化钙粉末/g	1	1

混匀，放置30min，离心，取上清液备用。

4. 另取试管2支，对应编号，按下表操作：

试剂	1′	2′
原1号管上清液/mL	1	—
原2号管上清液/mL	—	1
浓硫酸/mL	6	6
0.4%硫酸铜溶液/滴	1	1

混匀，置沸水浴中加热5min，取出，自来水冷却。

5. 两管各加入1.5%对羟联苯1滴，混匀，使对羟联苯沉淀充分分散。将试管置30℃水浴中保温30min。此时乙醛与对羟联苯作用呈现紫色。将试管再置于沸水浴中1min以破坏过剩的对羟联苯，溶液应澄清透明。

6. 观察两管的颜色并记录。

【讨论思考】

1. 乳酸测定有什么临床意义？
2. 为什么机体在缺氧条件下乳酸生成量增加？剧烈运动后为什么会感到肌肉酸痛？
3. 停止运动并充分休息后，尿乳酸含量会有什么变化？乳酸有哪些代谢去向？

【注意事项】

1. 实验中注意安全，必须用有玻璃塞的试管进行混匀或振摇，避免浓酸烧伤。
2. 加氢氧化钙时不必准确称量，用约1g容量的药匙即可。
3. 当温度超过35℃时，对羟联苯在硫酸中很快消失。故在加入该试剂之前应将试管充分冷却。

实验六 酮体的生成和利用

【实验目的】

了解并掌握酮体生成和利用的实验基本原理和操作方法。

【实验原理】

酮体是乙酰乙酸、β-羟丁酸、丙酮三者的总称。它是脂肪酸分解代谢过程中的产物。肝脏只能生成酮体，却不能氧化酮体。酮体必须经血液运往肝外组织（肌肉、心肌及肾等）经酶作用先转变成乙酰辅酶A，再经三羧酸循环彻底氧化供能。近代研究证实，心肌是利用酮体氧化供能的主要器官。

本实验以丁酸为底物分别与新鲜肝、肌肉匀浆保温，以证明酮体只能在肝组织中生成；以乙酰乙酸为底物分别与新鲜肝、肌肉匀浆保温来观察酮体在肌肉组织被氧化利用的情况。

酮体中的乙酰乙酸和丙酮分子结构中的酮基在弱碱性条件下可与亚硝基铁氰化钠作用，在两液面交界处可生成紫红色环，而β-羟丁酸虽属于酮体的组分，但因不含酮基，故无此反应。观察此化合物颜色深浅，以判断酮体的生成与利用的情况。

$$CH_3COCH_2COOH + Na_2[Fe(NO)CN_5] \cdot 2H_2O \longrightarrow 紫红色化合物$$

上述反应中Fe^{3+}是络合物的中心离子，而NO与CN^-为配位体，生成的紫红色化合物Fe^{3+}变成Fe^{2+}。

【实验试剂】

1. 肝及肌肉匀浆：取兔或大鼠的新鲜肝及骨骼肌组织，用0.9% NaCl溶液洗去血液；用0.9% NaCl分别将肝及肌肉组织在研钵中或匀浆器内制成30%的匀浆。

2. 罗氏溶液（Locke氏溶液）：取NaCl 0.9g、KCl 0.042g、$CaCl_2$ 0.024g、$NaHCO_3$ 0.02g、葡萄糖0.1g，将上述物质共同溶于50mL蒸馏水中，并稀释至100mL，混匀即成。

3. 1/15mol/L pH7.5磷酸盐缓冲液：取1/15mol/L Na_2HPO_4 43.5mL与1/15mol/L NaH_2PO_4 6.5mL混合。

4. 0.5mol/L丁酸溶液：取4.5mL正丁酸，用0.1mol/L NaOH稀释至100mL。

5. 乙酰乙酸溶液：取4.2mL乙酰乙酸加入0.2mol/L NaOH 166.6mL，放置48h，临用前取此溶液1体积以蒸馏水稀释至40体积。

6. 酮基试剂：取亚硝基铁氰化钠0.5g、Na_2CO_3 10g、$(NH_4)_2SO_4$ 20g，混匀研磨成粉末，置密封棕色瓶中备用。

7. 15%三氯乙酸溶液。

8. 浓氨水。

【实验器材】

恒温水浴；研钵（或匀浆器）；剪刀；天平；家兔；玻璃小药勺；滤纸；小漏斗。

【实验操作】

1. 观察酮体的生成

取试管5支，编号，按下表操作：

试剂/mL	1	2	3	4	5
罗氏溶液	2	2	2	2	2
磷酸盐缓冲液	2	2	2	2	2
0.5mol/L丁酸溶液		3		3	
0.9% NaCl	1	—	3	—	3

续表

试剂					
肝匀浆/滴	—	25	25	—	—
肌匀浆/滴	—	—	—	25	25
混匀,置37℃水浴保温45min					
15%三氯乙酸	2	2	2	2	2

各管混匀,室温放置5min,分别将2、3、4、5管滤至另4支试管中。

再取干燥试管5支,编号,按下表操作:

试剂	1′	2′	3′	4′	5′
酮基试剂/g	0.2	0.2	0.2	0.2	0.2
滤液/mL	2	2	2	2	2

充分混匀各管后,倾斜试管,沿管壁分别加入氨水1mL,静置5min后,观察各管液体接触面颜色,并分析比较之。

2. 观察酮体的利用

取试管3支,编号,按下表操作:

试剂	6	7	8
磷酸盐缓冲液/mL	2	2	2
乙酰乙酸溶液/mL	0.2	0.2	0.2
0.9%NaCl/滴	25	—	—
肝匀浆/滴	—	25	—
肌匀浆/滴	—	—	25
混匀,置37℃水浴保温45min			
15%三氯乙酸/mL	2	2	2

混匀各管,室温放置5min,分别将7、8管过滤至另外2支试管中。

再取干燥试管3支,编号,按下表操作:

试剂	6′	7′	8′
酮基试剂/g	0.2	0.2	0.2
滤液/mL	2	2	2

充分混匀各管后,倾斜试管,沿管壁分别缓慢加入氨水1mL,静置5min后,观察各管液体接触面颜色并分析比较之。

【讨论思考】

酮基试剂的显色原理是什么?

【注意事项】

1. 动物在处死前必须充分饥饿48h。
2. 加氨水时,需沿管壁慢慢加入,使其形成溶液界面,以便观察界面的颜色反应。

实验七 丙氨酸氨基转移酶活性测定

【实验目的】

氨基酸转氨基作用在体内所有组织器官中几乎均能进行,但不同组织的转氨酶活性大小不同。本实验要证实肝脏中丙氨酸氨基转移酶活力较高。

【实验原理】

本实验以动物肝组织、肌肉组织为标本，观察这些组织中丙氨酸氨基转移酶的活性大小。

丙氨酸氨基转移酶的底物：丙酮酸与α-酮戊二酸在pH 7.4时，经组织匀浆中丙氨酸氨基转移酶催化进行转氨基作用，生成丙酮酸和谷氨酸。丙酮酸与2,4-二硝基苯肼作用，生成丙酮酸-2,4-二硝基苯腙，后者在碱性溶液中显棕红色。棕红色深浅与酶活力大小成正比，用颜色深浅来比较肝脏和肌肉中丙氨酸氨基转移酶活力。反应式如下：

$$丙氨酸 + \alpha\text{-}酮戊二酸 \xrightarrow{ALT} 丙酮酸 + 谷氨酸$$

$$丙酮酸 + 2,4\text{-}二硝基苯肼丙酮酸 \longrightarrow 2,4\text{-}二硝基苯腙 \xrightarrow{OH^-} 棕红色$$

【实验试剂】

1. 0.1mol/L pH7.4 磷酸盐缓冲液：精确量取 0.1mol/L Na_2HPO_4 80.8mL，0.1mol/L KH_2PO_4 19.2mL，混匀即成。

2. 丙氨酸氨基转移酶底物液：称取 DL-丙氨酸1.73g，α-酮戊二酸29.2mg。将两种物质先溶于10mL 1mol/L NaOH中，待溶解后，以1mol/L HCl校正到pH7.4，再加pH7.4磷酸盐缓冲液至100mL，加氯仿数滴防腐，置冰箱备用。

3. 2,4-二硝基苯肼溶液：称取 2,4-二硝基苯肼20mg，溶于100mL 1mol/L HCl中（可略加温助溶）。

4. 0.4mol/L NaOH：取16gNaOH，溶于500mL蒸馏水中，再加蒸馏水稀释至1L。

【实验器材】

匀浆器（或组织捣碎机或研钵）；滴管；试管和试管架；恒温水箱；记号笔。

【实验操作】

1. 将家兔处死后，立即取出肝和肌肉，分别以冰生理盐水洗去血液，取10g新鲜肝和10g肌肉组织，分别剪碎，各加pH7.4磷酸盐缓冲液10mL，用匀浆器或研钵等制成肝匀浆和肌肉匀浆，再加pH7.4磷酸盐缓冲液20mL混匀，制成酶浸出液。

2. 取试管三支，编号1、2、3，按表操作．

试剂/滴	管 号		
	1	2	3
GPT底物液	10	10	10
肝匀浆	3	—	—
肌匀浆	—	3	—
pH7.4缓冲液	—	—	3
37℃,水浴20min			
2,4-二硝基苯肼	5	5	5
37℃,水浴30min			
0.4mol/L NaOH	5mL	5mL	5mL

5～10min后，观察结果。

【讨论思考】

比较各管颜色深浅，并加以说明。

参 考 文 献

[1] 查锡良. 生物化学. 第 7 版. 北京：人民卫生出版社，2009.
[2] 陈辉. 生物化学基础. 北京：高等教育出版社，2010.
[3] 冯明功. 生物化学. 第 2 版. 北京：科学出版社，2008.
[4] 韩昌洪. 生物化学. 第 6 版. 北京：高等教育出版社，2009.
[5] 赖炳森. 生物化学. 北京：中国医药科技出版社，2004.
[6] 李刚. 生物化学. 第 2 版，北京：北京科学技术文献出版社，2002.
[7] 李巧枝，何金环. 生物化学. 北京：中国轻工业出版社，2009.
[8] 李煜. 生物化学. 北京：北方交通大学出版社，2007.
[9] 凌浩，王明跃. 生物化学. 北京：中国质检出版社，2011.
[10] 梅星元，袁均林，吴柏春. 生物化学. 第 3 版. 武汉：华中师范大学出版社，2007.
[11] 潘文干. 生物化学. 第 6 版. 北京：人民卫生出版社，2009.
[12] 王冬梅，吕淑霞. 生物化学. 北京：科学出版社，2010.
[13] 王镜岩，朱圣庚，徐长法. 生物化学. 第 3 版. 北京：高等教育出版社，2002.
[14] 吴伟平. 生物化学. 南昌：江西科学技术出版社，2008.
[15] 吴梧桐. 生物化学. 第 6 版. 北京：人民卫生出版社，1997.
[16] 夏未铭. 生物化学. 北京：中国轻工业出版社，2007.
[17] 徐凤彩. 基础生物化学. 广州：华南理工大学出版社，1999.
[18] 殷蓉蓉. 生物化学. 西安：第四军医大学出版社，2006.
[19] 张丽萍，杨建雄. 生物化学简明教程. 第 4 版. 北京：高等教育出版社，2009.07
[20] 周爱儒. 生物化学. 第 6 版. 北京：人民卫生出版社，2003 年
[21] 周寿然，张佐. 基础生物化学. 南昌：江西高校出版社，2008.
[22] 朱玉贤，李毅，郑晓峰. 现代分子生物学. 第 3 版. 北京：高等教育出版社，2007.
[23] 简清梅，王跃明. 生物化学. 北京：化学工业出版社，2013.
[24] 李玉白. 生物化学. 第 2 版. 北京：化学工业出版社，2013.
[25] 刘群良. 生物化学. 北京：化学工业出版社，2011.